Realitätsbezüge im Mathematikunterricht

Reihe herausgegeben von

Werner Blum, Universität Kassel, Kassel, Deutschland

Rita Borromeo Ferri, Universität Kassel, Kassel, Deutschland

Gilbert Greefrath, Universität Münster, Münster, Deutschland

Gabriele Kaiser, Universität Hamburg, Hamburg, Deutschland

Hans-Stefan Siller, Universität Würzburg, Würzburg, Deutschland

Katrin Vorhölter, Institut für Didaktik der Mathematik und Elementarmathematik

Technische Universität Braunschweig, Braunschweig, Deutschland

Mathematisches Modellieren ist ein zentrales Thema des Mathematikunterrichts und ein Forschungsfeld, das in der nationalen und internationalen mathematikdidaktischen Diskussion besondere Beachtung findet. Anliegen der Reihe ist es, die Möglichkeiten und Besonderheiten, aber auch die Schwierigkeiten eines Mathematikunterrichts, in dem Realitätsbezüge und Modellieren eine wesentliche Rolle spielen, zu beleuchten. Die einzelnen Bände der Reihe behandeln ausgewählte fachdidaktische Aspekte dieses Themas. Dazu zählen theoretische Fragen ebenso wie empirische Ergebnisse und die Praxis des Modellierens in der Schule. Die Reihe bietet Studierenden, Lehrenden an Schulen und Hochschulen wie auch Referendarinnen und Referendaren mit dem Fach Mathematik einen Überblick über wichtige Ergebnisse zu diesem Themenfeld aus der Sicht von Expertinnen und Experten aus Hochschulen und Schulen. Die Reihe enthält somit Sammelbände und Lehrbücher zum Lehren und Lernen von Realitätsbezügen und Modellieren.

Die Schriftenreihe der ISTRON-Gruppe ist nun Teil der Reihe „Realitätsbezüge im Mathematikunterricht". Die Bände der neuen Serie haben den Titel „Neue Materialien für einen realitätsbezogenen Mathematikunterricht".

Michael Besser • Maike Hagena •
Janina Krawitz • Natalie Tropper-Grimann
Hrsg.

Neue Materialien für einen realitätsbezogenen Mathematikunterricht 10

ISTRON-Band zum Modellieren in der Praxis: Lernumgebungen zur Kompetenzorientierung in den Sekundarstufen

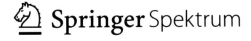 Springer Spektrum

Hrsg.
Michael Besser
Institut für Mathematik und ihre Didaktik
Leuphana Universität Lüneburg
Lüneburg, Deutschland

Maike Hagena
Institut für Sonderpädagogik
Leibniz Universität Hannover
Hannover, Deutschland

Janina Krawitz
Institut für Mathematikdidaktik
Universität zu Köln
Köln, Deutschland

Natalie Tropper-Grimann
Georg-Christoph-Lichtenberg-Schule
Kassel, Deutschland

ISSN 2625-3550   ISSN 2625-3569 (electronic)
Realitätsbezüge im Mathematikunterricht
ISBN 978-3-662-69988-1   ISBN 978-3-662-69989-8 (eBook)
https://doi.org/10.1007/978-3-662-69989-8

Die Deutsche Nationalbibliothek verzeichnet diese Publikation in der Deutschen Nationalbibliografie; detaillierte bibliografische Daten sind im Internet über https://portal.dnb.de abrufbar.

Planung/Lektorat: Iris Ruhmann
Springer Spektrum ist ein Imprint der eingetragenen Gesellschaft Springer-Verlag GmbH, DE und ist ein Teil von Springer Nature.
Die Anschrift der Gesellschaft ist: Heidelberger Platz 3, 14197 Berlin, Germany

Wenn Sie dieses Produkt entsorgen, geben Sie das Papier bitte zum Recycling.

Klimawandel, soziale Ungleichheit, Pandemie, Krieg – die ersten Jahrzehnte des 21. Jahrhunderts sind geprägt durch ökologische, ökonomische und geopolitische Herausforderungen, denen sich insbesondere auch freiheitlich-demokratisch strukturierte Zivilgesellschaften explizit zu stellen haben. Der einzelnen Bürgerin bzw. dem einzelnen Bürger kommt innerhalb derartiger Gesellschaften die Aufgabe zu, sich aktiv an politischer Willensbildung zu beteiligen. Demokratien sind deshalb wie kaum eine andere Staatsform darauf angewiesen, junge Menschen zu mündigen Bürger:innen zu bilden. Demokratiebildung ist entsprechend als Bildungsauftrag von Schule zu verstehen; bildungspolitische Dokumente verankern dieses Bildungsziel als Querschnittsaufgabe der Fächer in Schule und Unterricht (Kultusministerkonferenz 2018).

Auch ein moderner Mathematikunterricht kann und muss diesen Bildungsauftrag von Schule adressieren. Das Konzept der Demokratiebildung scheint dabei unmittelbar anschlussfähig an durch Bildungsstandards formulierte Ziele des Aufbaus mathematischer Kompetenzen im Sinne einer „mathematischen Allgemeinbildung" (Heymann 1996; Kleine 2021; Winter 1995). Der Kompetenz des mathematischen Modellierens kommt hier auf vielfältige Weise eine besondere Rolle zu: Die Fähigkeit, sich mit außermathematischen realen Problemstellungen unter Verwendung des „Hilfsmittels Mathematik" erfolgreich auseinandersetzen, mögliche Lösungsansätze unter Berücksichtigung verschiedener Vereinfachungen mathematisch diskutieren sowie den Einfluss unterschiedlicher Modellannahmen auf Güte, Interpretierbarkeit und Belastbarkeit von mathematischen Ergebnissen unter Rückbezug auf die eigentliche Problemstellung reflektiert bewerten zu können, muss als eine zentrale Kompetenz auf dem Weg zu mündigen Bürger:innen des 21. Jahrhunderts verstanden werden (Günster und Siller 2021).

Der vorliegende Band greift diese besondere Bedeutung mathematischen Modellierens für den Bildungsauftrag von Schule auf und arbeitet Möglichkeiten und Potentiale mathematischen Modellierens im Mathematikunterricht heraus: In insgesamt 10 Beiträgen werden reale Problemstellungen vorgestellt, die unter Rückgriff auf die Schulmathematik der Sekundarstufe I und II mittels mathematischer Modellierungsprozesse bearbeitet werden können. Die Spannbreite der Beiträge erstreckt sich von Bezügen auf die unmittelbare Lebenswelt von Schüler:innen (siehe beispielsweise Beitrag 9 in diesem Band: Ein Schwimmbecken auf dem eigenen Schulhof) bis zu Bezügen auf Themen von globaler Bedeutung (siehe beispielsweise Beitrag 2 in diesem Band: Daten, Modelle und Prognosen – das verborgene Vordringen einer Virusvariante). Das besondere Charakteristikum der zusammengetragenen Beiträge ist dabei explizit zu benennen: Sämtliche Manuskripte beschreiben ausgehend von fachlich und fachdidaktisch fundierten Vorüberlegungen solche Lernumgebungen für den Mathematikunterricht, die in der schulischen Praxis bereits erfolgreich erprobt wurden. Aufbereitet wurden diese Erprobungen durch Autor:innenteams, die sich jeweils sowohl aus praktizierenden Lehrkräften mit Unterrichtsfach Mathematik als auch aus fachdidaktisch/fachwissenschaftlich lehrendem Personal lehrkräftebildender Hochschulen konstituieren. Diese bewusste Einbindung von Akteur:innen aus Schule und Universität gibt den Leser:innen ebenso praxisorientierte wie wissenschaftlich fundierte Einblicke in Möglichkeiten der Implementation mathematischen Modellierens in den schulischen Alltag.

Der vorliegende Band bietet hierdurch konkrete Lernumgebungen für das Unterrichtsfach Mathematik für Praktiker:innen und Lehrkräftebildner:innen an, die unmittelbar die Chancen und Potentiale mathematischen Modellierens im Kontext mathematischer Allgemeinbildung aufzeigen. Für die Erreichung dieses Ziels und damit für die Entstehung dieses Bandes danken wir den Autor:innen für ihre intensive Arbeit an den Manuskripten und ihre Geduld auf dem Weg zum fertigen Beitrag. Den Reihenherausgeber:innen danken wir für die in die Begutachtung der Beiträge investierte Zeit sowie die kritischen und konstruktiven Rückmeldungen zur qualitativen Weiterentwicklung eben dieser.

Allen Leser:innen wünschen wir eine spannende Lektüre.

Lüneburg, Deutschland   Michael Besser
Hannover, Deutschland   Maike Hagena
Köln, Deutschland   Janina Krawitz
Kassel, Deutschland   Natalie Tropper-Grimann
Juni 2024

Literatur

Günster, S., Siller, H.-S.: Mathematik als Fundament kritischen Denkens – evidenzbasiert und exemplarisch an Beispielen dargestellt. In: Schürmann, U., Greefrath, G. (Hrsg.) Modellieren im Mathematikunterricht der Sekundarstufe I und II. Hürden in der Praxis überwinden, S. 111–126. wbv (2021). https://doi.org/10.3278/6004907w

Heymann, H. W.: Allgemeinbildung und Mathematik. Beltz (1996)

Kleine, M.: Mathematische Grundbildung als Baustein einer demokratischen Meinungsbildung. PFLB – PraxisForschungLehrer*innenBildung. 3(3), 113–121 (2021). https://doi.org/10.11576/pflb-4957

Kultusministerkonferenz: Demokratie als Ziel, Gegenstand und Praxis historisch-politischer Bildung und Erziehung in der Schule. Beschluss der Kultusministerkonferenz vom 06.03.2009 i. d. F. vom 11.10.2018 (2018)

Winter, H.: Mathematikunterricht und Allgemeinbildung. Mitteilungen der Gesellschaft für Didaktik der Mathematik. **61**, 37–47 (1995)

Inhaltsverzeichnis

Herausgeber- und Autorenverzeichnis

Über die Herausgeber

Michael Besser Institut für Mathematik und ihre Didaktik, Leuphana Universität Lüneburg, Lüneburg, Deutschland

Maike Hagena Institut für Sonderpädagogik, Leibniz Universität Hannover, Hannover, Deutschland

Janina Krawitz Institut für Mathematikdidaktik, Universität zu Köln, Köln, Deutschland

Natalie Tropper-Grimann Georg-Christoph-Lichtenberg-Schule, Kassel, Deutschland

Autorenverzeichnis

Simon Barlovits Institut für Didaktik der Mathematik und Informatik, Johann Wolfgang Goethe-Universität Frankfurt am Main, Frankfurt am Main, Deutschland

Sebastian Bauer Fakultät für Mathematik, Karlsruher Institut für Technologie, Karlsruhe, Deutschland

Christiane Besser Albert-Schweitzer-Schule, Kassel, Deutschland

Werner Blum Institut für Mathematik, Universität Kassel, Kassel, Deutschland

Regina Bruder Fachbereich Mathematik, Technische Universität Darmstadt, Darmstadt, Deutschland

Johanna Doktor Leibniz Gymnasium Gelsenkirchen-Buer, Gelsenkirchen, Deutschland

Lukas Donner Fakultät für Mathematik, Universität Duisburg-Essen, Essen, Deutschland

Andreas Eichler Institut für Mathematik, Universität Kassel, Kassel, Deutschland

Regina Gente Georg-Christoph-Lichtenberg-Schule, Kassel, Deutschland

Sebastian Geisler Institut für Mathematik, Universität Potsdam, Potsdam, Deutschland

Lara Gildehaus Institut für Didaktik der Mathematik, Universität Klagenfurt, Klagenfurt, Österreich

Gilbert Greefrath Institut für Didaktik der Mathematik und der Informatik, Universität Münster, Münster, Deutschland

Rebecca Gottschalk Friedrich-Abel-Gymnasium, Vaihingen an der Enz, Deutschland

Corinna Hankeln Institut für Entwicklung und Erforschung des Mathematikunterrichts, Technische Universität Dortmund, Dortmund, Deutschland

Johanna Heitzer Didaktik der Mathematik, RWTH Aachen University, Aachen, Deutschland

Sven Hüsing Institut für Informatik, Universität Paderborn, Paderborn, Deutschland

Simone Jablonski Institut für Mathematik, Universität Paderborn, Paderborn, Deutschland

Andreas Kral Kaiser-Karls-Gymnasium, Aachen, Deutschland

André Krug Studienseminar für Gymnasien Kassel, Kassel, Deutschland, Albert-Schweitzer-Schule, Kassel, Deutschland

Julia Kujat Gymnasium an der Gartenstraße, Mönchengladbach, Deutschland, Didaktik der Mathematik, RWTH Aachen University, Aachen, Deutschland

Michael Liebendörfer Institut für Mathematik, Universität Paderborn, Paderborn, Deutschland

Diana Meerwaldt Stadtteilschule am Heidberg, Hamburg, Deutschland

Marcel Meier Oberschule Salzhausen, Salzhausen, Deutschland, Zukunftszentrum Lehrkräftebildung, Leuphana Universität Lüneburg, Lüneburg, Deutschland

Stefan Pohlkamp Rhein-Maas-Gymnasium, Aachen, Deutschland, Didaktik der Mathematik, RWTH Aachen University, Aachen, Deutschland

Anne Christin Pummer Geschwister-Scholl-Schule, Melsungen, Deutschland

Stefanie Rach Fakultät für Mathematik, Otto-von-Guericke-Universität Magdeburg, Magdeburg, Deutschland

Melanie Schubert Georg-Büchner-Gymnasium, Bad Vilbel, Deutschland

Stanislaw Schukajlow Institut für Didaktik der Mathematik und der Informatik, Universität Münster, Münster, Deutschland

Franzisca Strauß Gymnasium am Silberkamp, Peine, Deutschland

Marina Wagener Friedrichsgymnasium Kassel, Kassel, Deutschland

Rolf Woeste Evangelisches Gymnasium Nordhorn, Nordhorn, Deutschland

Holger Wuschke Staatliches Schulamt Greifswald, Greifswald, Deutschland, Kooperative Gesamtschule Friedland, Friedland, Deutschland

Sina Wetzel Institut für Didaktik der Mathematik und Informatik, Johann Wolfgang Goethe-Universität Frankfurt am Main, Frankfurt am Main, Deutschland

Modellieren mit großen Zahlen – Schätzen und Messen auf dem Fußball- und Beachvolleyballfeld

Simon Barlovits ⓘ, Simone Jablonski ⓘ, Melanie Schubert und Sina Wetzel ⓘ

Zusammenfassung

Zwischen Realität und Mathematik findet das mathematische Modellieren seine Anwendung – warum also nicht direkt draußen am realen Objekt modellieren? Dieser Idee wird in diesem Beitrag am Beispiel des Sportplatzes für die Sekundarstufe I nachgegangen. Im Fokus steht ein Vergleich der Anzahl der Sandkörner eines Beachvolleyballfelds mit der Anzahl von Grashalmen auf einem Fußballplatz. Nach einer curricularen Einordnung werden die Aufgabe sowie zugehörige Modellierungsansätze und Lösungsstrategien vorgestellt. Zudem wird im Beitrag die MathCityMap-App als mögliche digitale Unterstützung für das Modellieren im Freien – insbesondere im Hinblick auf die Binnendifferenzierung – präsentiert. Die Einheit wurde mit 14 Lernenden der 6. bis 8. Jahrgangsstufe eines Begabtenförderungsprogramms praktisch erprobt. In einer abschließenden Reflexion werden Modellbildungsprozesse der Lernenden dargestellt sowie mögliche Unterstützungsmaßnahmen für die Unterrichtspraxis diskutiert.

Ergänzende Information Die elektronische Version dieses Kapitels enthält Zusatzmaterial, auf das über folgenden Link zugegriffen werden kann [https://doi.org/10.1007/978-3-662-69989-8_1].

S. Barlovits (✉) · M. Schubert · S. Wetzel
Institut für Didaktik der Mathematik und der Informatik, Goethe-Universität Frankfurt, Frankfurt am Main, Deutschland
E-Mail: barlovits@math.uni-frankfurt.de;
schubert@math.uni-frankfurt.de; wetzel@math.uni-frankfurt.de

S. Jablonski
Institut für Mathematik, Universität Paderborn, Paderborn, Deutschland
E-Mail: simone.jablonski@uni-paderborn.de

1 Mathematisches Modellieren außerhalb des Klassenzimmers

Mathematisches Modellieren betont die Beziehung von Mathematik und Realität in vielerlei Hinsicht (Blum und Leiß 2007). Wenn eine Modellierungsaufgabe für den Unterricht ausgewählt wird, scheint ein Realitätsbezug unabdingbar. Solche Problemstellungen aus dem wirklichen Leben können im Klassenzimmer formuliert und behandelt werden. Noch realer werden sie jedoch, wenn man die gewohnte Lernumgebung „Klassenraum" verlässt und Mathematik in der eigenen Umwelt entdeckt. Wenn Schüler*innen im Freien lernen und Erfahrungen am Primärobjekt sammeln, können sie verschiedene Perspektiven einnehmen, Modelle unter Berücksichtigung von realen Abweichungen bilden und die notwendigen (Mess-)Daten vor Ort eigenständig und ohne eine Vorauswahl – zum Beispiel durch die Lehrkraft, ein Foto oder die Aufgabenstellung – erheben (Ludwig und Jablonski 2021). Dadurch werden beim Modellieren außer Haus insbesondere die Schritte „Strukturieren und Vereinfachen" und „Mathematisieren" aus dem Modellierungskreislauf von Blum und Leiß (2007) angesprochen (vgl. Buchholtz 2017).

Das Klassenzimmer zu verlassen und mathematisch interessante Orte zu besuchen, bedarf jedoch einiger organisatorischer und inhaltlicher Vorarbeiten. Neben rechtlichen Fragen sollten auf der inhaltlich-didaktischen Ebene sowohl die Objektauswahl als auch der Zeitaufwand für den Gang nach draußen Berücksichtigung finden. Entsprechend bietet es sich an, Objekte und Situationen im direkten Umfeld der Schule auszuwählen – ein grundlegender Anspruch des Unterrichtsbeispiels dieses Beitrags. Gerade größere Schulen sind oft mit einem eigenen Sportplatz ausgestattet oder nutzen den nahe gelegenen Sportplatz eines Vereins, sodass dieser im Rahmen einer Doppelstunde Mathematik aufgesucht werden kann.

Je nach Ausstattung des Sportplatzes bietet sich dort eine Vielzahl von Möglichkeiten, Mathematik anhand von realen Objekten zu betreiben. Zu den sportlichen „Klassikern" zählt hier sicherlich das Fußballfeld (vgl. Ludwig 2008). Von zunächst nahe liegenden Aufgabenstellungen wie der Frage nach der Größe des Platzes kann man auch komplexere Fragen formulieren, so zum Beispiel die Frage nach der Anzahl der Grashalme auf einem Fußballplatz. In einer solchen Größenordnung wird bereits das reine Schätzen zur Herausforderung. Die mutmaßlich große Spanne der Schätzungen motiviert anschließend eine vertiefte mathematische Untersuchung der Grashalmanzahl. Sicherlich noch herausfordernder wird eine Schätzaufgabe, wenn die Anzahl der Sandkörner in einem Beachvolleyballfeld geschätzt werden soll. Aufgrund der hohen Dichte, mit der die Sandkörner im Feld liegen, und der für die Schüler*innen voraussichtlich unbekannten Tiefe des Platzes ist diese Zahl noch deutlich schwieriger zu schätzen. Auch an dieser Stelle sind Abweichungen – ggf. sogar um mehrere Zehnerpotenzen – zu erwarten und ein spannender Anlass, sich den großen Zahlen mittels mathematischer Modellierungen zu nähern.[1]

Schätzen Sie doch mal: Wie viele Grashalme wachsen eigentlich auf einem Fußballplatz? Und aus wie vielen Sandkörnern besteht wohl ein Beachvolleyballfeld?

2 Vorstellung und Analyse der Modellierungsaufgabe

2.1 Die Aufgabenstellung

Aus obigen Vorüberlegungen ist eine Modellierungsaufgabe für den Sportplatz entstanden. Diese wird im Folgenden mithilfe einer übergreifenden Aufgabenstellung und drei Teilaufgaben präsentiert:

Aufgabenstellung
Gibt es mehr Sandkörner in einem Beachvolleyballfeld[2] oder mehr Grashalme auf einem Fußballplatz?

a) Vermute, wo es mehr sind. Begründe deine Antwort.

b) Erarbeitet in eurer Kleingruppe Strategien, um die Anzahl der Grashalme und die Anzahl der Sandkörner zu bestimmen, und berechnet anschließend die Anzahl der Sandkörner und die Anzahl der Grashalme.

c) Zusatzaufgabe: Wie viele Fußballplätze braucht man, damit dort insgesamt so viele Grashalme wachsen, wie es Sandkörner in einem Beachvolleyballfeld gibt?

2.2 Curriculare Betrachtung

Bevor verschiedene Modellierungsansätze und Lösungswege diskutiert werden, erfolgt an dieser Stelle eine curriculare Einordnung der Aufgabe. Mit der Aufgabenstellung und den drei Teilaufgaben kann neben der Modellierungskompetenz hauptsächlich die Problemlösekompetenz vertieft werden, da die Schüler*innen für ihren Lösungsweg unterschiedliche heuristische Strategien wählen und verschiedene Verfahrensweisen zur Problemlösung verwenden. Mit Blick auf die überfachlichen Kompetenzen wird besonders die Sozialkompetenz geschult, da die Aufgabe in Gruppenarbeit gelöst werden soll. Dabei müssen die Lernenden sich gegenseitig respektieren, sich auf einen Lösungsweg einigen, kooperativ agieren und Teamfähigkeit entwickeln (vgl. Kerncurriculum Hessen 2011).

Ferner wird in den Themenfeldern Flächeninhaltsberechnung, Volumenberechnung, Umgang mit großen Zahlen und Potenzen innerhalb der Leitideen „Zahl und Operation", „Raum und Form" und „Größen und Messen" gearbeitet. In der letztgenannten Leitidee wird im Inhaltsfeld „Messvorgänge" zur Entwicklung von Größenvorstellungen die Auseinandersetzung mit Länge, Flächeninhalt und Volumen auf Grundlage des Messens und Berechnens gefordert (vgl. Kerncurriculum Hessen 2011).

Die Entwicklung von Größenvorstellungen stellt nach Thompson und Preston (2004) ein Thema dar, welches mit den großen Lehr- und Lernschwierigkeiten einhergeht. Frenzel und Grund (1991) untergliedern den Begriff der Größenvorstellungen in (i) das Erkennen und Unterscheiden verschiedener Größenarten, (ii) die Kenntnis von Repräsentanten unterschiedlicher Größen, (iii) das Beherrschen der Umrechnung von Größenangaben, (iv) die Fähigkeiten im Messen sowie (v) Schätzen und Überschlagen. Für den Lösungsprozess der zu bearbeitenden Aufgabe sind besonders die Aspekte (iii), (iv) und (v) relevant.

- Aspekt (iii): Bei der Bestimmung der Anzahl der Sandkörner in einem Beachvolleyballfeld benötigen die Schüler*innen einen sicheren Umgang mit Längen- und Volumenmaßen. Die Längenmaße des Beachvolleyballfeldes werden in Metern oder Zentimetern ermittelt. Die Dicke eines Sandkorns wird von der Lehrkraft in Millimetern angegeben. Zur weiteren Lösung werden Umrechnungen von entsprechenden Volumenmaßen gebraucht. Bei der Ermittlung der Anzahl der Grashalme auf einem Fußball-

---

[1]Die Berechnung der Anzahl von Sandkörnern ist keine neue Fragestellung. Im Gegenteil: Bereits Archimedes schätzte im 3. Jh. v. Chr. die „Sandzahl" – die Anzahl der Sandkörner, die den bekannten Kosmos ausfüllen würden (Archimedes 1999).

[2]Alternativ kann die Sandkornanzahl in einer Weitsprunggrube bestimmt werden. Diese Idee wird im Folgenden erneut aufgegriffen, allerdings nicht primär verfolgt, da die Weitsprunganlage im Gegensatz zum Beachvolleyballfeld nicht standardisiert ist (vgl. Silisport o. J.).

platz sind nach dem Messen von Strecken Umrechnungen von Flächenmaßen notwendig.

- Aspekt (iv): Beim Messen der Länge und Breite des Volleyball- und Fußballfeldes müssen die Geradlinigkeit, das exakte Hintereinanderlegen von Messinstrumenten und die Orthogonalität von Strecken in den Ecken beachtet werden. Bei der Bestimmung der Tiefe des Volleyballfeldes besteht die Schwierigkeit darin, ein Loch so bis zur unteren Plane zu buddeln, dass eine lotrechte Messung zur Erdoberfläche möglich ist. Somit können neben dem Ablesen unterschiedlicher Messinstrumente das Verstehen eines Skalenaufbaus und die Entwicklung von Stützpunktvorstellungen zum Schätzen von Längen thematisiert werden (vgl. Franke 2003). Dass Messvorgänge im Freien Herausforderungen darstellen, die mitunter zu Fehlern in der Aufgabenbearbeitung führen können, zeigen die Ergebnisse von Gurjanow und Ludwig (2020).
- Aspekt (v): Winter (2003) beschreibt den Prozess des Schätzens in der Mathematik als „kompliziertes Zusammenspiel von Wahrnehmen, Erinnern, Inbeziehungsetzen, Runden und Rechnen" (Winter 2003, S. 19). Die Schüler*innen lösen die obige Aufgabe mit gerundeten Werten, da sie Messvorgänge durchführen. Beim Zählen von Sandkörnern und Grashalmen wird je nach Modellierungsansatz mit Mittelwerten oder überschlagsmäßig gearbeitet.

Bereits mit der Aufzählung der mit der Aufgabe verbundenen Kompetenzen und Anforderungen wird deutlich, dass die Aufgabe verschiedene Herangehensweisen erlaubt und damit auch verschiedene Modellierungsansätze zum Ziel führen. Im folgenden Abschnitt werden unterschiedliche Ansätze für die Lösung der Aufgabe dargestellt.

2.3 Modellierungsansätze

2.3.1 Überblick über die Strategien

Nachfolgend werden zunächst mögliche Strategien zur Aufgabenlösung tabellarisch aufgelistet. Zu jeder Strategie stellen wir im Anhang eine mögliche Lösungsskizze bereit (Mate-

Tab. 1 Ansätze zur Modellierung der Anzahl von Sandkörnern im Beachvolleyballfeld bzw. von Grashalmen auf dem Fußballplatz

Ansatz	Mathematisches Modell	Klasse
Sandkörner im Beachvolleyballfeld		
Dicke eines Sandkorns	Sandkorn als Würfel	5/6
	Sandkorn als Kugel	9/10
Masse eines Sandkorns	Masse eines mit Sand gefüllten Gefäßes	5/6
Proportionalität der Sandkörner	Anzahl der Sandkörner in einer Reihe/Fläche	5/6
	Anzahl der Sandkörner in einem Plexiglaskörper	5/6
Grashalme auf dem Fußballplatz		
Proportionalität der Grashalme	Anzahl der Grashalme in einer Fläche	5/6
	Anzahl der Grashalme in einer Reihe	5/6

rial 1). Exemplarisch wird die Anzahl von Sandkörnern im Beachvolleyballfeld mithilfe des Ansatzes „Dicke eines Sandkorns" berechnet. Eine mögliche Modellierung der Anzahl von Grashalmen auf dem Fußballplatz wird anhand des Ansatzes „Proportionalität der Grashalme" dargestellt (Tab. 1).

Die Modellierungsaufgabe umfasst die Approximation (i) der Sandkornanzahl im Beachvolleyballfeld und (ii) der Grashalmanzahl auf einem Fußballplatz. Sie kann ab Klassenstufe 5 bzw. 6 eingesetzt werden: Das Beachvolleyballfeld kann mithilfe eines Quaders und der Fußballplatz mithilfe eines Rechtecks approximiert werden. Ferner können bereits in der 5. bzw. 6. Klasse alle mathematischen Kenntnisse zur Abschätzung der Anzahl von Sandkörnern oder Grashalmen, die in den Modellierungsansätzen genutzt werden, vorausgesetzt werden.

Die einzige Ausnahme stellt hierbei die Approximation eines Sandkorns als Kugel dar. Dieser Körper wird erst in Klasse 9 bzw. 10 eingeführt. Als weitere Differenzierungsmaßnahme könnte – bei einem Einsatz der Aufgabe ab Klasse 9 bzw. 10 – gefordert werden, das Spielfeld als Pyramidenstumpf zu modellieren. So könnte der abschüssige Spielfeldrand berücksichtigt werden (vgl. Deutscher Volleyball-Verband 2016).

In den folgenden zwei Abschnitten stellen wir jeweils ein Beispiel für einen Modellierungsansatz der Sandkörner im Beachvolleyballfeld und der Grashalme auf dem Fußballplatz detailliert vor.

2.3.2 Modellierungsansatz Beachvolleyballfeld: Dicke eines Sandkorns

Ein möglicher Ansatz, die Anzahl aller Sandkörner im Beachvolleyballfeld zu bestimmen, startet bei der Modellierung eines einzelnen Sandkorns. Dieses kann ab Klasse 9/10 als Kugel modelliert werden. Für Klasse 5/6 bietet sich eine Modellierung als Quader an.

In beiden Fällen muss zunächst die Dicke eines Sandkorns bestimmt werden. Eine solch kleine Größe lässt sich mit bloßem Auge kaum erkennen und auch mit dem Lineal nicht adäquat messen. Abhilfe schafft ein Dickenmesser, mit dessen Hilfe es möglich ist, die Dicke eines Sandkorns auf den hundertstel Millimeter genau zu bestimmen (s. Abb. 1, links).

Auch wenn der Dickenmesser in seiner Anwendung nicht kompliziert ist, gehört er in der Regel nicht zur Grundausstattung einer Schule. Darüber hinaus erfordert die Platzierung des Sandkorns zwischen zwei Metallplatten Geduld. Weiterhin unterscheiden sich die Sandkörner in ihrer Zusammensetzung und Dicke teils deutlich. Wählen die Schüler*innen erwartungsgemäß ein besonders großes Sandkorn aus, so ist dessen Repräsentativität für alle Sandkörner infrage zu stellen. Es empfiehlt sich daher, den Lernenden zur Verfolgung des Modellierungsansatzes ein Foto entsprechend Abb. 1 (links) zur Verfügung zu stellen. Mittels eigener Stichproben sowie auf Basis der Empfehlungen zur Sand-

Abb. 1 Sandkorn im Dickenmesser mit Sandkorndicke 0,25 mm (links) und Beachvolleyballfeld aus unserer Erprobung der Aufgabe (rechts)

korngröße durch den Deutschen Volleyball-Verband (2016) nehmen wir für die weitere Modellierung eine durchschnittliche Sandkorndicke von 0,25 mm an.

An dieser Stelle folgt die Annahme, dass es sich beim Beachvolleyballfeld annähernd um einen Quader handelt. Um diesen Körper mit den Maßen des Volleyballfeldes in Verbindung setzen zu können, müssen die entsprechenden Feldmaße erhoben werden. Dafür erhalten die Schüler*innen ein Maßband für die Länge und Breite sowie einen Zollstock für die Tiefe des Feldes. Für diese Beispielrechnung wurde ein Beachvolleyballfeld auf dem Sportcampus der Goethe-Universität Frankfurt (s. Abb. 1, rechts) genutzt. Hierbei wurde eine Länge von 15,8 m, eine Breite von 7,9 m und eine Tiefe von 0,5 m ermittelt. Da Beachvolleyballanlagen auf eine Feldgröße von 16 m × 8 m standardisiert sind (Deutscher Volleyball-Verband 2016), nehmen wir für die folgende Berechnung diese Maße an. Hieraus ergibt sich ein Volumen von 64 m³.

Mit der vereinfachten Annahme, dass ein Sandkorn durch einen Würfel mit einer Kantenlänge von 0,25 mm beschrieben werden kann, wird im nächsten Schritt berechnet, wie viele dieser „Sandwürfel" der Länge, Breite und Tiefe nach in das Beachvolleyballfeld passen würden. Bei einer Seitenlänge von 0,25 mm haben vier Sandwürfel eine gemeinsame Kantenlänge von einem Millimeter. Damit besitzen 40 Sandwürfel eine gemeinsame Kantenlänge von einem Zentimeter. Da wir von Würfeln ausgehen, kann diese Umrechnung für alle drei Dimensionen einheitlich verwendet und in das Volumen transferiert werden. Damit passen 64.000 Sandwürfel in einen Kubikzentimeter. Multipliziert mit dem Volumen des Beachvolleyballfeldes in Kubikzentimetern ergeben sich ungefähr 4,1 Billionen Sandwürfel, die wir im Rücktransfer in die Realität als Sandkörner interpretieren.

Durch die Modellierung der Sandkörner als Würfel ist für diesen Ansatz insbesondere mathematisches Wissen zur Be-

rechnung der Volumina von Quadern und Würfeln notwendig. Damit ist der Ansatz ab Klassenstufe 5/6 geeignet. Bei der Interpretation und Validierung sollte die vorgenommene Vereinfachung angesprochen werden – insbesondere, dass die Anzahl der Sandkörner in der Realität größer sein wird: Durch die eher kugelartige Form von Sandkörnern entstehen Zwischenräume, die wiederum mit Sandkörnern gefüllt sind. Zwar kann dies mit Fünft- bzw. Sechstklässler*innen diskutiert werden, allerdings fehlt an jener Stelle das notwendige mathematische Wissen, um eine Vergleichsrechnung anstellen zu können.

Anders sieht dies ab Klasse 9/10 aus, wenn die Schüler*innen die Berechnung des Kugelvolumens kennengelernt haben. Mit der Annahme, dass das Sandkorn eine Dicke von 0,25 mm hat, ergibt sich das Kugelvolumen V_S:

$$V_S = \frac{4}{3} \cdot \pi \cdot r^3 \text{ mit } r = \frac{d}{2} = 0,125\,mm$$

$$V_S = \frac{4}{3} \cdot \pi \cdot \left(0,125\,mm\right)^3 \approx 0,008\,mm^3$$

Anschließend kann – als Vereinfachung – das Gesamtvolumen des Beachvolleyballfeldes durch das Kugelvolumen V_S geteilt werden. Diese Hochrechnung liefert circa 8 Billionen Sandkörner. Auch an dieser Stelle ist eine Validierung sinnvoll, da dieses Ergebnis die tatsächliche Anzahl der Sandkörner überschätzt. Unter Annahme der dichtesten Packung gleich großer Kugeln ergibt sich eine Anzahl von circa 6 Billionen Sandkörnern. Da in der Realität Sandkörner unterschiedlich groß sind, müssten zudem weitere verbleibende Zwischenräume zwischen den Sandkörnern berücksichtigt werden. Folglich liegt die reale Sandkornanzahl im Beachvolleyballfeld wohl bei weniger als 6 Billionen Sandkörnern.

2.3.3 Modellierungsansatz Fußballplatz: Proportionalität der Grashalme

Der Modellierungsansatz „Proportionalität der Grashalme" geht davon aus, dass die Anzahl der Grashalme auf einem Rasenstück annähernd proportional zum Flächeninhalt des Rasenstückes ist. Der Fußballplatz unserer Modellierung – ebenfalls auf dem Sportcampus der Goethe-Universität Frankfurt – ist 102,1 m lang und 66,6 m breit. Daraus ergibt sich eine Flächengröße von etwa 6800 m².

Der eigentliche Zählvorgang geschieht nicht für die gesamte Fläche, sondern durch Zerlegung des Rechtecks in Quadrate und unter der Annahme, dass die Anzahl der Grashalme in jedem dieser Quadrate nahezu identisch ist. Um einerseits den Zählprozess größenmäßig überschaubar zu halten und andererseits eine übersichtliche Markierung zu nutzen, bietet es sich an, ein 10 cm × 10 cm-Quadrat mit zwei Zollstöcken auszulegen (s. Abb. 2).

Dieses Vorgehen liefert schließlich eine Annäherung der Anzahl von Grashalmen innerhalb einer Rasenfläche von 100 cm². Im besten Fall geschieht die Zählung an unterschiedlichen Stellen und durch mehrere unabhängige Personen, sodass letztlich der Mittelwert aus den Zählungen genutzt werden kann. Für unsere Modellierung nutzen wir drei Zählungen mit den Werten 302, 346 bzw. 367, was einem arithmetischen Mittel von circa 338 Grashalmen pro 100 cm² entspricht. Unter der zuvor getroffenen Annahme eines proportionalen Zusammenhangs ermitteln wir 3,38 Grashalme pro Quadratzentimeter Rasenfläche. Auf die gesamte Fläche des Fußballplatzes hochgerechnet, ergibt sich eine Anzahl von etwa 230.000.000 Grashalmen.

Dieser Ansatz benötigt Vorkenntnisse im Bereich der Flächeninhaltsberechnung von Rechtecken und Quadraten insbesondere durch Zerlegung. Darüber hinaus ist ein grundlegendes Verständnis von proportionalen Zusammenhängen

notwendig. Damit ist der Ansatz ab der Klasse 6 nachvollziehbar.

Wie einleitend beschrieben, wurde hier jeweils ein Modellierungsansatz für das Beachvolleyballfeld und den Fußballplatz im Detail vorgestellt. Die weiteren Modellierungsansätze wurden in Material 1 zusammengefasst. Dort ergeben sich neben unterschiedlichen Vorgehensweisen auch unterschiedliche Ergebnisse, die wir je nach Ansatz als angemessenes Ergebnis einstufen. Zunächst einmal erscheinen diese Unterschiede irritierend, da es im Endeffekt ein reales Ergebnis für die Anzahl der Sandkörner und für die Anzahl der Grashalme gibt. Dass diese Ergebnisse mit den mathematischen Inhalten der Sekundarstufe und im Rahmen einer 90-minütigen Doppelstunde exakt bestimmt werden, kann und soll nicht das Ziel dieser Aufgabe sein. Durch die verschiedenen Modellierungsansätze werden verschiedene Vereinfachungen vorgenommen, die dann – je nach Ansatz – zu Abweichungen des Ergebnisses führen. Um dennoch verschiedene Vorgehensweisen zu würdigen und die Offenheit der Aufgabe zu nutzen, werden in Material 3 jeweils plausible Lösungsintervalle für die unterschiedlichen Ansätze dargestellt.[3]

3 Umsetzung

3.1 Darstellung des geplanten Unterrichtsverlaufs

Nach einer Darstellung der curricularen Zuordnung und der inhaltlichen Schwerpunkte der Modellierung wird an dieser Stelle der Transfer in den Mathematikunterricht präsentiert. Der folgende Verlaufsplan skizziert einen möglichen Stundenablauf zur vorgestellten Modellierungsaufgabe. Einen Großteil der Stunde nimmt die Phase der Gruppenarbeit ein. Wenn die Klasse in Vierergruppen aufgeteilt wird, kann gerade mit jüngeren Klassen ein arbeitsteiliges Vorgehen besprochen werden: Zwei der vier Personen können die Teilaufgabe zum Fußballfeld bearbeiten, während die beiden anderen Gruppenmitglieder die Anzahl der Sandkörner im

Abb. 2 Begrenzung eines 10 cm × 10 cm-Quadrates zum Zählen der Grashalme

---

[3]Ebenfalls geben wir in Material 3 erwartbare Lösungsintervalle für die Anzahl von Sandkörnern in einer zweibahnigen Weitsprunganlage an. Die Modellierungen beziehen sich auf eine Sprunggrube mit den Innenmaßen 8,88 m × 3,88 m × 0,20 m (Silisport o. J.; Sandfuchs 2021).

Bei der Betrachtung der Lösungsintervalle ist zu beachten, dass für Weitsprunganlagen eine deutlich gröbere Körnung als bei Beachvolleyballanlagen angenommen werden muss (Sandfuchs 2021). Auf Basis verschiedener Korngrößen für Sportsandmischungen (Deutscher Volleyball-Verband 2016) nehmen wir für den Modellierungsansatz „Dicke eines Sandkorns" beim Beachvolleyballfeld eine durchschnittliche Korngröße von 0,25 mm Durchmesser an. Beim Weitsprung wird eine mittlere Korngröße von 0,5 mm Durchmesser angenommen.

Tab. 2 Möglicher Stundenverlaufsplan

Phase Dauer	Unterrichtsinhalt	Sozialform	Material Medien
Einstieg 5 min	Einteilung der Gruppen Erklärung der Aufgabe „*Gibt es mehr Sandkörner in einem Beachvolleyballfeld oder mehr Grashalme auf einem Fußballplatz? Vermute, wo es mehr sind. Begründe deine Antwort.*"		
Erarbeitung I 5 min	Vermutungen aufstellen und begründen seitens der Schüler*innen	Einzelarbeit	Arbeitsblatt (s. Material 2)
Erarbeitung II 65 min	Festlegung der Strategien zur Bestimmung der Anzahl von Sandkörnern und Grashalmen Bearbeitung der Aufgabe durch Erhebung der Messdaten und anschließende Berechnungen	Gruppenarbeit	Utensilien zur Datenerhebung, ggf. MathCityMap-App
Sicherung 10 min	Austausch über und Vergleich von Vorgehensweisen und Modellannahmen	Plenum	
Ausstieg 5 min	Blitzlicht über Eindrücke bei der Bearbeitung der Aufgabe oder Feedback über soziales Miteinander während der Gruppenarbeit	Plenum	

Beachvolleyballfeld bestimmen. Somit kann die Aktivität der Lernenden erhöht werden.

Das Arbeitsblatt (Material 2) leitet die Schüler*innen durch die Aufgabenbearbeitung. Die erste Erarbeitungsphase – das Vermuten, ob es mehr Grashalme auf dem Fußballplatz oder Sandkörner im Beachvolleyballfeld gibt – kann in Einzelarbeit durchgeführt werden, damit sich alle Schüler*innen sofort zu Stundenbeginn gedanklich mit dem Themenkomplex auseinandersetzen. Durch die Begründung der intuitiven Vermutung soll die allgemeine mathematische Kompetenz des Argumentierens gestärkt werden. Um das selbstständige Lernen zu fördern, kann das zunächst gefaltete Arbeitsblatt nach Aufstellen der Vermutung aufgeklappt werden. Anschließend können erste Gedanken zu den Strategien zur Erhebung der Anzahl der Sandkörner und der Grashalme formuliert werden, über die sich die Lernenden anschließend innerhalb ihrer Gruppe austauschen. Nach dem gruppeninternen Festlegen der Strategien können die Schüler*innen dann die eigentlichen Messungen, Erhebungen und Berechnungen durchführen und die Anzahl der Sandkörner sowie der Grashalme bestimmen (Tab. 2).

Welche Materialien sollte eine Lehrkraft mit auf den Sportplatz nehmen?

Um die Bearbeitung aller im Material 1 beschriebenen Lösungsansätze zu ermöglichen, werden folgende Materialien benötigt:

Maßbänder, Zollstöcke, Bild eines Dickenmessers mit Angabe einer Sandkorndicke, Haushaltswaage, quaderförmiges Gefäß, Bild mit Angabe der Sandkornmasse, kariertes Papier, Klebestift oder doppelseitiges Klebeband, Plexiglaskörper, Schnur, MathCityMap-Code und Aufgabenübersicht, Arbeitsblätter in Klassenstärke.

Sollen nur bestimmte Lösungsansätze durch die Lernenden verfolgt werden, so muss entsprechend weniger Material bereitgestellt werden. In Material 1 finden Sie daher für jeden Ansatz eine entsprechende Materialauflistung.

3.2 Unterstützung des Vorgehens durch das MathCityMap-System

Neben einer Anleitung durch die Lehrkraft sind auch eine digitale Unterstützung und Organisation bei der Aufgabenbearbeitung denkbar. Im Rahmen der Aufgabe kann die *MathCityMap*-App[4] (siehe Infokasten) die Lernenden beim Verfolgen des eigenen Lösungsansatzes durch Hinweise und Teilaufgabenfunktion sowie eine Validierung der erarbeiteten Lösungen unterstützen. Hierzu rufen die Schüler*innen in der App den Mathtrail „Mathe auf dem Sportplatz" über den *Code 016327* auf. Weiterführende Informationen zur Grundidee der Mathtrails und im Besonderen der MathCityMap werden im Infokasten zusammengefasst.

Mathtrails und MathCityMap
Mathtrails: Ein Mathtrail ist ein mathematischer Wanderpfad, bei dem Lernende im Freien Mathematikaufgaben zu interessanten Objekten bearbeiten. Ziel ist es, die Welt aus einer mathematischen Perspektive wahrzunehmen (Shoaf et al. 2004).

---

[4] Informationen zu MathCityMap befinden sich in Abschn. 3.2.

MathCityMap: Das MathCityMap-System ist eine digitale Lernumgebung zur Umsetzung mathematischer Wanderpfade. Es greift auf die Idee des Mathtrails zurück und unterstützt dessen Bearbeitung durch den Einsatz moderner Technologien, nämlich der Smartphone-Nutzung im Unterricht (Ludwig et al. 2013).

Die MathCityMap-App zeigt die Aufgabenstellung sowie bis zu drei optional aufrufbare Hinweise an. Zudem wird die eingegebene Lösung sofort validiert – die Lernenden erhalten ein unmittelbares Feedback zur Aufgabenbearbeitung. Anschließend kann eine Musterlösung aufgerufen werden.

Die Nutzung des MathCityMap-Systems ist kosten- und werbefrei sowie DSGVO-konform. Für nähere Informationen zur Lernumgebung und Tipps zur praktischen Umsetzung im Unterricht verweisen wir auf Ludwig und Jablonski (2020).

In der Unterrichtsstunde erarbeiten die Lernenden in Kleingruppen zunächst Strategien zur Abschätzung der Anzahl von Grashalmen auf dem Fußballplatz bzw. von Sandkörnern im Beachvolleyballfeld. Für jeden Modellierungsansatz aus Tab. 1 haben wir im MathCityMap-Mathtrail jeweils eine Aufgabe vorbereitet, welche die Lernenden beim Bearbeiten der Aufgabe unter Nutzung der jeweils gewählten Strategie unterstützt. Die passenden Aufgaben zu diesen Strategien sind in Material 3 aufgelistet. Dies ermöglicht die schnelle Zuweisung der passenden MathCityMap-Aufgabe in Abhängigkeit der von den Lernenden gewählten Strategie sowie eine Überprüfung des Ergebnisses nach der Aufgabenbearbeitung.

Ziel des Einsatzes der Smartphone-App MathCityMap ist es, den komplexen Bearbeitungsprozess – das Bestimmen von Sandkörnern oder Grashalmen – zu strukturieren und zu unterstützen. In Abb. 3 wird die App-Nutzung exemplarisch zum Modellierungsansatz „Sandkorndicke/Würfel" dargestellt. Die App zeigt den Lernenden die Aufgabenstellung an. Bei Bedarf können zudem bis zu drei Hinweise aufgerufen werden: So leitet der erste Hinweis z. B. das Vermessen des Beachvolleyballfeldes und die Bestimmung seines Volumens an, um den Mathematisierungsprozess zu unterstützen. Haben die Lernenden ein Ergebnis ermittelt, validiert die App die eingegebene Lösung unmittelbar. Hierbei prüft die App, ob sich die eingegebene Lösung in einem von uns definierten numerischen Lösungsintervall befindet. Anschließend meldet die App im Sinne eines korrektiven Feedbacks (Moreno 2004) zurück, ob die Lösung im Lösungsintervall liegt und die Aufgabe somit erfolgreich gelöst wurde. Das Lösungsintervall berücksichtigt hierbei Messabweichungen und sinnvolle Rundungen. Für die sieben Modellierungsansätze werden diese festgelegten Intervallgrenzen in Material 3 dargestellt. Außerdem kann das eigene Vorgehen nach Abschluss der Aufgabe mit einer Musterlösung verglichen werden. Da diese das Vorgehen zur Lösungsfindung erläutert, erweitert die Musterlösung das rein korrektive Feedback zur numerischen Lösung um eine erklärende Komponente (vgl. Moreno 2004).

Der Mehrwert des Einsatzes von MathCityMap begründet sich für die vorgestellte Modellierungsaufgabe durch (i) die Möglichkeit zur Binnendifferenzierung und des eigenständigen Lernens, (ii) die Untergliederung der Aufgabe, (iii) die Validierung von Zwischenergebnissen und insbesondere das Überprüfen potentieller Fehler beim Messen oder Umrechnen.

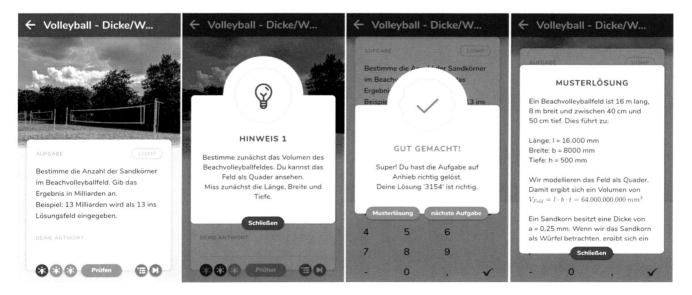

Abb. 3 Nutzung der MathCityMap-App zur Bestimmung der Sandkörner im Volleyballfeld. Von links nach rechts: Aufgabenstellung, Hinweisnutzung, Lösungsvalidierung und Musterlösung

Abb. 4 Berechnung der Anzahl der Sandkörner im Beachvolleyballfeld mithilfe von Teilaufgaben und optional aufrufbaren Hinweisen

(i) Die Möglichkeit zum selbstständigen Aufrufen gestufter Hinweise ermöglicht das selbstständige Lernen im Sinne der Binnendifferenzierung (Hamers et al. 2020): Während leistungsstärkere Lernende die komplexe Aufgabe ohne Hinweisnutzung bearbeiten können, leiten die Hinweise leistungsschwächere Schüler*innen bei der Aufgabenbearbeitung an.

Ferner können die Lernenden optional Teilaufgaben aufrufen, welche die komplexe Aufgabe in überschau- und handhabbare Teilschritte zerlegt. Auch hierbei stehen ggf. weitere Hinweise zur Verfügung, ebenfalls können bei Nutzung der Teilaufgaben Zwischenergebnisse validiert werden. Die Nutzung von Teilaufgaben wird in Abb. 4 für den Ansatz „Sandkorndicke/Würfel" dargestellt.

(ii) Das Lösen der Aufgabenstellung erfordert eine kreative Herangehensweise sowie das Aufstellen eines mehrschrittigen Lösungsplans (vgl. Polya 1949). So werden beispielsweise bei der Modellierung eines Sandkorns als Würfel fünf Arbeitsschritte ausgeführt: Feldmaße bestimmen, Volumen des Beachvolleyballfeldes berechnen, Volumen eines Sandkorns ermitteln, gemeinsame Einheit für beide Volumina wählen und Volumina dividieren.

Diese Arbeitsschritte werden im MathCityMap-Mathtrail durch die optional aufrufbaren Teilaufgaben angeleitet (Abb. 4, Mitte links sowie rechts dargestellt). Somit kann verhindert werden, dass die Lernenden den Überblick über die Arbeitsschritte verlieren – der Problemlöseprozess wird gewissermaßen vorstrukturiert.

(iii) Die Anzahl der Grashalme liegt nach unseren Abschätzungen (Material 1) in der Größenordnung 10^8, die Anzahl der Sandkörner im Beachvolleyballfeld gar zwischen 10^{11} und 10^{12}. In Anbetracht dieser ungewohnt großen Zahlen erscheint es sinnvoll, den Lernenden ein unmittelbares Feedback zum Lösungsprozess zu geben (vgl. Hattie und Timperley 2007).

Hier kann die MathCityMap-App die Lehrkraft bei der Ergebniskontrolle entlasten: Neben dem Endergebnis kann die App auch Zwischenergebnisse auf Wunsch der Lernenden im Rahmen der Teilaufgaben validieren. Die durch die Ergebniskontrolle „gewonnene" Zeit kann die Lehrkraft für intensivere Gespräche zwischen Lehrkraft und Lernenden bezüglich des strategischen Vorgehens nutzen.

Insbesondere kann die unmittelbare Ergebnisvalidierung dazu beitragen, Mess- oder Umrechnungsfehler aufzudecken. Nach Gurjanow und Ludwig (2020) stellt bereits der Messvorgang eine fehleranfällige Tätigkeit dar, die in der Folge ein adäquates Ergebnis verhindert. Zudem birgt auch das Umrechnen von Einheiten ein großes Fehlerpotential (Hagena 2019). Mithilfe der Validierungsfunktion der Teilaufgaben können Mess- und Einheitenfehler durch die MathCityMap-App aufgedeckt werden.

4   Reflexion der praktischen Erprobung

Die Aufgabe wurde im Sommer 2021 mit Probanden hinsichtlich ihrer Vermutungen, Strategien und Modellierungen erprobt. Im Folgenden beschreiben und reflektieren wir diese Erprobung. Darüber hinaus erfolgt eine Reflexion hinsichtlich Differenzierungsoptionen, hier am Beispiel der Zusatzaufgabe, und möglicher Probleme und zugehöriger Unterstützungsmaßnahmen.

4.1 Probanden

Die Unterrichtsstunde wurde mit Lernenden aus dem Begabtenförderungsprogramm *Junge Mathe-Adler Frankfurt* der Goethe-Universität Frankfurt ohne Unterstützung durch das MathCityMap-System durchgeführt. Ziel dieser Erprobung war es einerseits, die Eignung der Aufgabenstellung zu überprüfen. Andererseits sollten mögliche Herangehensweisen und Modellierungsprozesse durch die Lernenden beobachtet werden. Die 14 teilnehmenden Schüler*innen besuchten zu diesem Zeitpunkt die 6., 7. oder 8. Jahrgangsstufe. Im Folgenden werden die Lösungsstrategien der Lernenden vorgestellt, die in altershomogenen Zweiergruppen (im Folgenden Tandems) eingeteilt wurden.

Durch die Auswahl von potentiell mathematisch begabten Kindern muss von einer Positivauswahl ausgegangen werden. Infolgedessen – sowie auf Basis der kleinen Fallzahl von 14 Schüler*innen – kann die Untersuchungsgruppe nicht als repräsentativ für eine heterogene Lerngruppe angesehen werden. Entsprechend sollte die Reflexion in diesem Kontext interpretiert werden (s. hierzu auch Abschn. 4.6).

4.2 Aufstellen der Vermutung

Zunächst sollten die Lernenden eine Vermutung zur Frage *Gibt es mehr Sandkörner im Beachvolleyballfeld als Grashalme auf dem Fußballplatz?* aufstellen. Hierdurch findet eine erste Auseinandersetzung mit der Realsituation statt, in der sich beide Objekte befinden. Bereits durch jenes Vermuten wird der Schritt des Vereinfachens und Strukturierens initiiert. Sechs der sieben Tandems tippten auf die größere Anzahl der Sandkörner, u. a. mit der Begründung, *„weil Sandkörner auch übereinander sind und sie kleiner als Grashalme sind."* Hier verglichen die beiden Lernenden der 6. Jahrgangsstufe sowohl die Größe der Objekte „Sandkorn" und „Grashalm" als auch die Ausdehnung der Sportfelder: Die Tiefe des Beachvolleyballplatzes wurde berücksichtigt. Beim Tandem, das auf eine größere Anzahl von Grashalmen tippte, fehlten jene Überlegungen hingegen. Sie argumentierten, dass es mehr Grashalme gebe, *„weil der Fußballplatz größer ist als das Volleyballfeld."* Diese Lernenden, ebenfalls 6. Klasse, zogen ihren Schluss also lediglich auf Basis eines Vergleichs der Flächen beider Sportfelder. Die Tiefe des Beachvolleyballfeldes bzw. die geringere Größe der Sandkörner wurde nicht in die Überlegungen einbezogen.

4.3 Strategiewahl

Nach dem Aufstellen der Vermutung klappten die Schüler*innen das Arbeitsblatt (Material 2) um. Sie erhielten die Auskunft, dass es deutlich mehr Sandkörner im Beach-

volleyballfeld als Grashalme auf dem Fußballplatz gibt. Doch wie viele? Diese Frage sollte im Anschluss bearbeitet werden (vgl. Abschn. 2.1). Hierzu sollte zunächst jeweils eine Strategie zur Modellierung der Anzahl von Sandkörnern bzw. von Grashalmen entwickelt werden. Einige Strategien der Schüler*innen werden nachfolgend exemplarisch vorstellt.

Zur Bestimmung der Grashalmanzahl schlugen zwei Lernende der 6. Klasse im Rahmen der Mathematisierung vor, zunächst *„das Fußballfeld* [zu] *messen, dann 100 cm²* ab[zu] *messen und die Anzahl* [zu] *schätzen und dann* [zu] *multiplizieren."* Jene Überlegung entspricht der Strategie „Anzahl der Grashalme in einer Fläche" (vgl. Abschn. 2.3.3): Nachdem die Lernenden die Anzahl der Grashalme in einer abgegrenzten Fläche gezählt hatten, wurde diese Anzahl auf die Gesamtfläche des Rasens skaliert. Dieser Modellierungsansatz basiert damit auf der vereinfachten Annahme, dass in flächengleichen Teilen gleich viele Grashalme vorhanden sind.

Zur Bestimmung der Sandkornanzahl im Beachvolleyballfeld nutzten zwei Achtklässlerinnen folgende Mathematisierungsstrategie: *„Erst Volumen, dann ausrechnen, wie viele Sandkörner reinpassen in ein Gefäß und damit ausrechnen: Anzahl Sandkörner pro 1 cm³. Und das dann mal der Anzahl Kubikzentimeter pro Feld."* Auch an dieser Stelle ergibt sich eine vereinfachende Annahme zur uniformen Größe und Form der Sandkörner. Zur Umsetzung dieses Lösungsplans bieten sich zwei der skizzierten Strategien an: Einerseits kann die Anzahl der Sandkörner in einem durchsichtigen, quaderförmigen Gefäß abgeschätzt werden, indem die Anzahl der Sandkörner pro Kante gezählt und diese anschließend multipliziert werden (Strategie „Anzahl der Sandkörner in einem Plexiglaskörper"). Andererseits kann die Anzahl der Sandkörner in einem Gefäß auch über deren Masse bestimmt werden – hierzu stellten wir den Lernenden den Hinweis bereit, dass 100 Sandkörner nach unserer Messung 0,056 g wiegen. Letztlich verfolgte das Tandem die Strategie „Masse eines mit Sand gefüllten Gefäßes".

4.4 Modellierung

Die sieben Tandems konnten in sechs Fällen eine sinnvolle Lösung für die Anzahl der Grashalme erarbeiten; in vier Fällen wurde die Anzahl der Sandkörner im Beachvolleyballfeld ermittelt. Drei Tandems gelang es, innerhalb der 90 Minuten beide Aufgaben vollständig zu bearbeiten. Jedes Tandem konnte zu mindestens einer der beiden Teilaufgaben „Anzahl der Grashalme" bzw. „Anzahl der Sandkörner" eine Lösung erarbeiten. Somit ist davon auszugehen, dass Vierergruppen bei einem arbeitsteiligen Vorgehen innerhalb einer Doppelstunde zu einer Gesamtlösung kommen können. Die ermittelten Ergebnisse inkl. der genutzten Strategien sind in Tab. 3 und 4 dargestellt.

Tab. 3 Ermittelte Anzahl der Sandkörner im Beachvolleyballfeld unter Berücksichtigung der gewählten Strategie und der Jahrgangsstufe der Lernenden

Math. Modell	Jahrgangsstufe	Feldmaße[in m]	Modellierung	Ergebnis [gerundet]
Sandkorn als Würfel	8	$15 \times 8 \times 0{,}4$	Würfel mit Volumen von $0{,}25$ mm^3	192 Mrd.*
Masse eines mit Sand gefüllten Gefäßes	8	$16 \times 8 \times 0{,}3$	775-g-Gefäß mit Volumen von 512 cm^3	110 Mrd.
	8	$15{,}8 \times 7{,}9 \times 0{,}16$	217-g-Gefäß mit Volumen von 127 cm^3	61 Mrd.**
	6	$15{,}85 \times 7{,}8 \times 0{,}4$	765-g-Gefäß mit Volumen von 512 cm^3	134 Mrd.

*Annahme zu großer Sandkörner sowie zu geringer Feldlänge. Hätte man halb so dicke Sandkörner angenommen, läge man im annehmbaren Lösungsbereich (s. Material 3)
**Annahme zu geringer Feldmaße: Doppelte Feldtiefe führt zu 122 Mrd. Sandkörnern, was im erwarteten Lösungsbereich liegt (vgl. Material 3)

Tab. 4 Ermittelte Anzahl der Grashalme auf dem Fußballplatz unter Berücksichtigung der gewählten Strategie und der Jahrgangsstufe der Lernenden

Math. Modell	Jahrgangsstufe	Feldmaße [in m]	Anzahl Grashalme pro Fläche	Ergebnis [gerundet]
Anzahl der Grashalme in einer Fläche	8	110×70	100 pro Fläche von 11 cm $\times$ 7 cm	100 Mio.
	8	$110{,}1 \times 72{,}7$	87 pro Fläche von 10 cm $\times$ 10 cm	7,0 Mio.*
	7	$109{,}1 \times 72{,}8$	50 pro Fläche von 10 cm $\times$ 10 cm	4,0 Mio.*
	7	110×65	40 pro Fläche von 10 cm $\times$ 10 cm	2,9 Mio.*
	6	102×67	150 pro Fläche von 10 cm $\times$ 10 cm	103 Mio.
	6	100×65	100 pro Fläche von 10 cm $\times$ 10 cm	65 Mio.

*Jeweils Umrechnungsfehler: eigentlich 70, 40 bzw. 29 Mio. Grashalme. Die Ergebnisse liegen aufgrund der sehr niedrigen Anzahl gezählter Grashalme pro Fläche leicht unterhalb des annehmbaren Lösungsbereichs (vgl. Material 3)

Lösung der Lernenden (Wortlaut)	Inhaltlicher Kommentar zur Lösung
Sand mit Box: 840 g Box: 75 g mit 8 × 8	Masse des Gefäßes mit Sand Masse des Gefäßes ohne Sand Kantenlänge des Gefäßes (Würfel): 8 cm
100 Sandkörner = 0,056 g 1.800 sandka= etwa 1 g	Berechnung der Anzahl Sandkörner pro Gramm auf Basis der gegebenen Information
Tiefe 0,40 m Länge: 15,85 m Breite: 7,80 m	Erhobene Messdaten zur Feldgröße
840 g − 75 g = 765g pro 8 × 8 × 1 m	Masse des Sandes (netto) im Würfel mit 512 cm^3
7,80 m : 8 = 97,5 15,85 : 8 = 198	Anzahl der übereinander bzw. nebeneinander passenden Würfel im Beachvolleyballfeld
765 g · 5 = 3.825 g 3.825 g · 98 = 374.850 g 374.850 g · 198 = 74.220.300 g	Berechnung der Sandmasse im gesamten Volleyballfeld; das Gefäß fungiert als Einheitswürfel
74.220.300 g · 1800 = 133.596.540.000 sk	Berechnung der Sandkörner

Abb. 5 Bestimmung der Masse des mit Sand gefüllten Gefäßes (links) und kommentierter Lösungsweg einer Schüler*innengruppe (rechts; vgl. Tab. 3)

In unserer Erprobung wählten drei Tandems, welche die Sandkornanzahl adäquat abschätzen konnten, den vermeintlich schweren Ansatz „Masse eines Sandkorns". Hierbei erhielten die Lernenden die Information, dass 100 Sandkörner ca. 0,056 g wiegen (Messung der Autor*innen). Nun wurde ein Gefäß mit bekanntem Volumen mit Sand gefüllt und anschließend gewogen (s. Abb. 5, links). Auf Basis der Nettomasse – die Masse des Gefäßes muss vom Messergebnis subtrahiert wer-

den – konnte schließlich die Anzahl der Sandkörner im Gefäß abgeschätzt werden. Mittels Proportionalität konnte die Anzahl der Sandkörner im Beachvolleyballfeld ermittelt werden. Exemplarisch wird nachfolgend ein Lösungsprozess der Lernenden skizziert (s. Abb. 5, rechts).

Beim Vergleich der Schüler*innenergebnisse mit den vorgestellten Modellierungen (Material 1) fällt auf, dass die Ergebnisse der Lernenden im erwarteten Bereich liegen: Die vorgestellten Modellierungen führen bei gleicher Strategiewahl ebenfalls zu Ergebnissen im dreistelligen Milliardenbereich. Somit konnten die vier Tandems, welche die Aufgabe vollständig bearbeiteten, zufriedenstellende Ergebnisse erzielen.

Beim Fußballplatz griffen alle Tandems auf die erwartete Strategie „Anzahl der Grashalme in einer Fläche" zurück. Während die meisten Tandems die Grashalme in einem Feld von 100 cm² zählten und damit dem erwarteten Lösungsprozess folgten (Material 1), ist die Strategie der ersten Gruppe in Tab. 4 bemerkenswert: Die Lernenden betrachteten ein Feld, das im Maßstab 1:1000 zur gemessenen Feldgröße gewählt wurde. Folglich operierten die Lernenden hier mit Rückgriff auf das Konzept der zentrischen Streckung.

Ferner sind die höchst unterschiedlichen Zählungen von Grashalmen in der abgesteckten Fläche bemerkenswert: Die Lernenden zählten zwischen 50 und 150 Grashalme auf einer Fläche von 100 cm² – wir zählten in Vorbereitung der Stunde unabhängig voneinander gar 302, 346 bzw. 367 Grashalme. Ein Grund für die deutlich niedrigere Grashalmanzahl der Lernenden könnte darin liegen, dass der Rasenplatz kurz vor der Praxiserprobung neu eingesandet worden war. Die Grashalme waren also weniger gut sichtbar. Zudem konnte die tatsächliche Feldgröße nur abgeschätzt werden, da keine Spielfeldlinien markiert waren. Dies erklärt die großen Messunterschiede bei der Platzgröße.

Insgesamt zeigt die kleine Stichprobe auf: Auch bei der Anzahl der Grashalme auf dem Fußballplatz muss mit einer erheblichen Variation der Ergebnisse gerechnet werden. Als sinnvoll können Ergebnisse im unteren dreistelligen Millionenbereich, in Abhängigkeit der Platzbegebenheiten auch Ergebnisse im oberen zweistelligen Millionenbereich, angesehen werden. Folglich konnten die Lernenden bei dieser Aufgabe ebenfalls adäquate Ergebnisse erzielen.

4.5   Zusatzaufgabe

Wurde sowohl für die Sandkorn- als auch für die Grashalmanzahl ein Ergebnis berechnet, konnte im Anschluss die Zusatzaufgabe bearbeitet werden: *Wie viele Fußballplätze braucht man, damit dort insgesamt so viele Grashalme wachsen, wie es Sandkörner im Beachvolleyballfeld gibt?* Ein Tandem der achten Klasse ermittelte beispielsweise $1,1 \cdot 10^{11}$ Sandkörner und 10^8 Grashalme. Folglich stellten die Schüler*innen fest: Auf 1100 Fußballfeldern wachsen insgesamt so viele Grashalme, wie es Sandkörner in einem Beachvolleyballfeld gibt. Diese Berechnung entspricht dem erwarteten Ergebnis: Werden unsere Berechnungen aus Material 1 zugrunde gelegt, so ist von einer Größenordnung von 10^3, je nach Strategie ggf. auch von 10^2 oder 10^4 auszugehen.

4.6   Mögliche Unterstützungsmaßnahmen

Insgesamt konnte die Modellierungsaufgabe durch die Lernenden in der Erprobung sinnvoll bearbeitet werden. Wie bereits in Abschn. 4.1 muss dieses Ergebnis unter der Einschränkung bewertet werden, dass hier potentiell mathematisch begabte Kinder zum Ausprobieren eingeladen worden waren. Trotz dieser Positivauswahl traten auch in der leistungsstarken Untersuchungsgruppe Probleme auf, weshalb nachfolgend einige Ideen zur Unterstützung der Lernenden skizziert werden.

(i) Binnendifferenzierung durch gestufte Hinweise: Während der Praxiserprobung konnte beobachtet werden, dass gerade die jüngeren Lernenden beim gezielten Verfolgen einer Lösungsstrategie vor größere Probleme gestellt wurden. Zwar konnten bereits die Lernenden der 6. Jahrgangsstufe adäquate Lösungspläne entwickeln, allerdings verloren sie immer wieder den Überblick über das geplante Vorgehen. So wurde beispielsweise beim Modellierungsansatz „Masse eines Sandkorns" das Gewicht der Sandkörner in einem Hohlgefäß bestimmt, anschließend jedoch die zuvor erarbeitete (und eigentlich zielführende) Strategie infrage gestellt: Die Lernenden waren sich nicht mehr bewusst, warum sie das Gefäß gewogen hatten, sodass die Lehrperson mehrmals Hilfestellungen zur Berechnung von Zwischenergebnissen bzw. zum weiteren Verfolgen des Lösungsplans geben musste.

Um diesen und ähnlichen Problemen gerecht zu werden, bietet sich ein binnendifferenzierendes Vorgehen unter Zuhilfenahme gestufter Hinweise an, welche die Lernenden bei Bedarf nutzen können (vgl. Hamers et al. 2020). Mögliche Hinweise zum Modellierungsansatz „Masse eines Sandkorns" können sich beispielsweise auf (a) die Berechnung des Volumens eines Beachvolleyballfeldes, (b) die Bestimmung der Sandkornanzahl im gewogenen Gefäß und (c) die Skalierung des Gefäßes auf die Maße des Beachvolleyballfeldes beziehen.

(ii) Untergliederung der Aufgabe: Das Zerlegen der komplexen und mehrschrittigen Aufgaben in überschaubare Teilaufgaben stellt eine weitere Möglichkeit zur Unterstützung des Bearbeitungsprozesses dar: Die großen Fragestellungen *Wie viele Sandkörner/Grashalme gibt es im Beachvolleyballfeld/auf dem Fußballplatz?* können jeweils in mehrere Teilziele zerlegt werden, die den Bearbeitungsprozess vorstrukturieren (vgl. Abschn. 3.2, Aspekt ii).

Beim Modellierungsansatz „Masse eines Sandkorns" könnten z. B. die drei oben genannten Hinweise jeweils als

Teilaufgabe formuliert werden. Dies führt bei Hinweis (a) zur Teilaufgabe „Bestimme das Volumen des Beachvolleyballfeldes". Die Bearbeitung der Teilaufgabe kann wiederum mit Hinweisen unterstützt werden, beispielsweise zum Messvorgang oder zur Modellierung des Feldes als Quader.

(iii) Validierung von Zwischenergebnissen: In Anbetracht der unvorstellbar großen Zahlen können die Lernenden das Ergebnis weder vor der Berechnung adäquat abschätzen noch im Anschluss dessen Gültigkeit überprüfen. Folglich werden Fehler im Lösungsprozess nicht durch die Lernenden selbst entdeckt. Insbesondere scheint dies bei der Umrechnung von Einheiten der Fall zu sein: Allein bei der Anzahl der Grashalme auf dem Fußballplatz traten bei drei von sieben Tandems Fehler beim Umrechnen auf, was schließlich zu einem falschen Endergebnis führte (Tab. 4). Zusätzlich ergibt sich die Frage, wie in der Nachbesprechung mit unterschiedlichen Ergebnissen umgegangen werden kann. Zur numerischen Validierung der Schüler*innenlösungen geben wir im Material 3 erwartbare Intervalle für die verschiedenen Modellierungsansätze an. An dieser Stelle sollte mit den Schüler*innen besprochen werden, dass es in der Realität natürlich nur ein exaktes Ergebnis gibt, welches sie im Rahmen der mathematischen und zeitlichen Vorgaben jedoch nicht ermitteln konnten. Die Grundidee des Modellierens und auch des Approximierens kann den Schüler*innen hier gelungen vermittelt werden: Ist es überhaupt wichtig, die Anzahlen auf das Sandkorn bzw. den Grashalm genau zu bestimmen? Gerade für die Vermutung ist eine begründete Einordnung in eine Größenordnung ausreichend und zielführend. Anhand der unterschiedlichen Ergebnisse können dann die Vereinfachungen und Mathematisierungen detaillierter angesehen und eingeordnet werden. Welche Vereinfachungen beeinflussen das Ergebnis wie stark? Was ist ein guter Kompromiss zwischen Effizienz und Genauigkeit?

Außerdem kann durch eine Validierung von Teilschritten häufig auftretenden Fehlern beim Messvorgang (vgl. Gurjanow und Ludwig 2020) vorgebeugt werden. Bei unserer Erprobung hätte dies einerseits zu einer einheitlicheren Annahme bezüglich der Maße des Fußballplatzes geführt (s. Tab. 4). Andererseits hätte das dritte Tandem (s. Tab. 3) eine Rückmeldung erhalten, dass die angenommene Feldtiefe von nur 16 cm zu gering ist. Insbesondere, da diese Werte nur vor Ort erhoben werden können, ist die unmittelbare Validierung am Ort des Geschehens womöglich ein Anlass zur direkten Fehleranalyse und zu einem zweiten Messversuch.

Sowohl bei Fehlern im Umrechnen von Einheiten als auch bei Messfehlern kann eine numerische Kontrolle von Zwischenergebnissen hilfreich sein: Im Sinne eines korrektiven Feedbacks (vgl. Moreno 2004) können die Lernenden ihren ermittelten Zahlenwert mit dem erwarteten Lösungsintervall vergleichen. Bei groben Abweichungen von der erwarteten Lösung sollte die Messung bzw. Rechnung kritisch geprüft und – sofern der Fehler nicht selbst entdeckt wird – mit der Lehrperson diskutiert werden. Alternativ könnte den Lernenden für den betreffenden Teilschritt auch eine Musterlösung zum Vergleich mit der eigenen Aufgabe zur Verfügung gestellt werden. Sowohl die Rücksprache mit der Lehrkraft als auch der Vergleich des eigenen Vorgehens mit der Musterlösung sind nach Moreno (2004) dem besonders lernförderlichen erklärenden Feedback zuzuordnen.

> Die drei vorgestellten Maßnahmen – gestufte Hinweise, Teilaufgaben und Validierung von Zwischenergebnissen – lassen sich leicht unter Zuhilfenahme der MathCityMap-App umsetzen (s. Abschn. 3.2). Im Mathtrail „Mathe auf dem Sportplatz" *(Code 016327)* wurden alle drei Maßnahmen realisiert, sodass die Lernenden bei Bedarf Hinweise oder Teilaufgaben aufrufen bzw. Zwischenergebnisse validieren können.

5   Fazit

Im vorliegenden Beitrag wurde aufgezeigt, wie Lernende im Rahmen einer Doppelstunde auf dem Schulsportplatz auf mathematische „Entdeckungstour" gehen können: *Wie viele Grashalme wachsen auf einem Fußballplatz? Und aus wie vielen Sandkörnern besteht eigentlich ein Beachvolleyballfeld?* An dieser Stelle fassen wir die praktischen Erfahrungen zusammen.

Ausgerüstet mit Maßband, Zollstock und Taschenrechner untersuchten 14 Lernende von der 6. bis zur 8. Jahrgangsstufe jene Fragestellungen. Zudem wurden eine Waage, verschiedene Hohlgefäße sowie Stifte, Papier und Klebestift bereitgestellt.

Die Lernenden konnten altersunabhängig zufriedenstellende bis sehr gute Ergebnisse erzielen. Jedes Tandem war in der Lage, mindestens eine der beiden Teilaufgaben „Anzahl der Grashalme" oder „Anzahl der Sandkörner" im Rahmen der Doppelstunde zu lösen. Folglich erscheint der Einsatz der Modellierungsaufgabe ab Klasse 6 möglich.

Allerdings zeigte sich in unserer Praxiserprobung auch: Gerade aufgrund der enormen Dimensionen der Zahlen schleichen sich schnell Umrechnungsfehler in den Lösungsprozess ein. Wie beschrieben kann die MathCityMap-App mit der optionalen Nutzung von Teilaufgaben als Schritt-für-Schritt-Evaluation dabei helfen, Mess- und Rechenfehler im Lösungsprozess aufzudecken und zu korrigieren. Hieran schließt sich ein weiterführendes Potential hinsichtlich der Beobachtung von Bearbeitungsprozessen der Schüler*innen beim Modellieren, insbesondere im Hinblick auf die selbstständige Wahl der Lösungsstrategie, an. Diese unterschiedlichen Herangehensweisen, der Umgang mit den Schwierigkeiten beim Lösen der Aufgabe und das Einschätzen, wie gut die Gruppenarbeit funktioniert hat, können in einer Reflexionsphase in einer Folgestunde im Klassenverband besprochen werden.

Wir laden Sie herzlich dazu ein, die vorgestellten Aufgaben mit Ihrer Klasse zu bearbeiten. Denn haben Sie „richtig" vermutet, wie viele Grashalme auf einem Fußballplatz wachsen oder aus wie vielen Sandkörnern ein Beachvolleyballfeld besteht?

Literatur

Archimedes: Ostwalds Klassiker der exakten Wissenschaften – Band 201. Abhandlungen von Archimedes, 2. Aufl. (Übers. Czwalina-Allenstein, A.). Verlag Harri Deutsch, Frankfurt a. M. (1999)

Blum, W., Leiß, D.: How do students and teachers deal with mathematical modelling problems? In: Haines, C., Galbraith, P., Blum, W., Khan, S. (Hrsg.) Mathematical Modelling. Education, Engineering and Economics, S. 222–231. Horwood, Chichester (2007)

Buchholtz, N.: How teachers can promote mathematising by means of mathematical city walks. In: Stillman, G., Blum, W., Kaiser, G. (Hrsg.) Mathematical Modelling and Applications, S. 49–58. Springer, Cham (2017)

Deutscher Volleyball-Verband: Handbuch Beach-Volleyball Anlagen. Planung, Finanzierung, Bau und Pflege. https://www.volleyball-verband.de/de/verband/organe/ausschuesse/materialpruefungsausschuss/beachanlagen/sand-und-kriterien/www/?proxy=redaktion/Dokumente/MPA/DVV_Beach_Broschuere_A5_final_Doppelseiten_2.pdf (2016). Zugegriffen am 20.10.2021

Gurjanow, I., Ludwig, M.: Mathematics trails and learning barriers. In: Stillman, G.A., Kaiser, G., Lampen, C.E. (Hrsg.) Mathematical Modelling Education and Sense-making., S. 265–275. Springer Nature, Cham (2020)

Franke, M.: Mathematik Primar- und Sekundarstufe: Didaktik des Sachrechnens in der Grundschule. Spektrum, Heidelberg (2003)

Frenzel, L., Grund, K.-H.: Wie „groß" sind Größen? mathematik lehren 45, 15–24 u. 31–34 (1991)

Hagena, M.: Einfluss von Größenvorstellungen auf Modellierungskompetenzen. Empirische Untersuchung im Kontext der Professionalisierung von Lehrkräften. Spektrum, Wiesbaden (2019)

Hamers, P., Bekel-Kastrup, H., Kleinert, S.I., Tegtmeier, N., Wilde, M.: Schüler*innen wiederholen selbstständig lineare Funktionen: Binnendifferenzierung im Mathematikunterricht durch gestufte Lernhilfen. Die Materialwerkstatt. 2(1), 17–22 (2020)

Hattie, J., Timperley, H.: The power of feedback. Rev. Educ. Res. 77(1), 81–112 (2007)

Hessisches Kultusministerium: Bildungsstandards und Inhaltsfelder. Das neue Kerncurriculum für Hessen. Sekundarstufe I – Gymnasium. https://kultusministerium.hessen.de/sites/kultusministerium.hessen.de/files/2021-07/kerncurriculum_mathematik_gymnasium.pdf (2011). Zugegriffen am 10.10.2021

Ludwig, M.: Mathematik+Sport. Olympische Disziplinen im mathematischen Blick. Vieweg+Teubner, Wiesbaden (2008)

Ludwig, M., Jablonski, S.: MathCityMap – Mit mobilen Mathtrails Mathe draußen entdecken. MNU J. 1/2020, 29–36 (2020)

Ludwig, M., Jablonski, S.: Step by step. Simplifying and mathematizing the real world with MathCityMap. Quadrante. 30(2), 242–268 (2021)

Ludwig, M., Jesberg, J., Weiß, D.: MathCityMap – faszinierende Belebung der Idee mathematischer Wanderpfade. Praxis der Mathematik in der Schule. 55(53), 14–19 (2013)

Moreno, R.: Decreasing cognitive load for novice students: Effects of explanatory versus corrective feedback in discovery-based multimedia. Instruct. Sci. 32(1), 99–113 (2004)

Polya, G.: Schule des Denkens. Vom Lösen mathematischer Probleme. Francke, Tübingen (1949)

Sandfuchs: Reinigung von den Sandprofis! https://sandfuchs-sandreinigung.de/wp-content/uploads/Sandfuchs-Broschuere-2021.pdf (2021). Zugegriffen am 04.04.2022

Shoaf, M.M., Pollak, H., Schneider, J.: Math Trails. COMAP, Lexington (2004)

Silisport: Weit- und Dreisprunggruben. Planungshinweise für Weit- und Dreisprunggruben. https://www.silisport.com/de/produkte/leichtathletik-ausstattungen/weitsprunggruben/ (o. J.). Zugegriffen am 04.04.2022

Thompson, T.D., Preston, R.V.: Measurement in the middle grades. Insights from NAEP and TIMSS. Math. Teach. Middle School. 9, 514–519 (2004)

Winter, H.: Sachrechnen in der Grundschule: Problematik des Sachrechnens, Funktionen des Sachrechnens, Unterrichtsprojekte. Cornelsen Scriptor, Frankfurt a. M. (2003)

Daten, Modelle und Prognosen – das verborgene Vordringen einer Virusvariante

Sebastian Bauer, Johanna Doktor und Lukas Donner

Zusammenfassung

In der vorgestellten Lernumgebung für die gymnasiale Oberstufe werden authentische Infektionszahlen eines Zeitabschnitts des Jahres 2021 aus dem Zusammenhang der SARS-CoV-2-Epidemie mithilfe von exponentiellen Modellen beschrieben, darauf basierend wird eine Prognose für den folgenden Zeitabschnitt hergeleitet und diese mit dem tatsächlich eingetretenen Verlauf verglichen.

Bei der Beschreibung geht es darum, die Parameter des exponentiellen Modells aus den gegebenen Daten zu bestimmen. Dazu lösen die Lernenden zunächst Exponentialgleichungen. Dabei tritt das Problem auf, dass mehr Datenpunkte als Parameter gegeben sind, es sich also um ein überbestimmtes System handelt. Je nach Auswahl der genutzten Datenpunkte resultieren sehr unterschiedliche Modellfunktionen. Diese Schwierigkeiten werden überwunden, indem alle Datenpunkte gleichzeitig in die Bestimmung der Parameter einbezogen werden. Dies geschieht rechnergestützt mit einem Tabellenkalkulationsprogramm (TK), zunächst *hands-on* durch optische Anpassung. Anschließend wird die Güte der Anpassung durch die Einführung von Fehlerfunktionalen wie der Summe der Fehlerquadrate quantifiziert.

Auf Basis der so bestimmten Parameter wird eine Prognose für den Verlauf der Epidemie erstellt und diese mit den tatsächlichen Zahlen verglichen. Die Ursachen für die großen Abweichungen werden vor dem Hintergrund eines zeitgenössischen Artikels aus der Wochenzeitung DIE ZEIT diskutiert.

Um das Unterrichtsvorhaben zielgerichtet durchführen zu können, sollten die Schülerinnen und Schüler bereits Kenntnisse im Umgang mit Exponentialfunktionen haben sowie Exponentialgleichungen händisch lösen können. Auch grundlegende Potenz- und Logarithmengesetze sollten dabei bekannt sein. Das Unterrichtsvorhaben soll zwei Einheiten zu je 45 min umfassen – idealerweise im Rahmen einer Doppelstunde. Die geförderten Kompetenzen bedienen die Vorgaben, die von der Kultusministerkonferenz (KMK) in den Bildungsstandards für die Allgemeine Hochschulreife im Fach Mathematik festgelegt wurden. Es werden sowohl die Leitideen „Funktionaler Zusammenhang" und „Messen" aufgegriffen als auch Kompetenzen im Bereich des mathematischen Modellierens in allen drei Anforderungsbereichen gefördert.

Neben den Online-Materialien für den direkten Einsatz im Unterricht, aufgelistet in der detaillierten Beschreibung der Unterrichtsphasen, dienen weiterführende Online-Materialien der Lehrkraft zur Vertiefung. Letztere sind am Ende des Beitrags aufgeführt.

S. Bauer
Fakultät für Mathematik, Karlsruher Institut für Technologie, Karlsruhe, Deutschland
E-Mail: sebastian.bauer2@kit.edu

J. Doktor
Leibniz-Gymnasium Gelsenkirchen-Buer, Gelsenkirchen, Deutschland

L. Donner (✉)
Fakultät für Mathematik, Universität Duisburg-Essen, Essen, Deutschland
E-Mail: lukas.donner@uni-due.de

1 Motivation

In den Jahren von 2020 bis (mindestens) 2022 hält SARS-CoV-2, ein neuartiges Coronavirus, die Welt in Atem. Es löst bei vielen Infizierten die Krankheit COVID-19 aus, die insbesondere bei älteren und vorerkrankten Menschen schwere und tödliche Verläufe nehmen kann. Nachdem zum Jahresende 2019 der initiale massive Ausbruch in Wuhan (China) aufgetreten ist, ereignet sich die erste Infektionswelle in europäischen Ländern in den frühen Monaten des Jahres 2020. Um die Epidemie einzudämmen und insbesondere einen Kollaps des Gesundheitssystems zu verhindern, verordnen zahlreiche Regierungen Kontaktbeschränkungen, die

Abb. 1 Das RKI warnt vor exponentiell steigenden Fallzahlen aufgrund der Alpha-Variante. Abbildung aus RKI (2021a)

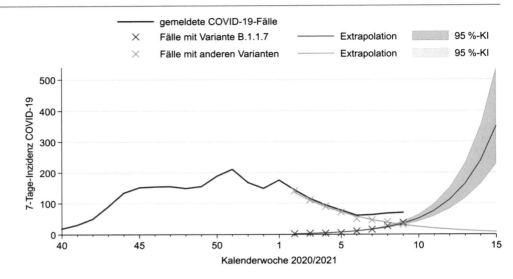

zeit- und stellenweise bis zu einem weitgehenden Herunterfahren des gesellschaftlichen und geschäftlichen Lebens inklusive der Schließung von Schulen reichen und Hygienemaßnahmen, wie Abstandsregeln und Maskenpflicht, nach sich ziehen. Auf die erste Infektionswelle mit anschließender Lockerung der Kontaktbeschränkungen folgt im Herbst und Winter 2020 in Deutschland eine zweite gravierendere Infektionswelle, die das Gesundheitssystem an den Rand der Belastbarkeit bringt und auf welche die Politik zunächst mit einem sogenannten Teil-Lockdown reagiert, auf den ein verschärfter Lockdown mit erneuten Schulschließungen folgt. Mit dem Abebben der zweiten Welle im Januar und Februar 2021 verbindet sich die Frage nach der Beendigung bzw. der Lockerung der strengen Kontaktbeschränkungen und insbesondere der Schulschließungen.

Mitten in dieser Phase fallender bzw. stagnierender Fallzahlen im Februar und März 2021 warnt das Robert Koch-Institut (RKI) vor exponentiell steigenden Fallzahlen mit einer mutierten Virusvariante B.1.1.7 (siehe Abb. 1) und stellt ein Szenario mit sehr hohen Fallzahlen vor: „Die so ermittelten wöchentlichen Fallzahlen von B.1.1.7 zeigen eine sehr gleichmäßige Wachstumsrate und haben sich in der Zeit von KW 2 bis KW 9 etwa alle 12 Tage verdoppelt" (RKI 2021a).[1] Im weiteren Verlauf der Epidemie wird die Virusvariante B.1.7.7 als Alpha-Variante bezeichnet. Wir schließen uns diesem Sprachgebrauch in diesem Beitrag an.

Rückblickend zeigt sich, dass das prognostizierte Szenario so nicht eingetreten ist: Im ZEIT-Artikel „Rechnung mit vielen Unbekannten" (Schieritz 2021) wird eben diese pessimistische Prognose des RKI als Paradebeispiel für die Schwierigkeit des Modellierens realer komplexer Systeme kritisch analysiert. In der vorgestellten Lernumgebung wird die Bestimmung des exponentiellen Modells aus den Daten mit der dazugehörigen Prognose nachentwickelt, und es werden die Gründe für das Nichteintreffen der Prognose reflektiert.

2 Beschreibung der Modellierungsaufgabe

Eine Übersicht über die umfangreichen Materialien, die im Rahmen der Lernumgebung eingesetzt werden, kann dem begleitenden Steckbrief zum Beitrag entnommen werden (siehe: Tabellarischer Verlaufsplan zur Lernumgebung). Als Basis der Modellierungsaufgabe dienen neun Datenpunkte des RKI aus den KW 1 bis 9 des Jahres 2021, die zum einen die Anzahl der wöchentlichen registrierten Neuinfektionen und zum anderen den prozentualen Anteil der Alpha-Variante an diesen Neuinfektionen enthalten.[2] Diese Daten sind auf einer Folie zusammengefasst (siehe Abb. 2) und werden den Lernenden mit der Frage präsentiert, wie das RKI aufgrund dieser Daten zu der Prognose exponentiell wachsender Fallzahlen für die Alpha-Variante gekommen sein könnte. Es wird die Aufteilung in Fallzahlen für die Alpha-Variante und für die Wildform des Virus (und alle übrigen Varianten, die wir aufgrund sehr kleiner Ausprägungen in Summe zusammenfassen und einfach als Wildtyp bezeichnen) nachvollzogen. Anschließend wird die Grafik des RKI (Abb. 1) präsentiert, in der die Fallzahlen der einzelnen Varianten bereits

---

[1] In Abb. 1 (sowie in der weiteren Folge in Abb. 5 und 8) wird anstatt der wöchentlichen Fallzahlen die sogenannte 7-Tage-Inzidenz genutzt. Diese ist definiert als die Anzahl der Neuinfektionen der letzten sieben Tage pro 100.000 Einwohner. Kalenderwochen werden in diesem Beitrag durchgehend mit KW abgekürzt.

[2] Details zur Datengrundlage, insbesondere zu KW 1, werden später und in den vertiefenden Online-Materialien diskutiert.

Das RKI warnt aufgrund dieser Daten am 17.3. (KW 10) vor **exponentiell wachsenden** Fallzahlen aufgrund der α-Variante B.1.1.7

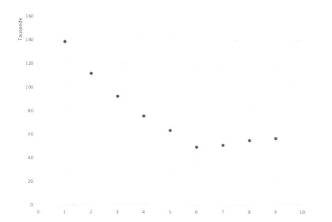

KW	Zahl Fälle	Anteil α-Variante
01	138516	2,5 %
02	111785	2,0 %
03	92457	3,6 %
04	75585	4,7 %
05	63209	7,2 %
06	49018	17,6 %
07	50691	25,9 %
08	54716	40,0 %
09	56518	54,4 %

Abb. 2 Einstiegsfolie in die Stunde. Grafisch dargestellt sind die Gesamtfallzahlen. Die Warnung vor dem exponentiellen Wachstum ist durch das rasante Ansteigen des Anteils der Alpha-Variante begründet

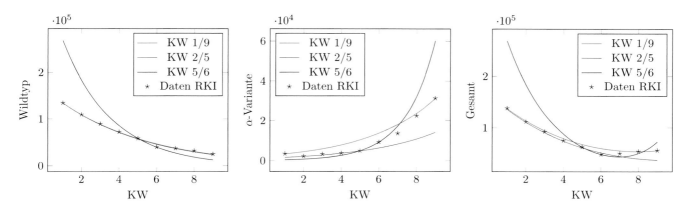

Abb. 3 Anpassung der Parameter an unterschiedliche Paare von Datenpunkten. Dabei bedeutet z. B. KW 1/9, dass die Daten der KW 1 und 9 genutzt wurden. In der Abbildung links überlagern sich die Grafen zu KW 1/9 und 2/5 einander

durch Kreuze markiert sind. Es wird auf die ebenfalls in Abb. 1 dargestellte Prognose hingewiesen und als Stundenziel erarbeitet, selbst eine Prognose aus den gegebenen Daten zu erstellen. Aufgrund der Äußerungen des RKI wird für die Entwicklung der Fallzahlen für die Alpha-Variante bzw. den Wildtyp ein exponentielles Wachsen bzw. Zerfallen der Form $f(t) = k \cdot e^{c \cdot t}$ angenommen.

Es folgen drei Phasen.

Phase 1 Die Schülerinnen und Schüler bestimmen anknüpfend an übliche Steckbriefaufgaben arbeitsteilig anhand von jeweils zwei der neun vorgegebenen Datenpunkte – für drei Gruppen werden jeweils zwei Datenpunkte vorgegeben – die fehlenden Parameter für das exponentielle Modell. Dabei wurden die Datenpaare von uns absichtlich so ausgewählt, dass die resultierende Parameterkombination keine gute Beschreibung

der Entwicklung der Alpha-Variante im betrachteten Zeitraum liefert. Die Ergebnisse sind in Abb. 3 dargestellt.

Phase 2 Ausgehend von den unterschiedlichen Modellfunktionen aus Phase 1 entwickeln die Schülerinnen und Schüler Methoden, wie alle neun Datenpunkte in die Bestimmung der Parameter einfließen können. Dazu finden die Schülerinnen und Schüler gute Parameter zunächst einmal nach „Augenmaß", indem sie in einem in den Online-Materialien bereitgestellten TK-Sheet „student" die Parameter variieren und in einer damit verbundenen graphischen Darstellung die Passung von gemessenen und berechneten Werten kontrollieren. Die unterschiedlichen so gefundenen Modelle treten dann in einen Wettkampf, in dem die Schülerinnen und Schüler ebenfalls nach Augenmaß ein Siegermodell küren (siehe Abb. 4). Um die Wahl zu objektivieren,

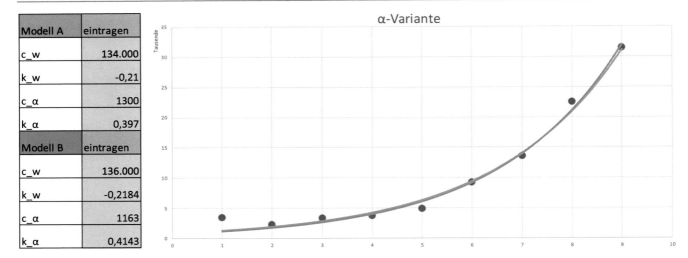

Modell A	eintragen
c_w	134.000
k_w	-0,21
c_α	1300
k_α	0,397
Modell B	eintragen
c_w	136.000
k_w	-0,2184
c_α	1163
k_α	0,4143

Abb. 4 Modell A nach Augenmaß von Schülerinnen und Schüler gefunden und ins Finale des „Wettkampfs der Modelle" gewählt, Modell B minimiert den quadratischen Fehler

Abb. 5 Grün: Unterrichtsprognose der Alpha-Variante; schwarz: Unterrichtsprognose der Gesamtzahl; violett: RKI-Prognose der Alpha-Variante; rot: Fallzahlen der KW 9–15 nach RKI (2021c). Vertikale Achse: links, 7-Tage-Inzidenz pro 100.000 Einwohner; rechts 7-Tage-Fallzahlen in Tausend. Der zeitliche Nullpunkt ist auf KW 1 gesetzt

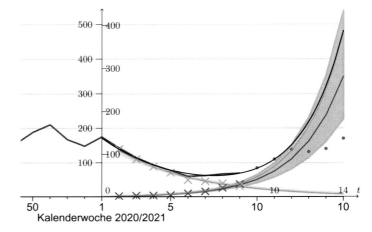

werden unterschiedliche Fehlerfunktionale aufgestellt und diskutiert. Die Güte der per Augenmaß gefundenen Anpassungen der Parameter an die Daten wird mithilfe dieser Fehlerfunktionale verglichen und der Einfluss des benutzten Fehlerfunktionals auf die Anpassung diskutiert.

Phase 3 Zuletzt werden die Vorhersagen der Modellfunktionen für die nächsten Kalenderwochen erstellt. Es wird diskutiert, welche Faktoren zur großen Abweichung zwischen Prognose und tatsächlicher Entwicklung – wiederum basierend auf Fallzahlen des RKI – beigetragen haben könnten (siehe Abb. 5). Hierbei sollen die Qualität der Daten, der Einfluss von sich änderndem Verhalten der Bevölkerung sowie die prinzipiell eingeschränkte Gültigkeit exponentieller Modelle in Betracht gezogen werden. Ein Teil dieser Argumente sowie weitere potenzielle Gründe werden im oben genannten ZEIT-Artikel „Rechnung mit vielen Unbekannten" (Schieritz 2021) explizit aufgegriffen; darum soll dieser im

Rahmen einer Hausaufgabe von den Schülerinnen und Schüler gelesen und zusammen mit den Erfahrungen aus der Lernumgebung reflektiert werden.

3 Fachliche Analyse der Modellierungsaufgabe und gesellschaftlicher Hintergründe

3.1 Exponentielles Modell

Ausbrüche von Epidemien zeigen in ihrer Anfangsphase in der Regel ein exponentielles Wachstums- und in ihren abklingenden Phasen ein exponentielles Abklingverhalten. Dieser Sachverhalt lässt sich einerseits empirisch festmachen, denn über einen Zeitraum von einigen Wochen folgen die Zahlen der Neuinfizierten annäherungsweise einer exponentiellen Gesetzmäßigkeit. Andererseits lässt sich dies auch theoretisch aus dem Grundmodell der Epidemiologie, dem SIR-Modell nach Kermack und McKendrick (1927), herleiten (siehe z. B. Schaback 2020). Eine unterrichtlich orientierte Aufbereitung des SIR-Modells findet sich in Bauer und Donner (2022), ist für das Verständnis dieser Lernumgebung aber nicht notwendig. Im Zeitraum von Januar bis in den April 2021 lässt sich in Deutschland beobachten, wie sich die Effekte der exponentiellen Zu- und Abnahmen überlagern: Die wöchentlichen Fallzahlen stabilisieren sich auf einem Niveau von ca. 60.000. Gleichzeitig wird aus Laboruntersuchungen über eine sich ausbreitende Virusvariante berichtet, deren Anteil in den untersuchten Virenproben rasant zu steigen scheint. Eine einfache Modellierung besteht darin, für die zwei unterschiedlichen Virusvarianten ein eigenes exponentielles Verhalten, also eigene Modellparameter für jede Variante, anzunehmen.

3.2 Parameteranpassung

Mathematische Modelle enthalten in der Regel – so auch in der hier betrachteten Situation – Parameter, deren Werte aus den vorhandenen Daten geschätzt werden müssen. Das gehört zum Kerngeschäft des Anwendens von Mathematik auf die Realität. Bei jeder Parameterwahl wird es eine Differenz zwischen den gemessenen und den mit diesen Parametern berechneten Modelldaten geben. Die Abweichungen resultieren aus zwei Ursachen. Zum einen sind die Messwerte fehlerbehaftet; es ist z. B. nicht möglich die exakte Anzahl der Neuinfektionen zu bestimmen und ebenso wenig den genauen Anteil, den die einzelnen Virusvarianten dabei ausmachen. Zum anderen gibt es einen Modellierungsfehler, denn das gewählte Modell ist eine Vereinfachung und berücksichtigt nur ausgewählte Aspekte der Realität. In der Regel werden die zu nutzenden Modellparameter aus den Daten bestimmt, indem ein zu wählendes Fehlerfunktional in Abhängigkeit von den Parametern minimiert wird. Wir gehen von n Messwerten aus, O_i steht für den i-ten gemessenen Wert (observed) und C_i für den i-ten mit der benutzten Modellfunktion berechneten Wert (computed).[3] Gängige Fehlerfunktionale sind die Summe der betragsmäßigen Fehler (BF) – dieses wird nach unseren Erfahrungen von den Lernenden selbst entwickelt – und die Summe der Fehlerquadrate (QF):

$$BF = \sum_{i=1}^{n} |O_i - C_i| \quad \text{bzw.} \quad QF = \sum_{i=1}^{n} (O_i - C_i)^2.$$

Dabei gewichtet QF größere Fehler stärker als BF.

---

[3]Das sind häufig in den Anwendungswissenschaften genutzte Bezeichnungen. Im Unterricht lassen sich natürlich auch andere Bezeichnungen verwenden.

Eventuell wird in der unterrichtlichen Diskussion auch die Güte der Messwerte angesprochen: Messwerte mit einem großen Messfehler sollten nicht so stark in das Fehlerfunktional eingehen wie Messwerte, die sehr genau ermittelt worden sind. Liegen keine Abschätzungen für die Fehler in den einzelnen Messwerten vor, so kann man pauschal vorgehen – es wird angenommen, dass die Größe der Messfehler proportional zur Größe der Messwerte ist –, indem der relative Fehler betrachtet wird. Damit erhält man die Summe der relativen betragsmäßigen Fehler (RBF) und die Summe der relativen quadratischen Fehler (RQF), die folgendermaßen definiert werden:

$$RBF = \sum_{i=1}^{n} \frac{|O_i - C_i|}{|O_i|} \quad \text{bzw.} \quad RQF = \sum_{i=1}^{n} \frac{(O_i - C_i)^2}{O_i^2}.$$

Aus dem Unterricht könnte auch bereits die exponentielle Regression als Verfahren zur Bestimmung von Parametern aus Daten bekannt sein und von den Lernenden genannt werden. Dabei wird die exponentielle Modellfunktion $f(t) = c \cdot e^{k \cdot t}$ durch Logarithmieren linearisiert, $\ln(f(t)) = \ln c + k \cdot t$. Die Parameter werden dann durch eine lineare Regression aus den Werten $\ln(O_i)$ bestimmt.

3.3 Optimale Parameter

In dem Unterrichtsvorschlag werden optisch bestimmte Parametersätze anhand der unterschiedlichen Fehlerfunktionale miteinander verglichen. Dabei kann die Frage aufkommen, wie denn nun für die einzelnen Funktionale die optimalen Parameter bestimmt werden. Das geschieht in der Regel mit numerischen Verfahren, die in dieser Lernumgebung nicht im Fokus stehen. Um im weiteren Verlauf des Unterrichts die zu erstellende Prognose auf dem „besten" Parametersatz aufbauen zu können, sind in Tab. 1 die optimierten Parameter der unterschiedlichen Fehlerfunktionale und der exponentiellen Regression für die in der Lernumgebung genutzten Daten zusammengetragen. Der Vollständigkeit halber – und falls das Optimieren von Parametern in anschließenden Stunden weiterverfolgt werden sollte – geben wir noch an, wie wir die optimalen Parameter bestimmt haben: Für die exponentielle

Tab. 1 Optimale Parameter. (QF: quadratischer Fehler, BF: betragsmäßiger Fehler, RQF: relativer quadratischer Fehler, RBF: relativer betragsmäßiger Fehler)

| Verfahren | Wildtyp | | Alpha-Variante | |
	c_w	k_w	c_α	k_α
Regression	167.657	−0,216	1392	0,3242
QF	136.705	−0,2184	1163	0,4143
BF	136.705	−0,2139	1193	0,4089
RQF	136.705	−0,2151	1396	0,3840
RBF	136.705	−0,2131	1396	0,3892

Regression wurde das dafür bereits implementierte Excel-Tool und für die angegebenen Fehlerfunktionale das Excel-Add-In „Solver" verwendet.

3.4   Mögliche Gründe für das Scheitern der Prognose

In Phase 3 des Unterrichtsvorschlags geht es um die Frage, warum die Prognose so nicht eingetroffen ist. Wir wollen hier die unterschiedlichen möglichen Begründungen aus fachlicher Sicht in der Funktion eines *fachlichen Hintergrunds* für die Lehrkraft diskutieren. In welcher Tiefe diese Begründungen im Unterricht sichtbar werden sollen und können, muss vor dem Hintergrund der Lerngruppe von der Lehrkraft eingeschätzt werden. Insofern sind die hier aufgeführten Begründungen zum Teil komplexer, als sie dann in der Regel im Unterricht wirksam werden. Die folgenden Ansätze könnten von den Lernenden angesprochen werden und werden hier diskutiert:

1. Ein exponentieller Zusammenhang kann nur für eine kurze Zeit gelten; es müssen für so einen langen Prognosezeitraum bereits andere Modelle als das exponentielle Modell herangezogen werden.
2. Der im betrachteten Zeitraum erzielte Impffortschritt – im betrachteten Zeitraum lief die erste Impfkampagne an – liefert einen relevanten Beitrag für das Nichteintreffen der Prognose.
3. Die Anzahl der durchgeführten Tests könnte sich stark in den unterschiedlichen KW unterscheiden und zu der Abweichung beitragen.
4. Die Menschen werden aufgrund der Berichterstattung oder behördlicher Maßnahmen vorsichtiger und meiden Situationen mit einem Infektionsrisiko. Ferner könnten besseres Wetter und Ferien zu weniger Kontakten beitragen.

Wird das exponentielle Modell unangemessen? Wir diskutieren die Punkte 1 und 2 zusammen. Für die Diskussion gehen wir davon aus, dass sich das Verhalten der Bevölkerung im fraglichen Zeitraum der KW 1 bis 15 nicht wesentlich ändert, ein Infizierter also die gesamte Zeit vergleichbar viele Kontakte hat. Nach diesem Erklärungsansatz bricht das exponentielle Verhalten dadurch zusammen, dass der Pool der Suszeptiblen, d. h. der überhaupt Infizierbaren, nicht unendlich groß ist, die Infizierten also vermehrt auf bereits Infizierte oder durch eine Impfung Immunisierte treffen und bei solchen Treffen keine weiteren Infektionen hervorrufen. Um die Größe dieses Effekts abzuschätzen, bestimmen wir den Anteil der Suszeptiblen (also der noch nicht Infizierten und nicht Geimpften) an der Gesamtbevölkerung in KW 1 und in KW 15 anhand der Daten des RKI über den Impffortschritt (RKI 2021d) und der kumulierten Zahl der Infizierten (RKI 2021b). Dabei gehen wir in einem ersten Szenario vereinfachend davon aus, dass man zwei Wochen nach der ersten Impfung nicht mehr ansteckend ist, berücksichtigen also die Anzahl der Erstimpfungen bis zum Datum 14 Tage vorher. Nach diesen Zahlen schrumpft der Anteil von ca. 97 % auf 85 %. Gehen wir in einem zweiten Szenario von einer Immunisierung erst zwei Wochen nach der Zweitimpfung aus, verringert sich der Anteil der Suszeptiblen von 97 % auf 91 %. In beiden Szenarien reicht der Rückgang des Anteils nicht aus, um die Abweichung von der Prognose mit dem Modellfehler durch das exponentielle Modell zu erklären. Eine fachlich tiefergehende Diskussion wird in den vertiefenden Online-Materialien geführt (siehe: vertiefende fachliche Analyse.docx) und kann ggf. hinzugezogen werden, ist in der Regel aber wohl entbehrlich.

Welche Rolle spielen variable Testzahlen? Wir diskutieren jetzt 3. Der Testzahlstatistik des RKI (aus RKI 2021e; siehe Abb. 6), können wir entnehmen, dass die Testzahlen in

Abb. 6 Die Testzahlen in den KW 1–15 nach RKI (2021e)

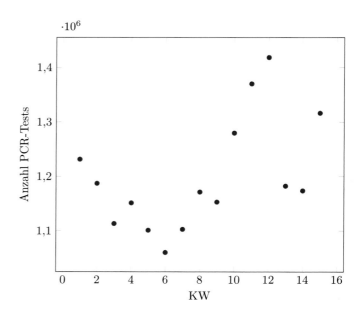

den KW 13 und 14 mit dem Mittel der Testzahlen in den KW 1 bis 9 vergleichbar sind, während die Testzahlen in den KW 11, 12 und 15 eher nach oben abweichen.

Die unterschiedlichen Testzahlen können also das Unterschreiten der Prognose nicht erklären, sondern würden eher Argumente für ein Übertreffen der Prognose liefern.

Änderung des Kontaktverhaltens Als plausible Ursache für das Unterschreiten der Prognose bleibt Punkt 4, eine Änderung des Kontaktverhaltens, übrig. Dieses kann zwei Ursachen haben: sich ändernde behördliche Maßnahmen und freiwillige Änderungen. In den vertiefenden Online-Materialien werden die Änderungen der behördlichen Maßnahmen im Detail dargestellt und die einschlägigen behördlichen Dokumente zur Verfügung gestellt. Zur Vorbereitung und Durchführung des Unterrichts sollte die folgende Zusammenfassung hinreichend sein.

Die behördlichen Maßnahmen in den KW 1 bis 15 zeichnen sich durch große Einschränkungen und einen raschen Wechsel von Erleichterungen und Verschärfungen aus. Es lässt sich jedoch nicht sagen, dass die Maßnahmen in den KW 9 bis 15 bedeutend strenger gewesen seien als die in den Kalenderwochen zuvor. Die bundesweiten Schulferien in den KW 13 und 14 fallen zwar mit den massiven Abweichungen der Fallzahlen von der Prognose zeitlich zusammen, können diese aber nicht erklären, da sich das zugehörige Infektionsgeschehen ja in der Woche zuvor ereignet haben müsste, in der z. B. in NRW die Schulen gerade wieder – unter strengen Hygienemaßnahmen – geöffnet wurden.

Allein durch die behördlichen Maßnahmen sind die kleineren Fallzahlen nicht konsistent zu erklären. Es bleibt als plausible Erklärung, dass durch die Berichterstattungen und die Prognose des exponentiellen Wachstums die Bereitschaft der Bevölkerung auf potentiell infektiöse Kontakte tatsächlich zu verzichten, zugenommen hat, die Prognose also ihr eigenes Eintreffen mit verhindert haben könnte. In diesem Fall würde es sich bei dem vom RKI dargestellten Szenario um eine sogenannte selbstzerstörende Prophezeiung handeln.

4   Fachdidaktische Analyse

4.1   Zur Bestimmung von Parametern

Für das Anpassen der Parameter in parametrisierten Modellen gibt es ausgefeilte mathematische Apparate, die in der Schule aber nur in Ansätzen, etwa im Rahmen der linearen Regression, thematisiert werden. Schulisch werden Modelle und Daten häufig über sogenannte Steckbriefaufgaben aufeinander bezogen. Dabei werden genau so viele Daten angegeben, wie zur eindeutigen Berechnung der Modellparameter nötig sind. Natürlich verläuft die gefundene Modellfunktion dann exakt durch die Datenpunkte, und es gibt keine Differenz zwischen den gemessenen und den errechneten Werten. Solche Aufgaben haben bestimmt auch ihren Sinn. Dominieren sie jedoch das Geschehen, birgt das die Gefahr der Herausbildung von Fehlvorstellungen über das Verhältnis von Modell und Daten.

In diesem Unterrichtsvorschlag wird dem entgegengewirkt, indem in Phase 1 die Datenpaare extra so ausgewählt sind, dass die entstehenden Modellfunktionen sich stark unterscheiden und die Gesamtheit der Datenpunkte schlecht wiedergeben. Dadurch wird deutlich, dass ein Verfahren gefunden werden muss, das in irgendeiner Weise alle Datenpunkte angemessen berücksichtigt. Aufgrund des exponentiellen Modells ließe sich an dieser Stelle die exponentielle Regression nutzen. Mit Tabellenkalkulations- oder anderen statistischen Programmen geht das auf Knopfdruck. Dabei bliebe aber die Idee der Minimierung eines Fehlerfunktionals im Dunkeln. Hier soll diese Idee in Phase 2 in den Mittelpunkt gestellt werden. Nach der Bestimmung guter Parameter nach Augenmaß wird durch den Wettkampf der Modelle deutlich, dass eine Beurteilung der Güte der Anpassung nach Augenmaß willkürlich wirkt, was den Wunsch nach einer Objektivierung oder Messbarkeit erzeugen soll. Dies motiviert die Auseinandersetzung mit Fehlerfunktionalen. Unterschiedliche Fehlerfunktionale werden von den Schülerinnen und Schülern vorgeschlagen bzw. gegebenenfalls von der Lehrkraft im Unterrichtsgespräch ergänzend eingeführt. Vorkommen sollten dabei die Summe der betragsmäßigen Fehler und die Summe der Fehlerquadrate.

Es sollen die Eigenschaften und die Unterschiede dieser beiden Fehlerfunktionale deutlich werden: Das quadratische Fehlerfunktional gewichtet die großen Abweichungen stark und die kleinen nur sehr gering, das absolute Fehlerfunktional geht gleichmäßiger vor. Das wird in diesem Unterrichtsvorschlag mithilfe einer GeoGebra-Umgebung graphisch veranschaulicht. Als eine Erweiterung kann auch diskutiert werden, ob nicht sinnvoller der relative Fehler bewertet werden soll. Mit etwas Glück kann es passieren, dass die Gewinnermodellfunktion von dem betrachteten Fehlerfunktional abhängt, was zu weiteren Diskussionen darüber führen kann, welches Fehlerfunktional denn in dieser Situation benutzt werden sollte.

Eine weitere Diskussion kann sich daran entzünden, ob einzelne Messwerte eventuell aus der Betrachtung herausgenommen werden sollen, weil sie besonders stark von den Werten der Modellfunktionen abweichen. In dieser Lernumgebung kommen dafür besonders die Werte der KW 1, KW 5 und KW 6 mit großen Abweichungen in der Alpha-Variante bzw. im Wildtyp infrage. Hier kommt also die Frage nach der Güte der Messwerte auf: Gibt es Gründe dafür, warum einzelne Messwerte mit besonders großen Fehlern behaftet sein könnten? Dies ist insbesondere für den Anteilswert der Alpha-Variante in KW 1 der Fall, was zu einer wohl überschätzten Fallzahl der Alpha-Variante führt (für Details siehe den Abschnitt zur verwendeten Datengrundlage). Dieser Messwert ließe sich also gut begründet aus der Modellanpassung an die Daten ausschließen. Diese Diskussion haben wir in unserem konkreten Unterrichtsvorschlag nicht mitberücksichtigt, sie ließe sich aber in einer Folgestunde gut führen.

4.2   Zu den Daten

Die Entscheidung, den wöchentlichen Lagebericht des RKI vom 13.03.21 (RKI 2021a) zusammen mit dem ZEIT-Artikel (Schieritz 2021) als Aufhänger und Rahmung des Unterrichtsvorschlags zu wählen, legt die grundsätzliche Datenauswahl fest. Durch die Nutzung der wöchentlichen Daten wird dabei dem Problem der im Wochenrhythmus variierenden täglichen Fallzahlen aus dem Weg gegangen. Die Fallzahlen der einzelnen Virusvarianten werden in den Daten des RKI nicht einzeln ausgewiesen und wurden für diese Lernumgebung aus der Angabe der Anteile und der Gesamtzahlen ermittelt. Dabei entstammen die Anteile der Alpha-Variante dem RKI-Report über Variants of Concern vom 31.03.21 (RKI 2021b). Für die KW 2 bis 9 nutzen wir die Daten der RKI-Testzahlerfassung. Für die erste KW liefert diese noch keinen Wert. Für diese Woche sind wir auf den Wert aus der *Gesamtgenomsequenzierung* ausgewichen.[4] Es ist festzuhalten, dass der Anteil der ersten KW anders erhoben wurde und dadurch nicht gut mit den übrigen Anteilen vergleichbar ist. Wir haben uns entschieden, ihn zu berücksichtigen, weil dieser „schlechte" Wert für eine größere Varianz in den Parametern bei Anpassung an zwei Datenpunkte sorgt und dadurch die grundsätzliche Problematik des Anpassens an einzelne Datenpunkte deutlicher hervortreten lässt.

Die wöchentlichen Fallzahlen sind dem Excel-File des RKI entnommen, in dem die Fallzahlen auf täglicher Basis aktualisiert werden (RKI 2021d). Die Anteile in den Berichten über die Variants of Concern werden dagegen nur einmal in der Woche aktualisiert. Für die Berechnung der Fallzahlen für den Wildtyp und die Alpha-Variante wurden dafür für die KW n die 7-Tage-Fallzahlen des auf die KW n folgenden Montags gewählt. Dahinter steht die Überlegung, dass diese Zahl die Gesamtneuinfektionen der n-ten KW am besten repräsentiert.

Das RKI arbeitet in seinen Berichten und auch in Abb. 1 mit den 7-Tage-Inzidenzen. In dem Vorschlag wird mit den Fallzahlen gearbeitet, weil diese durch das Datenmaterial in Form von Excel-Tabellen des RKI direkt gegeben sind. Für

die 7-Tage-Inzidenz müsste noch durch die Bevölkerungsgröße der BRD geteilt und mit 100.000 multipliziert werden. Falls es dazu Fragen gibt, sollte die Lehrkraft darauf hinweisen, dass es sich bei diesem Wechsel lediglich um eine Umskalierung handelt.

4.3   Zum curricularen Bezug und zur vertieften Analyse des Modellierungsaspekts

Die vorgestellte Lernumgebung fördert auf vielfältige Art und Weise die mathematischen Kompetenzen der Schülerinnen und Schüler. In den 2012 veröffentlichten Bildungsstandards gibt die KMK für die Allgemeine Hochschulreife Leitideen sowie im Unterricht zu fördernde allgemeine mathematische Kompetenzen für das Fach Mathematik vor, auf deren Berücksichtigung innerhalb der Lernumgebung im Folgenden eingegangen wird.

Für die geplante Unterrichtseinheit lässt sich im Bereich der Leitideen insbesondere ein Bezug zu Leitidee L4 (Funktionaler Zusammenhang) herstellen. Die Schülerinnen und Schüler „nutzen [die natürliche Exponentialfunktion] zur Beschreibung und Untersuchung quantifizierbarer Zusammenhänge" (KMK 2012). Im Kernlehrplan NRW[5] beispielsweise wird diese Vorgabe im Inhaltsfeld Funktionen und Analysis noch weiter konkretisiert, sodass hier sowohl im Grund- als auch im Leistungskurs das „[Bestimmen von] Parameter[n] einer Funktion [...] („Steckbriefaufgaben")" (MSB 2014) gefordert wird. In Teilen wird auch Leitidee L2 (Messen) im Unterrichtsgespräch berücksichtigt, indem Möglichkeiten der Fehlerrechnung explizit thematisiert werden. Bei den Schülerinnen und Schülern wird dadurch im Sinne des Spiralprinzips die Grundvorstellung gefördert, dass der Vorgang des Messens nicht auf den konkreten Vorgang mithilfe von Messinstrumenten beschränkt ist, sondern zu einem „abstrakten rechnerischen Messen auf der Grundlage mathematischer Begriffe" (Büchter und Holzäpfel 2018) weiterentwickelt werden muss.

In den Bildungsstandards wird gefordert, dass auch fächerübergreifend gearbeitet wird und Verknüpfungen hergestellt werden. Anknüpfungspunkte zu der vorgestellten Unterrichtseinheit finden sich z. B. im Kernlehrplan NRW des artverwandten Faches Biologie. Die Schülerinnen und Schüler sollen „Daten bezüglich einer Fragestellung interpretieren" (MSB 2013) und „Modelle zur Beschreibung, Erklärung und Vorhersage biologischer Vorgänge begründet auswählen und deren Grenzen und Gültigkeitsbereiche angeben" (ebd.) können. Im Zentrum der Lernumgebung steht das Modellieren. Sie trägt allen Anforderungsbereichen

---

[4]In früheren Berichten wurde dieser mit 2,7 % angegeben, ist jedoch ab dem Bericht vom 31.03.21 auf 2,5 % korrigiert worden.

[5]Hier wird Bezug auf den KLP NRW genommen, da die Erprobung der Unterrichtseinheit mit Schulklassen aus NRW stattgefunden hat.

(AFB) zur allgemeinen mathematischen Kompetenz K3 (Mathematisch Modellieren) Rechnung: Die Schülerinnen und Schüler nutzen ein bekanntes Modell für die Daten (AFB I), passen das mathematische Modell weiter an (AFB II) und bewerten das Modell im Kontext der Realsituation (AFB III). Der Modellierungsaspekt soll im Folgenden unter Verwendung von Modellierungskreisläufen exemplarisch sowie vertieft analysiert werden, gelten diese doch als „Modelle des Modellierens" (Greefrath 2018, S. 40). Die Schülerinnen und Schüler werden mit einer authentischen Fragestellung konfrontiert und durchlaufen in den drei Phasen der Lernumgebung weite Teile des Modellierungskreislaufs nach Blum und Leiß (2005), der in Abb. 7 dargestellt ist.

Ausgehend von bereits strukturierten Daten in Form von wöchentlichen Fallzahlen ist der Kern der Phase 1 des Unterrichtsvorhabens das *Mathematische Arbeiten* der Schülerinnen und Schüler, um Exponentialfunktionen zu den Daten zu bestimmen. Danach führt der Vergleich der unterschiedlichen Funktionsgraphen der Gruppen zur *Validierung* der mathematischen Ergebnisse, die zunächst ohne Rückanwendung auf die reale Situation, sondern direkt auf die Datenpunkte bezugnehmend stattfindet. Das anschließende *Mathematische Arbeiten* in Phase 2 ist von ganz anderer Qualität. Da den Schülerinnen und Schülern kein Verfahren bekannt ist, um den minimalen Fehler, der darüber hinaus auch vom gewählten Fehlerfunktional abhängt, zu bestimmen, müssen sie eigene Strategien entwickeln, um eine für sie augenscheinlich optimale Lösung zu finden. Zum Lösen von Aufgaben, für die kein Verfahren bekannt ist, bieten sich heuristische Vorgehensweisen an. „Für heuristische Vorgehensweisen ist charakteristisch, dass sie vom konkreten Inhalt der zu lösenden problemhaften Aufgabe unabhängig sind und dass sie den Aufgabenlöser zum Aufbau von Suchräumen für effektive Lösungsvarianten bei beliebigen Aufgaben befähigen sollen" (König 1992, S. 24). Im konkreten Fall kann die

heuristische Strategie des Systematischen Probierens (z. B. Bruder 2000) zur augenscheinlichen Passung des Funktionsgraphen und der Datenpunkte in einer Excel-Datei genutzt werden. Die von den Schülerinnen und Schülern erarbeiteten Parameter werden anschließend im Plenum *validiert*, um einen Sieger des „Wettkampfs der Modelle" zu küren. Die Frage nach der Fairness bzw. Vergleichbarkeit führt in Phase 2 zur Erarbeitung neuer mathematischer Inhalte im Rahmen der Modellierung, indem die Lehrkraft nun über Arten der Fehlerrechnung im Plenum diskutieren kann. Die anschließende Beschäftigung mit der Qualität der Prognose anhand des berechneten Modells verlangt eine umfassende *Rückinterpretation* der Ergebnisse auf die *reale Situation* und eröffnet die Möglichkeit, auf Metaebene über Grenzen des Modells zu diskutieren und zu reflektieren (*Modellvalidierung*).

Abschließend sei betont, dass verschiedene Perspektiven auf Modellierungen im Rahmen der Lernumgebung zum Vorschein treten: Die Schülerinnen und Schüler starten mit einer sogenannten *angewandten Modellierung*, indem sie versuchen, dem realen Problem der Beschreibung erhobener Daten mittels eines adäquaten Funktionstyps zu begegnen. Erst nach zweimaligem Durchlaufen des Modellierungskreislaufs kann nach Phase 2 eine qualitativ angemessene innermathematische Lösung zur Problemstellung gefunden werden. Sowohl die Loslösung der Passung einzelner Datenpunkte als auch die Quantifizierung der Abweichung mittels Fehlerfunktionals sind zentrale mathematische Inhalte, die mithilfe der Lernumgebung vermittelt werden können. Man spricht dabei von *epistemologischem Modellieren*, wenn Aufgaben „neben der Bearbeitung des Modellierungsproblems zur Entwicklung neuer mathematischer Theorien bzw. Konzepte[n] beitragen" (Greefrath et al. 2013, S. 22). Durch das anschließende Erörtern der Qualität der Prognose und deren Grenzen tritt in Phase 3 die Perspektive des *soziokritischen*

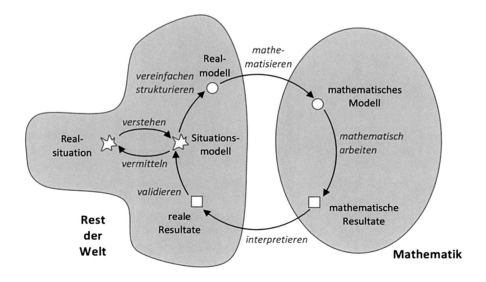

Abb. 7 Modellierungskreislauf nach Blum und Leiß 2005. (Siehe z. B. Greefrath 2018, S. 41)

Modellierens in den Vordergrund, da das Ziel darin besteht, ein kritisches Verständnis zur Welt zu erlangen. Der Artikel in der Wochenzeitung DIE ZEIT (Schieritz 2021) stößt die Reflexion über die Rolle der Mathematik – in Form von Modellen, Prognosen und Szenarien – in der Gesellschaft an und bietet eine direkte Verallgemeinerung zu den Reflexionen, die davor im Rahmen des Unterrichtsgesprächs stattfinden können.

5 Detaillierte Beschreibung der Unterrichtsphasen, methodische Begründungen und Variationen

Der vorgestellte Unterrichtsvorschlag hat in seinen ersten beiden Phasen ein klar definiertes fachliches Lernziel: Die Schülerinnen und Schüler sollen im Prinzip verstehen, wie Modellparameter an Daten angepasst werden. Erst auf dieser fachlich geklärten, soliden Grundlage kann eine Diskussion geführt werden, deren Ausgang sehr viel offener gestaltet ist als bei den ersten beiden Phasen der Lernumgebung. Um dieses Lernziel zu erreichen, ist der Unterrichtsgang nach einer sinnstiftenden Problematisierung zunächst gelenkt und nützt mehrere vorbereitete stützende Werkzeuge und Medien, die als Online-Materialien bereitgestellt sind. Ein Überblick über die konkrete Zuordnung der Materialien zu den einzelnen Phasen kann dem begleitenden Steckbrief zum Beitrag entnommen werden (siehe: Tabellarischer Verlaufsplan zur Lernumgebung).

> **Materialien**
> - PowerPoint-Präsentation
> - Excel-Datei „student"
> - Excel-Datei „teacher"
> - Arbeitsblatt 1 (AB 1)
> - Arbeitsblatt 2 (AB 2)
> - Hilfekarten
> - GeoGebra-Datei „fehlerfunktionale.ggb"
> - ZEIT-Artikel „Rechnung mit vielen Unbekannten" (Schieritz 2021)
> - Mit PPx wird auf die x-te Seite der PowerPoint-Präsentation hingewiesen.

5.1 Beschreibung Phase 1

Einstieg Die Stunde wird mit der Präsentation der wöchentlichen Fallzahlen im Zeitraum der KW 1 bis 9, 2021, auf der Folie PP1 eröffnet (siehe Abb. 2, links). Dabei werden nur die reinen Datenpunkte in einem Streudiagramm ohne Kontext gezeigt und die Schülerinnen und Schüler nach einem

möglichen funktionalen Zusammenhang gefragt.[6] Es wird erwartet, dass die Schülerinnen und Schüler einen quadratischen oder eventuell einen stückweise linearen Zusammenhang vermuten, wobei letztere Vermutung wohl nicht in dieser Terminologie zu erwarten ist. Dieser Einstieg soll eine zum Folgenden konträre Erwartungshaltung hervorrufen und an Bekanntes anknüpfen.

Auf der nächsten Folie PP2 wird das Diagramm in den Kontext eingeordnet. Die Überschrift „Das RKI warnt aufgrund dieser Daten am 17.03. (KW 10) vor exponentiell wachsenden Fallzahlen aufgrund der Alpha-Variante B.1.1.7" zusammen mit der Tabelle der Anteile der Virusvarianten (Abb. 2, rechts) kann dabei als stummer Impuls dienen. Eventuell muss die Lehrkraft explizit nachfragen, inwiefern denn hier ein exponentielles Wachstum vorliegen kann. Es wird erwartet, dass die Schülerinnen und Schüler aufgrund der Tabelle mit den Anteilen eine Aufteilung in COVID-Fälle mit dem Wildtyp und COVID-Fälle mit der Alpha-Variante vorschlagen und vermuten, dass Infektionen mit der Alpha-Variante wachsen werden.

Problematisierung Durch die anschließende Folie PP3 (siehe Abb. 8) wird die Vermutung der Schülerinnen und Schüler bestätigt bzw. gegebenenfalls der Kontext aufgedeckt. Nachdem die Elemente der Graphik geklärt sind, wird erneut die Frage aufgeworfen, mit welchen Funktionen sie denn wohl die Datenpunkte des Wildtyps (gelbe Kreuze) und der Alpha-Variante (violette Kreuze) beschreiben würden. Für die Daten der Variante könnte auch hier ein quadratischer Zusammenhang augenscheinlich passen. Für die Daten des Wildtyps könnte auch ein antiproportionaler Zusammenhang vorgeschlagen werden. Mit der nächsten Folie PP4 (hier nicht abgebildet) wird der vom RKI vorgeschlagene funktionale Zusammenhang zusammen mit der Prognose explizit notiert und die Frage aufgeworfen, wie die Parameter der Modellfunktionen bestimmt werden können und ob die Lerngruppe damit auf eine ähnliche Prognose kommt.

Es wird erwartet, dass die Schülerinnen und Schüler eine Steckbriefaufgabe vorschlagen, und es wird geklärt, wie viele Datenpunkte denn nötig sind, um die Parameter zu bestimmen. Da nun eine Auswahl aus den Datenpunkten getroffen werden muss, wird (eventuell von der Lehrkraft) ein arbeitsteiliges Vorgehen vorgeschlagen und AB 1 verteilt.

Erarbeitung 1 Die Schülerinnen und Schüler bearbeiten AB1 (siehe Abb. 9) und bestimmen dabei arbeitsteilig für die vorgegebenen Kombinationen an Datenpunkten die resultie-

---

[6]Die Erfahrungen haben gezeigt, dass es eventuell günstiger sein kann, nach einem Funktionstyp zu fragen.

Graphik: RKI

KW	Wildtyp	α-Variante
01	135.053	3463
02	109.549	2236
03	89.129	3328
04	71.806	3779
05	58.279	4930
06	39.803	9215
07	37.157	13.534
08	32.173	22.543
09	25.094	31.424

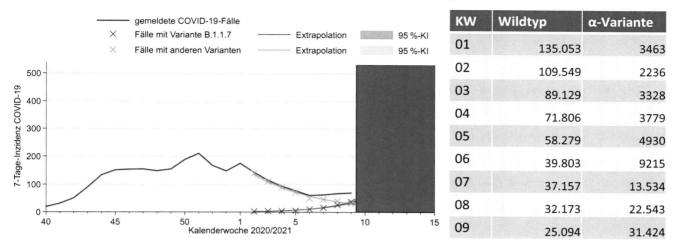

Abb. 8 PP3. Graphik auf Grundlage von RKI (2021a)

Gruppe 1: KW 1 und 9 **Gruppe 2:** KW 5 und 6 **Gruppe 3:** KW 2 und 5

Aufgabe 1 (Einzelarbeit)
Stelle mithilfe der Daten aus den vorgegebenen zwei Kalenderwochen für deine Gruppe das Gleichungssystem für die Parameter c_w und k_w auf.

Aufgabe 2 (Partnerarbeit)

a) Vergleicht eure aufgestellten Gleichungssysteme.

b) Löst das aufgestellte Gleichungssystem. Eine Kontrolllösung für die Parameter findet ihr auf der Rückseite des Arbeitsblattes.

Aufgabe 3 (Gruppenarbeit)

a) Stellt eure gefundenen Modellfunktionen graphisch dar, indem ihr die berechneten Parameter an der markierten Stelle in die Excel-Datei eintragt. Dabei ist im Dokument c_α=c_α, k_α=k_α usw.

b) Beschreibt, inwiefern eure Modellfunktionen die realen Daten (im Diagramm jeweils mit blauen Punkten dargestellt) gut bzw. nicht so gut beschreiben.

***Zusatzaufgabe**
Beschreibt Ansätze, wie man vorgehen müsste, wenn ein anderer funktionaler Zusammenhang (z.B. linear, quadratisch, ...) vermutet wird.

Abb. 9 Ausschnitt aus AB1 für Gruppe A

renden Parameterwerte für die Modellfunktionen des Wildtyps und der Alpha-Variante. Eine Gruppe sollte im besten Fall vier Mitglieder haben, es sind aber auch zwei oder drei möglich. Es müssen mindestens drei Gruppen für die drei unterschiedlichen Wertepaare gebildet werden. In jeder Gruppe werden arbeitsteilig der Wildtyp und die Alpha-Variante bearbeitet. Dabei wird der zeitliche Nullpunkt auf KW 1 gesetzt. Dadurch lassen sich die Gleichungen für die Paarung (KW 1, KW 9) einfacher lösen. Diese Tatsache kann ggf. zur Binnendifferenzierung genutzt werden. Das Lösen des Gleichungssystems kann durch die bereitgestellten Hilfekarten unterstützt werden. Ferner werden Lösungen zur Verfügung gestellt, um eine arbeitsbegleitende Kontrolle zu ermöglichen und den Unterrichtsfortschritt zu unterstützen. Wird ein Computeralgebrasystem (CAS) genutzt, kann diese Steckbriefaufgabe natürlich auch durch den Rechner gelöst werden. Mit einem grafikfähigen Taschenrechner (GTR) ist das nur über den Weg einer exponentiellen Regression möglich. Aus Zeitgründen kann man sich auch auf das reine Aufstellen der Gleichungen beschränken und dann die angegebenen Lösungen nutzen.

Die Schülerinnen und Schüler tragen ihre Parameterkombinationen in das Blatt „Aufgabe 1" der Excel-Datei „student" ein und erhalten eine Visualisierung der Daten und Modellfunktion in einem Diagramm. Die Excel-Datei ist so weit vorbereitet, dass lediglich die ermittelten Parameterwerte eingetragen werden müssen. Natürlich könnte der Arbeitsauftrag auch dahingehend verändert werden, dass eine Datei selbstständig erstellt werden soll. Das würde aber zu einer Schwerpunktverschiebung auf den Umgang mit Tabellenkalkulationen führen – besonders in Lerngruppen, die nicht sehr vertraut damit sind. Es könnte ihnen auffallen, dass ihre Modellkurven genau durch die zur Berechnung gewählten Datenpunkte verlaufen, andere Datenpunkte aber mehr oder wenig deutlich verfehlen. Es wäre möglich und durchaus wünschenswert, dass aufgrund der schlechten Anpassung der exponentielle Zusammenhang für die Alpha-Variante in Zweifel gezogen wird und somit die anschließende Problematisierung tatsächlich von den Schülerinnen und Schüler ausgeht.

Sicherung 1 Die Sicherung erfolgt anhand der vorbereiteten Folien PP5 bis PP8 (siehe Abb. 3). Die Folien sind vorbereitet, weil sie so eine sehr viel übersichtlichere Darstellung der Daten ermöglichen, als das mithilfe der originalen Excel-Diagramme der Fall wäre. Es besteht die Möglichkeit, zunächst die Modellfunktionen der einzelnen Datenpaare durchzugehen, PP5 bis PP7, oder direkt mit der Übersichtsfolie PP8 zu starten, auf der alle Modellfunktionen dargestellt sind. In der anschließenden Diskussion soll die folgende Frage diskutiert werden:

- Lässt sich aufgrund der gefundenen Anpassung die These vom exponentiellen Zusammenhang untermauern?

Die folgenden Punkte sollen gesichert werden:

- Die Anpassung an genau zwei Datenpunkte trifft diese genau, berücksichtigt aber die anderen Datenpunkte gar nicht.

- Die Anpassung an genau zwei Datenpunkte liefert sehr unterschiedliche Modellfunktionen, je nach Wahl der Datenpunkte.

Eine Beurteilung der Passung des exponentiellen Modells ist so nicht möglich.

Es wird von der Lehrkraft oder eventuell von den Schülerinnen und Schülern die Frage in den Raum gestellt, wie eine Anpassung gefunden werden kann, die alle Datenpunkte gleichermaßen berücksichtigt. Die folgenden Vorschläge könnten (je nach vorherigem Unterricht) von den Schülerinnen und Schülern kommen:

- Anpassung nach Augenmaß.
- Anpassung durch lineare Regression nach vorheriger Logarithmierung
- Bildung von Mitteln der bisher bestimmten Parameter
- …

Gegebenenfalls muss die Lehrkraft den Vorschlag, die Parameter einfach nach Augenmaß in einer Excel-Datei zu bestimmen, selbst einbringen. Andere Vorschläge können ggf. aufgegriffen und von einzelnen Schülerinnen und Schülern alternativ verfolgt werden. Insbesondere kann es interessant sein, die exponentielle Regression weiterzuverfolgen.

5.2 Beschreibung Phase 2

Erarbeitung 2 Die Anpassung nach Augenmaß (siehe AB 2 in den Online-Materialien) wird durch das Blatt „Aufgabe 2" der Excel-Datei „student" stark gestützt. Mithilfe von Schiebereglern lassen sich die Parameter manipulieren, und das Ergebnis wird sofort im entsprechenden Diagramm dargestellt. Weil die Schieberegler über mehrere Größenordnungen hinweg eingestellt werden müssen, wird hier mit einer Kaskade von Schiebereglern gearbeitet, je einer pro Dezimalstelle des manipulierten Parameters (siehe Abb. 10). Dadurch wird das Problem der zu feinen oder zu groben Steuerung umgangen und gleichzeitig auch die Strategie des iterativen Justierens begünstigt. Die Schieberegler für den Koeffizienten k_w haben wir mit einem globalen Minuszeichen versehen, sodass hier $-k_w$ eingestellt wird.

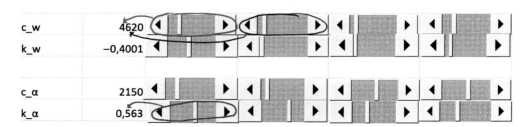

Abb. 10 Kaskade von Schiebereglern auf AB2

Die Schülerinnen und Schüler machen mannigfaltige Erfahrungen, wie die einzelnen Parameter sich auf die Form der Modellfunktion auswirken. Insbesondere merken sie, wie feinfühlig die Modellfunktion auf eine Änderung des Parameters im Exponenten der Exponentialfunktion reagiert. Die zweite Nachkommastelle ist hier noch entscheidend. Ferner müssen die Schülerinnen und Schüler eine Strategie entwickeln, auf welche Art sie die Parameter variieren, um eine möglichst gute Passung zu erreichen. Sie notieren mehrere augenscheinlich gute Parameterkonstellationen und entscheiden sich begründet für einen Favoriten. In diesem Arbeitsschritt müssen verschiedene Gütekriterien entwickelt und gegeneinander abgewogen werden. Insbesondere stellt sich die Frage, wie mit augenscheinlich „blöden" Werten umgegangen werden soll: Würden einzelne Werte vernachlässigt werden, ließen sich die restlichen gut approximieren. Auffällig sind insbesondere die Werte der KW 1, 5 und 6.

Sicherung 2 Im Plenum treten nun die gefundenen Modellfunktionen gegeneinander an. Dazu nennen die Schülerinnen und Schüler nacheinander ihre Parameter. Die Lehrkraft trägt die Werte in das Blatt „Wettkampf" in der Excel-Datei „teacher" für Modell A bzw. Modell B ein (siehe auch Abb. 4). Es wird abgestimmt, welches Modell augenscheinlich besser approximiert. Das siegreiche Modell bleibt in der Excel-Datei, das Verlierermodell muss für das nächste Modell Platz machen. Dieses Gamification-Element soll dazu führen, dass immer wieder Begründungen angeführt werden müssen, warum denn das eine Modell besser ist als das andere, aber auch die Sensibilität dafür wecken, dass es schwierig ist, die Argumente zu objektivieren. Vor allem, wenn die Modelle sehr ähnlich sind, werden die Entscheidungen wohl zunehmend als willkürlich oder der Sympathie für die erstellende Gruppe folgend empfunden werden. Das soll das Bedürfnis nach einem quantitativ objektiven Entscheidungskriterium wecken. Die Lehrkraft nimmt mit den Parametern teil, die das quadratische Fehlerfunktional minimieren; die zugehörigen Parameterwerte sind in Tab. 1 notiert. Vom Augenschein her sollte das die bestmögliche Anpassung liefern. In der Abstimmung kann aber natürlich auch ein anderes Modell gewinnen.

5.3 Problematisierung 2

Problematisierung 2 Eventuell haben die Schülerinnen und Schüler das Problem der Fairness bei der Abstimmung angesprochen. Die Lehrkraft kann in diesem Fall den Impuls aufnehmen; ansonsten setzt sie ihn selbst:

- Können wir die Fehler/Güte der Anpassung messbar machen, sodass wir Zahlen vergleichen können?

Erwartet werden können die folgenden Vorschläge:

- die Summe der Differenzen von Modell- und Datenwerten,
- die Summe der Abstände von Modell- und Datenwerten,
- die größte Abweichung von Modell- und Datenwerten.

Die Lehrkraft muss nun in einem Unterrichtsgespräch klären, warum Differenzen nicht sinnvoll sind, sondern nur Abstände. Außerdem soll sie als weitere Methode die Summe der Fehlerquadrate als gängige Methode einführen. Sie visualisiert die unterschiedlichen Fehlerfunktionale mithilfe der GeoGebra-Datei in den Online-Materialien, und im Unterrichtsgespräch wird geklärt, dass die Summe der Fehlerquadrate die großen Fehler stärker gewichtet als die kleinen. Die Lehrkraft kann an dieser Stelle je nach Stundenverlauf auf die symbolische Fassung der Fehlerfunktionale BF und QF verzichten und sich auf die verbale Beschreibung unter Zuhilfenahme der GeoGebra-Datei beschränken.

Die favorisierten Modelle werden anhand der Fehlerfunktionale verglichen. Dazu steht das Blatt „Fehlerfunktional" in der Excel-Datei „teacher" zur Verfügung. Dabei stellt sich ggf. heraus, dass das Modell der Lehrkraft den kleinsten quadratischen Fehler verursacht.

Ferner sollte auch herausgestellt werden, dass die unterschiedlichen Fehlerfunktionale zu unterschiedlichen „Siegern" führen, das Ergebnis also von der Wahl des Funktionals abhängt.

5.4 Beschreibung Phase 3

Ausblick: Prognose Nachdem nun die Modellfunktionen bestimmt worden sind, leitet die Lehrkraft zur Prognose über, die das Modell macht. Dazu wird mithilfe des Blattes „Prognose" der Excel-Datei „teacher" die Prognose des Modells zunächst mit den späteren Daten verglichen. Die Schülerinnen und Schüler beschreiben die Übereinstimmungen und Abweichungen zwischen Prognose und nachträglichen Daten. Dazu werden die Folien PP10, im Wesentlichen Abb. 1, und PP11, i.W. Abb. 5, genutzt. Zusätzlich wird mit der Prognose des RKI verglichen. Die Lehrkraft stellt die Frage in den Raum, weshalb es zu den großen Abweichungen gekommen sein könnte, und die Schülerinnen und Schüler äußern spontan ihre Ideen. Dabei könnten genannt werden:

- sich änderndes Verhalten aufgrund der Berichterstattung,
- sich änderndes Verhalten aufgrund der Wetterbedingungen,
- prinzipielle Unzulänglichkeit des exponentiellen Modells,
- Verfälschungen durch wechselnde Testzahlen,
- Impffortschritt,
- fortschreitende Immunisierung der Bevölkerung durch vorherige Infektion.

In dieser Phase kann auch die Bedeutung des grauen Streifens im Diagramm des RKI erläutert werden: Durch ihn werden die Unsicherheiten in der Bestimmung der Parameter in die Zukunft fortgeschrieben. Wenn die Schülerinnen und Schüler den Begriff des Konfidenzintervalls (KI) bereits aus der Stochastik kennen, lässt sich dieser hier aufgreifen.

Hausaufgabe Die Lehrkraft gibt den Artikel aus der ZEIT zusammen mit der folgenden Hausaufgabe heraus:

Schreibe einen Lerntagebucheintrag, in dem du …

- beschreibst, wie du die Parameter deiner Modellfunktionen aus den Daten bestimmt hast;
- auf Basis des ZEIT-Artikels und der Diskussion im Unterricht erläuterst, aus welchen Gründen wohl die Prognose so nicht eingetroffen ist.

Durch die Hausaufgabe werden die spontan geäußerten Gründe ggf. wieder aufgegriffen und argumentativ untermauert und vertieft. Gegebenenfalls kommen nicht geäußerte Aspekte hinzu. Die Hausaufgabe sichert somit die Ergebnisse von Phase 3 und unterstützt die wichtige Erkenntnis, dass die modellbasierte Extrapolation von Daten in die Zukunft mit mannigfaltigen Unsicherheiten behaftet ist.

6   Erprobung im Unterricht

Die hier vorgestellte Lernumgebung wurde im Oktober und November 2021 in zwei Leistungskursen der Q2 in NRW erprobt und soll nun an dieser Stelle unter Einbeziehung von dokumentierten Lösungsprozessen und Produkten von Schülerinnen und Schülern reflektiert werden.

6.1   Erprobung Phase 1

Auf den ersten Impuls der kontextlosen Zahlen in PP2 (Abb. 2) wurden über beide Kurse hinweg die erwarteten Vermutungen geäußert. Mithilfe der auf Folie PP3 (siehe Abb. 8) enthaltenen Impulse wurde das Ansteigen der ansteckenderen Alpha-Variante zugeordnet. In dieser Phase wurde auch die Frage nach der Anzahl der Tests gestellt: „*Ist es so, dass jede Woche so und so viele Tests gemacht wurden, oder ist es so, dass jede Woche verschieden viele Tests gemacht wurden?*" Auf diese Frage könnte man entgegnen, dass die Anzahl der Tests in den ersten 9 Wochen relativ stabil war (siehe Abb. 6) und dadurch nicht ursächlich für das Ansteigen der entdeckten Infektionen mit der Alpha-Variante sein kann (siehe Abschn. 3.4).

Während die Idee der Steckbriefaufgabe, also der Bestimmung der Parameter aus den Daten, spontan geäußert wurde, kam es erwartungsgemäß zu Problemen im Umgang mit dem überbestimmten Gleichungssystem. Es wurde die Erwartung geäußert, dass alle neun Gleichungen simultan erfüllt sein müssten. An dieser Stelle war in beiden beobachteten Kursen eine starke Lenkung durch die Lehrkraft nötig, die vorgab, dass nur zwei Gleichungen gleichzeitig betrachtet werden und dafür von unterschiedlichen Gruppen unterschiedliche Punktepaare.

Wie lange eine Lerngruppe zur händischen Lösung der Steckbriefaufgabe benötigt, ist stark davon abhängig, was vorher im Unterricht behandelt wurde, insbesondere wie präsent die Logarithmen bzw. Exponentialgesetze sind. Eine Lernendenlösung ist in Abb. 11 dargestellt.

Durchgängig bemerkten die Schülerinnen und Schüler, dass zwei Werte genau getroffen wurden; teilweise wurde auch notiert, dass das genau die Werte waren, die in die Steckbriefaufgabe eingegangen sind (siehe die Lernendenlösung in Abb. 12). Die Abweichungen wurden sehr unterschiedlich kritisch gesehen, teilweise wurde für die Alpha-Variante ein exponentieller Zusammenhang infrage gestellt.

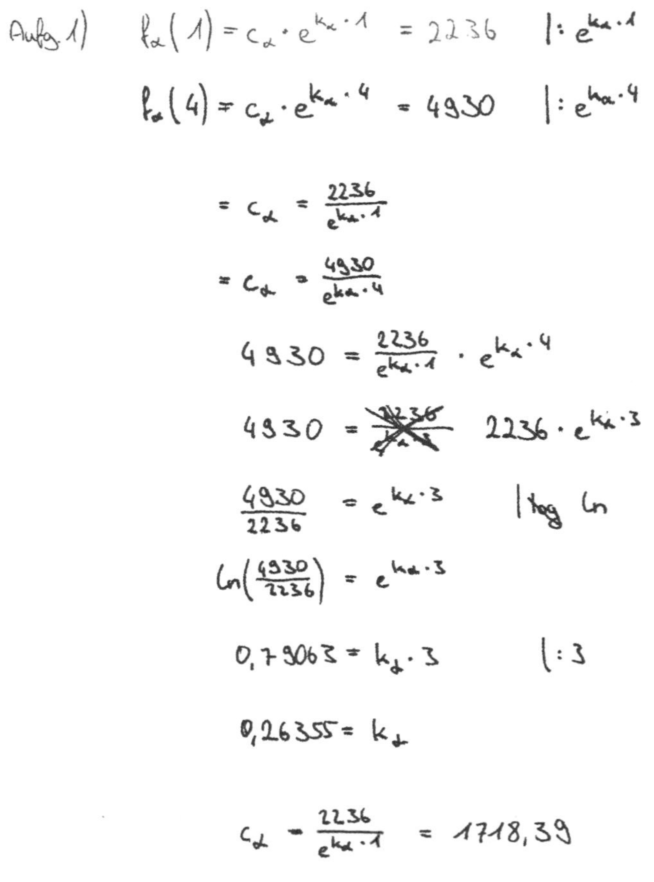

Abb. 11 Lösung zu AB 1, Aufgabe 2

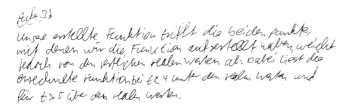

tu 3)

Unsere erstellte Funktion trifft die beiden Punkte, mit denen wir die Funktion aufgestellt haben, weicht jedoch von den weiteren realen Werten ab. Dabei liegt die errechnete Funktion bei t ≤ 4 unter den realen Werten und für t > 5 über den realen Werten.

Abb. 12 Lernendenlösung zu AB 1, Aufgabe 3

6.2 Erprobung Phase 2

In den beobachteten Kursen wurden die folgenden Vorschläge unterbreitet:

- *Man solle Mittelwerte der in Phase 1 berechneten Parameter bilden.* Dieser Vorschlag könnte als alternative Methode im weiteren Stundenverlauf verfolgt werden.
- *Man solle Mittelwerte der berechneten Funktionen bilden.* Dies kann auf zwei Arten geschehen: Entweder man bestimmt alle möglichen Parameterkombinationen aus je zwei Punkten und den Mittelwert $\bar{k}$ bzw. $\bar{c}$ dieser Parameter, um die Exponentialfunktion zu bestimmen, oder man bildet den Mittelwert aller Exponentialfunktionen direkt. Letzteres würde allerdings nicht zu einer Exponentialfunktion pro Variante führen, sondern zu einer Summe von Exponentialfunktionen, also den gewählten Modelltyp verlassen; es wäre aber auch eine verfolgenswerte Variante.
- *Man solle abschnittsweise vorgehen, also für jede KW eine eigene Exponentialfunktion erstellen.* Mithilfe dieses Vorschlags lässt sich das Problem der Überbestimmung durch reale Daten gut illustrieren: Die ermittelte Funktion würde alle Messwerte genau treffen, die Methode hilft aber überhaupt nicht für die Erstellung einer Prognose, weil nicht klar ist, wie ein „nächster" Abschnitt aussehen soll.

In keinem der beiden beobachteten Kurse wurde die Idee der händischen Anpassung spontan geäußert.

Erarbeitung 2 Das händische Anpassen mithilfe der hierarchischen Schieberegler hat in beiden Kursen zu mehreren Anpassungen geführt, die optisch so gut wie nicht von der optimalen Anpassung mit dem quadratischen Fehlerfunktional unterscheidbar waren. Diese Modelle setzten sich ausnahmslos im Wettkampf durch. Durch Bildschirmaufzeichnungen der Excel-Bearbeitungen konnte nachvollzogen werden, dass die überwiegende Mehrheit nach kurzem Probieren eine iterative Strategie verfolgte, in der zunächst beide Parameter abwechselnd auf einer groben Stufe betrachtet wurden, bevor man mit beiden Parametern auf eine feinere Stufe wechselte.

Sicherung 2 Die per Augenmaß gefundenen optimierenden Parameter können prinzipiell in zwei Kategorien eingeteilt werden, die bei den Erprobungen zu einer breiten Streuung der Vorschläge der Schülerinnen und Schüler führten: Parameter, welche die beiden Ausreißer in KW 1 und KW 6 berücksichtigen, oder Parameter, die augenscheinlich den quadratischen Fehler minimieren. Ein Modell der letzteren Kategorie wurde von den Schülerinnen und Schülern in jeder der Erprobungen zunächst als Finalteilnehmer im Rahmen des Wettkampfs der Modelle auserkoren. In einem Fall war dies Modell A, das anschließend gegen die Funktion verlor, die den *QF* minimiert (Modell B; siehe Abb. 4).

Problematisierung 2: Objektivierung des Fehlers Angestoßen durch die Frage der Lehrkraft, ob man die Entscheidungsfindung zur Kür des besten Modells objektivierbar machen kann, damit die Entscheidung nicht nach Gefühl getroffen werden muss, nannten die Schülerinnen und Schüler im Rahmen der Erprobungen folgende Möglichkeiten, die Abweichungen messbar zu machen, die von der Lehrkraft an der Tafel notiert wurde:[7]

A) Aufsummieren der Differenzen von Datenpunkten zu den Funktionswerten (siehe Abb. 13, links)
B) Produkt der einzelnen Abweichungen
C) Aufsummieren der kürzesten Abstände d_i der Messpunkte zum Graphen (siehe Abb. 13, Mitte)
D) Aufsummieren der horizontalen Abstände (siehe Abb. 13, rechts)
E) Aufsummieren der vertikalen Abstände (Fehlerfunktional *BF*)

Diese Liste zeigt einerseits, wie reichhaltig und kreativ die Ideen zur Quantifizierung des Messfehlers sind, andererseits treten als Teil der Sammlung auch erwartbare Fehlvorstellungen auf. Wir wollen kurz auf die einzelnen Vorschläge eingehen.

Ad A). Das Aufsummieren der Differenzen würde dazu führen, dass Fehler einander aufheben könnten. Um dies zu illustrieren, wurde in einer Erprobung eine Skizze an die Tafel gezeichnet (siehe Abb. 13, links). Der Gesamtfehler der Funktion *f* – auf deren Graph die beiden Werte C_1 und C_2 liegen – bezogen auf die beiden beobachteten Werte O_1 und O_2 ist 0, obwohl sie diese Werte nicht gut annähert. In der Sprache einer Schülerin ist dieses Fehlerfunktional bezogen auf die Skizze ungeeignet, weil der Graph der Funktion „*auf der einen Seite drüber, auf der anderen drunter [ist] und*

---

[7]Teilweise wurde in den Erprobungen die symbolische Schreibweise O_i und C_i eingeführt, teilweise wurde nur sprachlich zwischen gemessenen und berechneten Werten unterschieden.

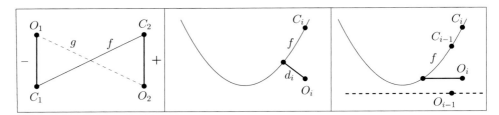

Abb. 13 Vorschläge möglicher Fehlerfunktionale von Schülerinnen und Schülern. Links: Fehler mittels Differenzen. Mitte: Kürzester Abstand des beobachteten Punktes O_i zum Graphen der Funktion. Rechts: Horizontaler Abstand; dieser muss nicht existieren, wie exemplarisch im Fall von O_{i-1}

sich das dann ausgleicht". Optimal wäre in diesem Fall die Funktion g, auf deren Graph die beiden beobachteten Werte liegen. Dieses augenscheinliche Argument überzeugte alle Schülerinnen und Schüler dahingehend, dass die Summe der Differenzen nicht als Fehlerfunktional verwendet werden kann.

Ad B). Die Lehrkraft wandte auf diesen Vorschlag sinngemäß ein: „Was käme beim Produkt eures allerersten Modellierungsversuchs heraus? [...] Ich behaupte, ich kenne für all eure Funktionen das Produkt". Nach kurzer Überlegung entgegnet ein Schüler: „Wenn ich jetzt richtig denke, müsste das doch 0 sein, [...] weil durch die beiden Punkte, [durch die] die Funktion verläuft, gar kein Abstand ist". Damit war geklärt, dass die Produktbildung der Differenzen bzw. Abstände als Fehlerfunktional nicht geeignet ist. An dieser Stelle sollte jedoch nicht unerwähnt bleiben, dass die Idee der Produktbildung bei Fehlerfunktionalen eine wichtige Rolle spielen kann: Durch das Quadrieren der einzelnen Abweichungen beim QF werden nämlich, wie erwähnt, große Fehler viel stärker bestraft als bei der Summation der Abstände, dem Fehlerfunktional BF.

Ad C). Ein Schüler hatte die folgende Idee: „Von jedem Punkt den kürzesten Weg zur Linie suchen. Und diese Distanzen dann hochaddieren". Abb. 13 (Mitte) zeigt neben dem Ausschnitt eines möglichen Graphen der Funktion f die beiden Werte C_i und O_i sowie den kürzesten Abstand d_i von C_i zu f. Warum die Summe der kürzesten Abstände nicht als sinnvolles Fehlerfunktional verwendet werden kann, klärt eine Schülerin sofort nach dem Zeichnen der Skizze auf, denn „der Wert [des kürzesten Abstands] hat nichts mit dem Zeitpunkt zu tun". Kürzeste Abstände von Punkten zu geometrischen Objekten sind Kerninhalte der gymnasialen Oberstufe, denn Abstände von Punkten zu Funktionen können im Rahmen der Analysis in Form einer Extremwertaufgabe bestimmt werden. Zentral sind Abstandsbetrachtungen bei sogenannten „Hieb- und Stichaufgaben" im Rahmen der Analytischen Geometrie, d. h. Aufgaben, bei denen die Schnitt- und Abstandsbeziehungen von Punkten, Geraden und Ebenen im Anschauungsraum behandelt werden. Diese Idee der Abstandsmessung liegt wohl auch dem Vorschlag

des Schülers zugrunde, doch wird dabei der Sachkontext, nämlich die Passung der gemessenen Werte zu festgelegten Zeitpunkten durch eine Funktion, völlig außer Acht gelassen.

Ad D). Dass diese Art der Fehlermessung nicht allgemein gültig sinnvoll sein kann, wurde von den Schülerinnen und Schülern unmittelbar erkannt: Es muss ja gar nicht sein, dass der gemessene Wert tatsächlich auch von der Modellfunktion angenommen wird (siehe Abb. 13, rechts).

Ad E). Diese Art der Fehlerberechnung wurde in allen Erprobungen genannt und als Antwort auf die Frage nach der angemessenen Objektivierung des Fehlers erachtet und mithilfe der vorbereiteten GeoGebra-Datei zusammen mit dem quadratischen Fehler visualisiert.

6.3 Erprobung Phase 3

Bei der Reflexion des selbst aufgestellten Modells und dem Vergleich mit den tatsächlich eingetroffenen Zahlen in den folgenden Wochen kam es zu vielfältigen Antworten von Schülerinnen und Schülern, die rege diskutiert wurden. Zunächst sind sich die Lernenden einig, dass die „*Politik dem Graphen entgegenwirken will*" und die ergriffenen Maßnahmen ab KW 13 etwa das Wachstum einschränken, sonst aber „*wahrscheinlich die Prognose gestimmt hätte*". Dies zeigt gleichzeitig den verdichteten Blick der Schülerinnen und Schüler auf die Verbreitung eines Virus, dessen exponentielle Ausbreitung nicht nur durch von der Politik auferlegte Maßnahmen gebremst wird, sondern auch durch andere Faktoren, z. B. die Abnahme der Anzahl von Personen, die noch infiziert werden können. Als weiterer Grund für fallende Infektionszahlen werden zudem die Ferien und Osterfeiertage genannt: Weniger Menschen gehen arbeiten oder in die Schule, demnach werden auch weniger Menschen regelmäßig in diesem Zeitraum getestet.

Der Unterschied zwischen dem selbst aufgestellten Modell und der Prognose des RKI wird von einer Schülerin damit erklärt, dass das RKI möglicherweise nicht die reinen Fallzahlen zugrunde gelegt hat, sondern auch sich ändernde Verhaltensweisen der Menschen bei steigenden Fallzahlen aufgrund des Bewusstseins, dass die Wahrscheinlichkeit steigt, sich selbst anzustecken (z. B. stärkere Beachtung von Hygiene- und Abstandsregeln, Rückkehr ins Homeoffice, selbst auferlegte Quarantäne bei Risikokontakten, …). Weiterhin wird hinterfragt, ob die Impfquote in diesem Zeitraum schon einen maßgeblichen Einfluss haben kann. Dies wird von der unterrichtenden Lehrkraft zunächst verneint, da diese Quote in den betrachteten Kalenderwochen noch zu niedrig sei. Ein Lernender entkräftet die Idee zudem mit dem Argument: *„Wenn wir davon ausgehen, dass die Risikopatienten zuerst geimpft wurden, dann können wir auch davon ausgehen, dass das nicht die sind, die sich davor in ein Risiko begeben haben. Dann sollte das nicht so viel Einfluss gehabt haben [dass die jetzt geimpft sind]"*.

Am Ende der Unterrichtseinheit hatten die Schülerinnen und Schüler das Gefühl, selbst ein gutes Prognosemodell aufgestellt zu haben. Die Äußerung eines Lernenden, dass *„der mathematische Aspekt […] eher weggefallen"* sei, deckt die Vorstellung auf, Mathematik müsse immer etwas mit Rechnen zu tun haben – das Arbeiten am Modell, z. B. die Diskussion über eventuell getroffene Voraussetzungen, die in eine Prognose miteinbezogen werden, oder das Verändern von Parametern nach Augenmaß, dem aber nicht entspräche.

7 Fazit und Ausblick

In diesem Beitrag wurde eine Lernumgebung präsentiert, die eine reichhaltige Auseinandersetzung mit dem Modellieren von Epidemien unter Berücksichtigung der Leitidee des „Messens" (von Fehlern) bietet. Neben der fachlichen Einordnung und fachdidaktischen Betrachtungen wurde detailliert auf die zugrunde liegenden Daten eingegangen und die epidemiologische Lage zu Beginn des Kalenderjahres 2021 geschildert. Letzteres dient dazu, bei Bedarf von der Lehrkraft miteinbezogen zu werden, sollte die Erfahrung betreffend der SARS-CoV-2-Epidemie etwas weiter zurückliegen.

Im Rahmen unserer Lernumgebung verfolgen wir *inhaltsbezogene*, *prozessbezogene* und *allgemeine Ziele* (Greefrath et al. 2013, S. 19 f.). Konkret werden neben dem inhaltsorientierten Ziel, Fallzahlen mathematisch modellieren zu können, prozessbezogene Ziele angestrebt, da neben dem Lösen der Steckbriefaufgabe insbesondere auf das heuristische Arbeiten mit spezifischen digitalen Medien Augenmerk gelegt wird. Das Loslösen der Passung von einzelnen Datenpunkten für die Modellierung durch eine Exponentialfunktion und die Erarbeitung von Arten der Fehlerrechnung anhand einer realen Situation können ebenfalls in ausreichender fachlicher Tiefe erfolgen und als prozessbezogene Ziele bezeichnet werden. Demzufolge verfolgt die vorgestellte Lernumgebung einen atomistischen Ansatz, da im Rahmen von tendenziell gelenkten Modellierungsaktivitäten das Lernen mathematischer Inhalte betont wird und die involvierten mathematischen Konzepte für Schülerinnen und Schüler eine neue Bedeutung erlangen (vgl. Blomhøj und Jensen 2003). Im Fokus steht darüber hinaus nicht zuletzt das allgemeine Ziel der Auseinandersetzung mit der Qualität der Prognose, die mithilfe des erstellten mathematischen Modells getroffen werden kann, und die direkte Anbindung an real stattfindende Debatten, welche die Rolle der Mathematik in der Gesellschaft thematisieren.

Erfreulicherweise konnten diese Ziele im Rahmen der Erprobungen erreicht werden. Es zeigt sich, dass die Lerngruppen an dem behandelten Inhalt sehr interessiert sind und sich zum allergrößten Teil auch aktiv ins Unterrichtsgeschehen einbringen. Dies liegt wohl nicht zuletzt an den vielen verschiedenen Facetten während der drei Phasen, die reichhaltige mathematische Tätigkeiten ermöglichen und somit den Geschmack vieler Schülerinnen und Schüler treffen können. Weiter zeigen die Erprobungen, dass sich die Lernumgebung als überaus stabil gegenüber variablem Verhalten und unterschiedlicher Inszenierung der Lehrkräfte zeigt. Direkte Anschlussfragen an die Inhalte der Lernumgebung betreffen einerseits die Prognose des RKI (Wie kam das RKI eigentlich zu dieser Prognose?[8] Wie können die „Knicke" in der Prognose des RKI erklärt werden?), andererseits auch die adäquatere Modellierung von Epidemien über einen längeren Zeitraum (Wie können Immunisierung und Genesung berücksichtigt werden [(SIR-Modell)]? Kann man das Impfen, Testen oder Isolieren modellieren?). Diese Fragen können und sollen zu weiterer Recherche und reichhaltigen Modellierungsaktivitäten anregen.

Hinweis zu den vertiefenden Online-Materialien Für den direkten Einsatz im Unterricht stehen die in Abschn. 4 aufgelisteten Materialien zur Verfügung. Ergänzend dazu dienen die folgenden Online-Materialien zur vertiefenden Information für die Lehrkraft:

- Bundesregierung (2020). Telekonferenz der Bundeskanzlerin (BK) mit den Regierungschefinnen und Regierungschefs der Länder (RL) am 13.12.2020
- Bundesregierung (2021a). Videoschaltkonferenz (VK) der BK mit den RL am 05.01.2021
- Bundesregierung (2021b). VK der BK mit den RL am 19.01.2021
- Bundesregierung (2021c). VK der BK mit den RL am 10.02.2021
- Bundesregierung (2021d). VK der BK mit den RL am 03.03.2021

---

[8]Die Prognose des RKI stimmt auffallend gut mit der Minimierung des relativen quadratischen Fehlers überein.

- Bundesregierung (2021e). VK der BK mit den RL am 22.03.2021
- RKI (2021a). Täglicher Lagebericht des RKI zur Corona-virus-Krankheit-2019 (COVID-19) am 13.03.21
- RKI (2021b). Bericht zu Virusvarianten von SARS-CoV-2 in Deutschland, insbesondere zur Variant of Concern (VOC) B.1.1.7. am 31.03.2021
- RKI (2021c). 7-Tage-Inzidenzen nach Bundesländern und Kreisen. Stand: Mai 2022
- RKI. (2021d). Tabelle mit den gemeldeten Impfungen nach Bundesländern und Impfquoten nach Altersgruppen, Stand: Mai 2022
- RKI (2021e). Tabelle mit den SARS-CoV-2-Testzahlen in Deutschland, Stand: Mai 2022
- Eine vertiefende fachliche Analyse zum Scheitern der Prognose durch die Autorinnen und Autoren dieses Beitrags (vertiefende fachliche Analyse.docx)

Literatur

Bauer, S., Donner, L.: Modellieren von Epidemien, exponentiell und darüber hinaus. mathematik lehren. **234**, 36–42 (2022)

Blomhøj, M., Jensen, T.: Developing mathematical modelling competence: Conceptual clarification and educational planning. Teach. Math. Appl. **22**(3), 123–139 (2003)

Blum, W., Leiß, D.: Modellieren im Unterricht mit der „Tanken"-Aufgabe. mathematik lehren. **128**, 18–21 (2005)

Bruder, R.: Akzentuierte Aufgaben und heuristische Erfahrungen. In: Herget, W., Flade, L. (Hrsg.) Lehren und Lernen nach TIMSS. Anregungen für die Sekundarstufen., S. 69–78. Volk & Wissen, Berlin (2000)

Büchter, A., Holzäpfel, L.: Messen. mathematik lehren. **210**, 2–7 (2018)

Greefrath, G.: Anwendungen und Modellieren im Mathematikunterricht. Springer Spektrum, Wiesbaden (2018)

Greefrath, G., Kaiser, G., Blum, W., Borromeo Ferri, R.: Mathematisches Modellieren – eine Einführung in theoretische und didaktische Hintergründe. In: Ferri, B., et al. (Hrsg.) Mathematisches Modellieren für Schule und Hochschule., S. 11–37. Springer Spektrum, Wiesbaden (2013)

Kermack, W.O., McKendrick, A.G.: A contribution to the mathematical theory of epidemics. Proc. R. Soc. Lond. Ser. A-Contain. Pap. Math. Phys. Character. **115**(772), 700–721 (1927)

König, H.: Einige für den Mathematikunterricht bedeutsame heuristische Vorgehensweisen. Der Mathematikunterricht. **38**(3), 24–38 (1992)

Kultusministerkonferenz (KMK): Bildungsstandards im Fach Mathematik für die Allgemeine Hochschulreife (2012)

Ministerium für Schule und Weiterbildung (MSB) des Landes Nordrhein-Westfalen: Kernlehrplan für die Sekundarstufe II Gymnasium/Gesamtschule in Nordrhein-Westfalen. Biologie (2013)

Ministerium für Schule und Weiterbildung (MSB) des Landes Nordrhein-Westfalen: Kernlehrplan für die Sekundarstufe II Gymnasium/Gesamtschule in Nordrhein-Westfalen. Mathematik (2014)

Schaback, R.: On COVID-19 modelling. Jahresbericht der Deutschen Mathematiker-Vereinigung. **122**(3), 167–205 (2020)

Schieritz, M: Corona-Inzidenzen – Rechnung mit vielen Unbekannten. DIE ZEIT. https://www.zeit.de/2021/20/corona-inzidenzen-rki-fallzahlen-rechnung-neuinfektionen-trend (2021). Zugegriffen am 30.11.2021

Modellierungsproblem
Fahrradstellplätze – Wenn alle mit dem Fahrrad kommen …

Christiane Besser und Regina Bruder

Zusammenfassung

Ein konkretes Problem an der eigenen Schule, nämlich für ausreichende Fahrradstellplätze zu sorgen, erwies sich im Verlauf des 8. Schuljahres nicht nur als geeignet, die Einführung neuer fachlicher Lerninhalte zum Schuljahresbeginn zu motivieren, sondern es konnte mehrfach im Laufe des Schuljahres wieder aufgegriffen werden, um bisherige Lerninhalte in neuen Kontexten anzuwenden und wachzuhalten. Damit wird in diesem Beitrag der Ansatz verfolgt, eine authentische Situation sowohl für die Kompetenzentwicklung zum mathematischen Modellieren als auch langfristig für die Erkenntnisgewinnung und den fachlichen Kompetenzaufbau der Lernenden zu nutzen. Dabei erweist sich der Realitätsbezug als hilfreich für das Erkennen des Mehrwerts der Verwendung von Mathematik zur Problemlösung.

Abb. 1 Fahrradstellplatz an der Albert-Schweitzer-Schule in Kassel, 2022. (Foto: C. Besser)

Viele Schülerinnen und Schüler kommen mit dem Fahrrad zur Schule und deshalb gibt es entsprechenden Bedarf an Fahrradstellplätzen (vgl. Abb. 1). Mit der Anzahl, Lage und Ausgestaltung von Stellplätzen für Fahrräder sind vielfältige Fragen verbunden, zu deren Beantwortung auch Mathematikkenntnisse der Sekundarstufe I nützlich sein können.

Eine authentische Situation der Planung von Fahrradstellplätzen wurde an einem Gymnasium in Nordhessen zum Schuljahresbeginn in einer 8. Klasse zum Anlass für mathematische Modellierungen genommen.

Im Folgenden wird der Hintergrund skizziert für das Modellierungsproblem *Fahrradstellplätze* und die konkretisierte Problemstellung vorgestellt (Abschn. 1 und 2). In Abschn. 3 erfolgt eine fachdidaktische Analyse des Problems und in Abschn. 4 wird die Umsetzung im Unterricht beschrieben. Eine Reflexion mit Ausblick erfolgt in Abschn. 5.

1 Zum Hintergrund für die Auswahl eines Modellierungsproblems für den Einstieg in den Mathematikunterricht in Klasse 8

Eine große Herausforderung für die zeitliche Planung des Mathematikunterrichts in Klasse 8 besteht erfahrungsgemäß darin, eine solide Behandlung solch grundlegender Themen wie Terme, Gleichungen und lineare Funktionen für erfolgreiches Weiterlernen mit dem Wachhalten elementarer

C. Besser (✉)
Albert-Schweitzer-Schule, Kassel, Deutschland

R. Bruder
Technische Universität Darmstadt, FB Mathematik, Darmstadt, Deutschland
E-Mail: r.bruder@math-learning.com

Rechenfertigkeiten sowie arithmetischer und geometrischer Grundvorstellungen zu verbinden. Dabei müssen auch zentrale Tests wie VERA 8 bzw. in Hessen der obligatorische „Hessenwettbewerb" jeweils Anfang Dezember berücksichtigt werden. Dieser Mathematikwettbewerb des Landes Hessen für Klasse 8, der sich auf alle bisher thematisierten Unterrichtsinhalte beziehen kann, wird als zentral gestellte Vergleichsarbeit mit drei Differenzierungsstufen an allen Schulformen in Hessen mit Sekundarstufe I geschrieben und unabhängig vom Ausfall als Klassenarbeit gewertet.

Vor diesem Hintergrund liegt es nahe, nach didaktischen und methodischen Lösungen zu suchen, wie das Wachhalten von mathematischem Grundwissen und Grundkönnen mit der Behandlung neuer Lerninhalte sinnvoll und effektiv verknüpft werden kann. Gesucht wurde nach einem solchen Einstiegsproblem zum Schuljahresbeginn, das mit bereits behandelten mathematischen Mitteln bearbeitbar ist, dessen Teilprobleme aber im Laufe des Schuljahres für die Motivation neuer Lerninhalte oder für entsprechende Anwendungsszenarien des bisher Gelernten wieder aufgegriffen werden können. Diese Anwendungsszenarien sollen dabei eine sinnvolle und möglichst realistische Verwendung von Mathematik erfordern. Aufgrund der Heterogenität der Voraussetzungen und Bedürfnisse der Lernenden sollte das Einstiegsproblem Differenzierungspotential besitzen und schließlich auch Möglichkeiten zur Kompetenzdiagnostik bieten.

Qualitätvolle Modellierungsprobleme können von der Theorie her durchaus alle genannten Anforderungen erfüllen (vgl. Kaiser et al. 2023). Dabei muss aber auch das Ausgangsniveau der Modellierungskompetenzen der Lernenden berücksichtigt werden. Im vorliegenden Fall einer 8. Klasse an der Schule der Erstautorin wurden einzelne Aspekte des Modellierens im bisherigen Unterricht zwar thematisiert, Modellierungsaktivitäten jedoch noch nicht in dem Sinne systematisch bewusst gemacht und reflektiert, dass z. B. ein *Modellierungskreislauf* (vgl. Kaiser et al. 2023) als geeigneter Rahmen für die mathematische Bearbeitung von Anwendungsproblemen explizit zur Verfügung stand.

Es kam also darauf an, ein altersgerechtes, inhaltlich zum Stoff der Klasse 8 passendes und möglichst reichhaltiges, aber dennoch (aufgrund der Vorkenntnisse) niedrigschwelliges Modellierungsproblem aus dem Lebens- und Erfahrungsbereich der Lernenden für den Einstieg in den Mathematikunterricht der Klasse 8 zu finden.

2 Das Modellierungsproblem Fahrradstellplätze

Die Schule, an der die Erstautorin unterrichtet, hatte in den letzten Jahren jeweils mit großem Engagement am Stadtradeln in der Stadt Kassel teilgenommen, das immer kurz nach den Sommerferien stattfindet.

Im Zusammenhang mit der Corona-Situation kamen noch mehr Schülerinnen und Schüler mit dem Fahrrad zur Schule als bisher, sodass die Fahrradstellplätze auf dem Schulgelände und auf dem Bürgersteig bei Weitem nicht mehr ausreichten. Diese reale Problemsituation erhielt für die Schülerinnen und Schüler auch unmittelbar Bedeutung und wurde zum Anlass genommen, ein Modellierungsproblem für den Einstieg in den Mathematikunterricht der Klasse 8 zu entwickeln.

> **Reale Problemsituation**
> Die verfügbaren sicheren Abstellmöglichkeiten für die Fahrräder der Schülerinnen und Schüler reichen nicht mehr aus.

Um hier Abhilfe zu schaffen, sind verschiedene konkrete Fragen zu stellen, mit denen sich in der Realität auch diejenigen tatsächlich beschäftigen müssen, die sich um dieses Problem und seine Lösung kümmern wollen.

Die Schülerinnen und Schüler einer 8. Klasse erhielten nun die Möglichkeit, den Umgang mit einer realen Problemsituation unter Berücksichtigung ihrer Erfahrungen als Betroffene und unter Nutzung ihrer bisherigen Kenntnisse und Fähigkeiten kennenzulernen und gemeinsam im Mathematikunterricht nach Lösungen zu suchen. Zu den zu beantwortenden Fragen, die sich aus der Problemsituation ergaben, gehören die folgenden, die in jeweils unterschiedlicher Weise das Stellen und Lösen mathematischer Aufgaben erfordern können und damit auf sogenannte Realprobleme führen.

> **Konkretisierung des Problems:**
>
> 1. Wie viele Fahrradstellplätze gibt es bereits an der Schule und wie viele werden aktuell und mit Blick in die Zukunft benötigt, wenn vielleicht noch mehr Schülerinnen und Schüler mit dem Fahrrad zur Schule fahren wollen?
> 2. Wie können möglichst viele Fahrräder auf einer gegebenen Fläche abgestellt werden?
> 3. Welche Kosten entstehen für zusätzliche Fahrradabstellplätze?
> 4. Welche Rahmenbedingungen sind für ein Projekt für mehr Fahrradstellplätze zu beachten?

Die ersten drei Fragestellungen bieten gute Anknüpfungsmöglichkeiten im Mathematikunterricht, während die vierte Frage eher im Zusammenspiel mit weiteren Unterrichtsfächern ihr ganzes Potential entfalten kann. Hier würde es bei einer realen Problemlösung darum gehen, geeignete Flächen für neue Abstellplätze zu finden, rechtliche Fragen und Anforderungen zu berücksichtigen und schließlich auch die Finanzierung eines entsprechenden Projektes zu diskutieren.

Für den Einstieg in den Mathematikunterricht in Klasse 8 zu Beginn des neuen Schuljahres wurde in Abwägung der zeitlichen Möglichkeiten das folgende Vorgehen entschieden, bei dem eine Auswahl der oben genannten Fragen vorgenommen wurde. Diese Fragen wurden im Rahmen von vier Doppelstunden bearbeitet und im Laufe des Schuljahres mehrfach wieder aufgegriffen.

Ausgehend von den beiden Fotos in Abb. 2 a und b und verknüpft mit den Erfahrungen des letzten Schuljahres zu den fehlenden Fahrradstellplätzen wurden dann im Unterrichtsgespräch gemeinsam die folgenden konkretisierenden *Aufgaben 1 sowie 2a und b* zum **Fahrradstellplatzproblem** erarbeitet:

Mehr und mehr Schülerinnen und Schüler werden mit dem Fahrrad zur Schule kommen (wie z. B. im letzten Schuljahr).

Aufgabe 1	Wie viele Schülerinnen und Schüler kommen ungefähr zurzeit täglich mit dem Fahrrad zur Schule?
Aufgabe 2a)	Wie können diese Fahrräder alle abgestellt werden?
	Wie können möglichst viele Fahrräder abgestellt werden?
2b)	Wie viel kosten evtl. weitere Fahrradständer?

Eine Übersicht über die vorhandenen Fahrradstellplätze an der Schule wurde zur Verfügung gestellt.

Die beiden Fotos zum Einstieg (siehe Abb. 2 a und b) sind so als Impulse gewählt worden, dass sie die Entwicklung der Aufgabenstellungen für die Lerngruppe geeignet unterstützen. Das Bild von den Fahrradstellplätzen der eigenen Schule fokussiert den Blick auf die konkrete Situation, die mit den aktuellen Erfahrungen der Lernenden bezüglich des Abstellens ihrer Fahrräder verknüpft wird. Das Bild aus Kopenhagen liefert erste Hinweise: Es gibt angesichts einer großen Zahl von Radfahrenden auch einen hohen Bedarf an Fahrradstellplätzen. Es gibt verschiedene Fahrradständer. Diese können unterschiedlich aufgestellt und angeordnet sein, und es wird eine entsprechende Fläche benötigt.

Mit diesen Impulsen konnten schließlich die beiden konkretisierenden Aufgabenstellungen im Unterrichtsgespräch erarbeitet werden, die selbstverständlich von der Lehrkraft gedanklich vorüberlegt wurden und im Unterricht nicht völlig dem Zufall überlassen werden können. Zur weiteren Bearbeitung des *Fahrradstellplatzproblems* im Unterricht siehe Abschn. 4.

3 Fachdidaktische Analyse des *Fahrradstellplatzproblems*

Der Kontext dieses Problems ist für die Schülerinnen und Schüler sowie unsere heutige Gesellschaft äußerst relevant: Die Klimaerwärmung ist ein zentrales aktuelles Problem. Das Fahrradfahren zur Schule kann hier als Alternative zum Auto (oder auch Bus) einen kleinen Beitrag leisten und die Schülerinnen und Schüler für das Thema sensibilisieren. Die Aufgabe spricht auch ein persönliches Problem der Schülerinnen und Schüler an.

Die reale Situation der fehlenden Fahrradstellplätze an der Schule bietet zunächst die Möglichkeit, konkrete Fragen zu finden und zu formulieren, um das wahrgenommene Problem in seiner Tragweite zu erfassen, zu strukturieren und schließlich zu fokussieren. Hierfür bietet sich z. B. auch ein fächerverbindendes Vorgehen mit Politik/Gemeinschaftskunde an. Ein Verzicht auf eine solche Elaborationsphase des Problems würde wertvolle Chancen für einen fachübergreifenden Kompetenzerwerb vergeben, was u. a. auch allgemeine Problemlösekompetenzen einschließt. Gleichzeitig gehört das Identifizieren von separat (mathematisch) bearbeitbaren Realproblemen aus einer Problemsituation auch zu den zu erwerbenden Modellierungskompetenzen im Mathematikunterricht (vgl. KMK 2022, S. 11): *„Typische Teilschritte des Modellierens sind das Strukturieren und Vereinfachen gegebener Realsituationen, das Übersetzen realer Gegebenheiten in mathematische Modelle, das Arbeiten im mathematischen Modell, das Interpretieren mathematischer Ergebnisse in Bezug auf Realsituationen und das Überprüfen von Ergebnissen sowie des Modells im Hinblick auf Stimmigkeit und Angemessenheit bezogen auf die Realsituation. "*

Abb. 2 (**a**) Albert-Schweitzer-Schule in Kassel, 2021; (**b**) Kopenhagen, 2019 (beide Fotos C. Besser)

Hintergrund der bewussten Entscheidung für die ausgewählten Teilprobleme (*Aufgabe 1 und 2*, siehe oben) waren der Stoffkanon des Mathematikunterrichts in Klasse 8 (siehe Quellen 6 bis 9) und die besondere Situation in Hessen mit dem Mathematikwettbewerb Anfang Dezember in Klasse 8.

Die beiden aus der realen Problemsituation abgeleiteten Aufgaben bieten verschiedene mögliche Schwerpunktsetzungen, Lösungswege und Lösungen (siehe auch Abschn. 4) mit unterschiedlichem Anspruch und können sowohl einen Beitrag zur Entwicklung von Modellierungskompetenz als auch zum Wachhalten und Anwenden grundlegenden mathematischen Wissens und Könnens leisten. Je nachdem, wie gut es im Unterricht dann gelingt, beide Zielaspekte bewusst zu machen und zu bedienen (Modellierungskompetenz stärken *und* Grundlagenwiederholung), können sich gegenseitig verstärkende Motivationseffekte und Einsichten in die praktische Relevanz mathematischer Grundlagen bei den Lernenden zeigen. Aber das ist nicht selbstverständlich – insbesondere dann nicht, wenn es sozialisierte einseitige Erwartungen von Lernenden an den Mathematikunterricht gibt, z. B. bezüglich einer systematischen und „ablenkungsfreien" Vorbereitung auf den Mathematikwettbewerb.

Folgende **fachliche Grundlagen** können zur Problemlösung bei den *Aufgaben 1 und 2* herangezogen werden:

Zu *Aufgabe 1*: Entwicklung einer Größenvorstellung im Sachzusammenhang auch als Vorbereitung für die Beurteilung der Ergebnisse, in diesem Zusammenhang Anwendung und damit Wiederholung z. B. (je nach Lösungsweg) zur Bruchrechnung, Prozentrechnung, von proportionalen und antiproportionalen Zuordnungen und zum Dreisatz.

Zu *Aufgabe 2*: Anwendung und Wiederholung insbesondere von Flächeninhaltsberechnungen (Quadrat, Rechteck, Dreieck, zusammengesetzte Flächen – ggf. auch Parallelogramm und Trapez); Addition, Subtraktion und Multiplikation, (Division) auch mit Brüchen und Dezimalzahlen, Rechnen mit Größen, Maßumwandlungen, Messen von Strecken, Anfertigung von Skizzen, Maßstab; ggf. bereits Verwendung von Termen und Gleichungen.

Beim mathematischen Modellieren insbesondere zu *Aufgabe 2* können das Übertragen der Realität in die Mathematik (Aufstellen eines mathematischen Modells) sowie das Auswerten der Ergebnisse in den Mittelpunkt gestellt werden, um damit Modellierungskompetenz aufzubauen bzw. zu erweitern. Indem die Schülerinnen und Schüler z. B. aufgefordert werden, Bewertungskriterien zur Auswertung ihrer Ergebnisse vorab zu formulieren, können die Präsentation und Reflexion der Bearbeitung und Lösung vorbereitet werden. Das ist besonders dann wichtig, wenn – wie im vorliegenden Fall – die Lernenden in den bisherigen Schuljahren noch wenig Erfahrung mit dem Explizieren mathematischer Modellierungsaktivitäten gesammelt haben. Eine Reflexion des Bearbeitungsprozesses ermöglicht dann das

Bewusstwerden der drei Schritte „Übertragen der Realität in die Mathematik/Aufstellen des mathematischen Modells", „Bearbeiten des mathematischen Modells", „Auswerten der Ergebnisse und des Modells" (vgl. KMK 2004) und damit eine Formulierung eines (einfachen) Modellierungskreislaufs als Orientierungshilfe beim Modellieren bzw. dessen Wiederholung aus vorherigem Unterricht, falls dort bereits thematisiert (vgl. auch Abb. 3 und die Überlegungen zur Reflexionsphase weiter unten).

Der **Zweck der Modellierung** insbesondere in *Aufgabe 2* ist eine Beschreibung und Begründung von effektiven Fahrradstellmöglichkeiten mit Anwendung auf die konkrete Situation an der Schule. In *Aufgabe 1* – hier unter Berücksichtigung der Ausgangssituation der Klasse und des Zeitpunktes zum Schuljahresbeginn als Einstimmung auf das Modellieren gedacht – geht es in Form von groben Schätzungen um eine Vorhersage des Bedarfs an Fahrradstellplätzen. Möglich ist z. B. von einzelnen Klassen auszugehen: Wie viele Schülerinnen und Schüler kommen in der eigenen Klasse durchschnittlich mit dem Fahrrad zur Schule? Geschätzt werden kann die Anzahl der vermutlich (irgendwann) benötigten Fahrradständer, es kann aber auch einfach davon ausgegangen werden, dass man möglichst viele Fahrradständer haben möchte.

Für konkrete Berechnungen zur *Aufgabe 2* sind Annahmen und Schätzungen notwendig, z. B. von welcher Fahrradgröße ausgegangen werden soll, welcher Platz zwischen den Fahrrädern gelassen werden soll, welche Fahrradständer gewählt werden können (Art, Anzahl der Bügel an einem Fahrradständer, einseitige/beidseitige Nutzung, …), wie diese Fahrradständer aufgestellt werden können usw. In Abhängigkeit davon, welche Fläche zur Verfügung steht, sind Fluchtwege und Feuerwehrzufahrt zu beachten. Dabei muss die Situation teilweise vereinfacht werden. Eine grundsätzliche Frage vorab ist, ob die Modelle mit wenig Geld umsetzbar bzw. bezüglich der Kosten realistisch sein sollen oder ob auch Visionen für die Zukunft einbezogen werden dürfen. Kern des mathematischen Modells für *Aufgabe 2* ist der begründet angenommene Platz pro Fahrrad, also Form und Größe der Stellfläche pro Fahrrad. Insgesamt dominiert eine *deskriptive Modellierung* (vgl. auch die modelltheoretischen Betrachtungen bei Ludewig 2003).

Wir können beim *Fahrradstellplatzproblem* von einer **authentischen Problemstellung** im Sinne von Greefrath und Schukajlow (2018, S. 4) sprechen, weil die Situation real und auch relevant für die Lernenden ist. Anwenden von Mathematik kann hier zum Verständnis der Realität beitragen bzw. ist hilfreich, um Problemlösungen zu finden. Allerdings erfordern authentische Probleme meist eine umfassende Auseinandersetzung mit der Situation im Rahmen von projektartigen Aktivitäten, was im Zeitrahmen des normalen Unterrichts nicht leicht umsetzbar ist.

Neben der Authentizität gehören die **Offenheit** und das damit einhergehende **Differenzierungsvermögen** eines

Modellierungskreislauf

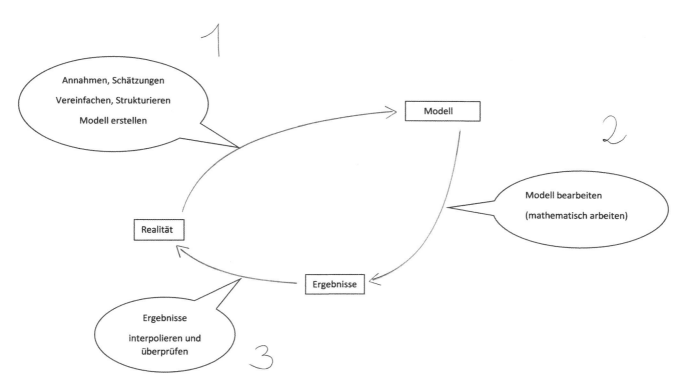

Abb. 3 Modellierungskreislauf zur Reflexion des Modellierungsprozesses. (In Anlehnung an Bruder et al. 2017)

Modellierungsproblems zu den Qualitätsmerkmalen einer solchen Aufgabe (vgl. u. a. Büchter und Leuders 2005).

Betrachtet man allgemein die drei Bestimmungsstücke einer Aufgabe (1. Ausgangssituation, 2. Lösungswege/Transformationen, 3. Lösung/Zielsituation) dahingehend, ob sie jeweils bekannt/vorgegeben oder noch unbekannt bzw. (noch) nicht mathematisch formuliert und bestimmt sind, dann handelt es sich bei den beiden *Aufgaben 1 und 2* um offene Problemstellungen. Die Ausgangssituation ist jeweils noch zu spezifizieren, z. B. durch geeignete Annahmen; Lösungswege sind nicht vorgegeben oder bereits bekannt. Die Zielsituation ist zumindest als Erwartung beschrieben, sie muss jedoch noch ausgefüllt werden mit einer passenden Lösung und hat deshalb einen offenen Ausgang (vgl. zu Typisierungen von Aufgaben Leuders 2023).

Im gewählten authentischen Kontext ist ein jeweils passendes mathematisches Modell zu den beiden Aufgaben nicht sofort ersichtlich. Damit unterscheidet sich diese Problemstellung markant von den sonst im Mathematikunterricht oft üblichen Sach- und Anwendungsaufgaben, die passend zu einem bestimmten mathematischen Thema gestellt werden, sodass gar keine Auswahl geeigneter mathematischer Begriffe, Zusammenhänge und Verfahren notwendig wird. Hier sind jedoch unterschiedliche Modelle möglich, schon länger bekannte mathematische Inhalte können angewandt und auch neue motiviert werden. Durch die verschiedenen Lösungsmöglichkeiten und Lösungen ist die Aufgabe im Sinne einer

natürlichen Differenzierung selbstdifferenzierend (vgl. Bruder et al. 2023 sowie zur Umsetzung Abschn. 4).

Für die **Reflexionsphase** und das Bewusstmachen der Modellierungserfahrungen im Unterricht wurde ein vereinfachter Modellierungskreislauf gewählt, etwa wie im LEMAMOP-Projekt in Bruder et al. (2017) für Klasse 7 und 8 vorgeschlagen. Mit Blick auf das *Fahrradstellplatzproblem* wurden dazu in Abb. 3 das Schätzen und Strukturieren auf dem Weg von der Realität zum mathematischen Modell ergänzt. Das für authentisches Modellieren typische Entwickeln und Formulieren einer Aufgabenstellung (vgl. Büchter und Leuders 2005) aus der Realsituation erscheint nicht in diesem Kreislauf, könnte diesem aber noch als 0. Schritt vorangestellt werden.

Das *Fahrradstellplatzproblem* bietet weitere **Potentiale zur Kompetenzförderung** über Einsichten zum mathematischen Modellieren und Fähigkeiten zum Anwenden mathematischer Grundlagen bei Berechnungen hinaus. Das betrifft das Argumentieren beim Begründen von Annahmen und Schätzungen, das Kommunizieren der Ergebnisse und des gesamten Vorgehens, das Umgehen mit verschiedenen Darstellungen und nicht zuletzt auch eine spezifische Förderung von Problemlösekompetenz. Das ist der Fall, wenn das strukturierte Vorgehen beim Entwickeln der beiden Aufgabenstellungen aus der Problemsituation in der ersten Stunde sowie die Art des Umgangs mit der Komplexität der Rahmenbedingungen für die Auswahl geeigneter Fahrradständer im

Nachhinein noch einmal betrachtet werden. Hier können wichtige allgemeine Vorgehensstrategien, z. B. zum Vereinfachen eines komplexen Problems, bewusst gemacht werden.

Ein besonderer Vorteil des *Fahrradstellplatzproblems* besteht darin, dass damit viele der bis zur Jahrgangsstufe 8 thematisierten mathematischen Inhalte angewendet und wiederholt werden können, wie z. B. die Prozentrechnung und Flächeninhaltsberechnungen. Darüber hinaus können jedoch auch neue Lerninhalte der Klasse 8 zu Termen, Gleichungen und linearen Funktionen in diesem Kontext motiviert werden. Terme können z. B. im Hinblick auf den Platzbedarf verschiedener Fahrräder oder/und Roller thematisiert werden – genauso auf den Platzbedarf unterschiedlicher Fahrradständer – oder zur Erfassung aller Abstellmöglichkeiten auf verschiedenen Plätzen.

Beispiel:
Platz 1:   20 „große Fahrräder" und 10 „kleine Fahrräder"
Platz 2:   30 „große Fahrräder"
Platz 3:   8 „kleine Fahrräder"

$$20x + 10y + 30x + 8y = 50x + 18y$$

Variablen können je nach Vorkenntnissen der Schülerinnen und Schüler bereits bei der Bearbeitung der Aufgabe ver-

wendet werden. Gleichungen können z. B. bei der Berechnung des Platzbedarfs eines einzelnen Fahrrades aufgestellt werden.

Rund um die Thematik Fahrradstellplätze gibt es zahlreiche Erfahrungswerte und sogar Normen, die viel Differenzierungspotential bieten und insbesondere auch für höhere Jahrgangsstufen interessant sind (vgl. die Internetquellen (1) ADFC Bayern: Hinweise für die Planung von Fahrradabstellplätzen und (2) ADFC Hinweise für die Planung von Fahrradabstellplätzen).

4 Bearbeitung des Modellierungsproblems im Unterricht

Die in Abschn. 2 entwickelten beiden Aufgabenstellungen wurden im Zeitrahmen von vier Doppelstunden direkt nach den Sommerferien bearbeitet. Im Anschluss an die Verlaufsplanung der Unterrichtsstunden werden jeweils markante Ergebnisse exemplarisch vorgestellt.

4.1 Verlaufsplanung

Stunde	Phase/Inhalt	Methode/Sozialform
1.	**Problembewusstsein erreichen durch Bilder (Abb. 2 a und b)** Mögliche Schüleräußerungen: • Viele Fahrräder • Unser Schulhof, leer, nicht so viel Platz für Fahrräder • Letztes Jahr sind viele mit dem Fahrrad gekommen • Wir haben neue/mehr Fahrradständer • Stadtradeln: Daran haben wir teilgenommen. 1./3.Platz • Wir sollten aus Umweltgründen Fahrrad fahren, das spart CO_2 **Problemstellung entwickeln** Mehr und mehr Schülerinnen und Schüler werden mit dem Fahrrad zur Schule kommen (wie z. B. im letzten Schuljahr). **Aufgabe 1** Wie viele Schülerinnen und Schüler kommen ungefähr zurzeit täglich mit dem Fahrrad zur Schule? **Aufgabe 2a)** Wie können diese Fahrräder alle abgestellt werden? Wie können möglichst viele Fahrräder abgestellt werden? **Aufgabe 2b)** Wie viel kosten evtl. weitere Fahrradständer? **Bearbeitung Aufgabe 1** **Schätzung (Schülerzahl)** • Schätzungen sollen begründet werden • Nach Möglichkeit gemeinsame Auswahl einer Schätzung • Wie könnten wir die Schätzungen verbessern, wenn wir mehr Zeit hätten/aufwenden würden? *Mögliche Begründungen könnten Folgendes umfassen:* • Schülerinnen und Schüler, die pro Klasse mit dem Fahrrad kommen • Unterschiede hinsichtlich der Jahrgänge, Wohnorte, …. • Angabe in Prozent oder als Bruch oder als Anzahl *Möglicher Impuls:* • Anzahl der Schülerinnen und Schüler dieser Klasse, die mit dem Fahrrad kommen Anzahl im LK von C. Besser des letzten Jahres: 5 von 15 (Prozent, Bruch, …), ggf. beide Kurse zusammen betrachten … • Nachbarklasse fragen	**Unterrichtsgespräch** L. zeigt nacheinander den Text von der Website und die Bilder. Mündliches Sammeln von Schüleräußerungen **Unterrichtsgespräch/L-Vortrag** L zeigt Fragen nacheinander im Gespräch (PC-Dokument, Beamer) oder gemeinsame Formulierung der Fragen **Einzelarbeit, Partnerarbeit, Plenum** L notiert die Schätzungen an der Tafel

(Fortsetzung)

Stunde	Phase/Inhalt	Methode/Sozialform

Ergebnisse aus dem Unterricht:
Einige Schätzungen für die Anzahl der Schülerinnen und Schüler, die mit dem Fahrrad zur Schule kommen:

- $\frac{1}{4}$ der Schülerinnen und Schüler der Schule ($\rightarrow$ Bahn/Bus, Auto, Fahrrad, Laufen)

$1200 : 4 = 300$

- Regen: 100 Schülerinnen und Schüler; Sonne/gutes Wetter: 250 Schülerinnen und Schüler

- Klasse 8a: 5 von 29 Schülerinnen und Schülern, ca. $\frac{1}{6}$ aller Schülerinnen und Schüler der Klasse (auch hier Unterschiede je nach Wetter)

LK Mathe C. Besser: 5 von 15 Schülerinnen und Schülern, also $\frac{1}{3}$ aller Schülerinnen und Schüler

Schätzung für die Jahrgänge 5/6: jeweils $\frac{1}{8}$ aller Schülerinnen und Schüler

Klasse 8a als Beispiel:	$\frac{1}{6}$ *von* 1200	

Unterschiedliche Annahmen für verschiedene Jahrgangsstufen:

Jahrgänge 5/6	$\frac{1}{8}$ von 300 Schülerinnen und Schülern (150 pro Jahrgang)	(37,5) 38 Schülerinnen und Schüler
Jahrgänge 7–10	$\frac{1}{6}$ von 600 Schülerinnen und Schülern (140 pro Jahrgang)	100 Schülerinnen und Schüler
Oberstufe (Q3/4 fehlt)	$\frac{1}{3}$ von 240 Schülerinnen und Schülern (120 pro Jahrgang)	80 Schülerinnen und Schüler
	also ca. 220 Schülerinnen und Schüler	

Bedingt durch eine temporär verringerte Schülerzahl unserer Schule (Umstellung von G8 auf G9) und verschiedene Ansätze bei den Schätzungen ergeben sich unterschiedliche Schülerzahlen, was bei der Reflexion auffällt und die Diskussion bereichert (Was machen wir nun?). Unter Beachtung dieser Unterschiede ist trotzdem eine ähnliche Schätzung der verschiedenen Gruppen erkennbar. Die Schätzungen werden als nicht sehr genau beurteilt, z. B. wird einvernehmlich bezweifelt, dass die eigene Klasse repräsentativ sei. An dieser Stelle wird überlegt, wie man die Ergebnisse verbessern könnte (Umfragen, Zählungen, …). Diese Möglichkeiten werden für den Moment im Hinblick auf die eigentliche Aufgabe verworfen, aber für etwaige spätere Projekte vorgemerkt.

2.	**Vorüberlegungen und erste Ideen zu Aufgabe 2** (Arbeitsplanung, mögliche Schülerantworten) **1. Welche Mathematik ist hier hilfreich?** Flächen, evtl. Prozentrechnung, Dreisatz, Einheiten/Umwandlungen, Maßstab, ggf. Terme und Gleichungen **2. Nach welchen Kriterien bewerten wir die verschiedenen Möglichkeiten?** Eventuell Annahmen und Schätzungen, Genauigkeit von Messungen und Schätzungen (Ergebnisse in Bezug zu diesen beiden Punkten setzen), Begründungen, Korrektheit der Rechnung, benötigte Fläche pro Fahrrad, Kosten und Umsetzbarkeit, Berücksichtigung der Rahmenbedingungen (z. B. Diebstahlschutz), Dokumentation **3. Wie gehen wir vor?** Vorgabe der Zahl und Anordnung der Fahrradständer (Bildbezug) Erste gemeinsame Überlegungen: Wie kann man die gegebenen Stellplätze optimieren? Wo kann man sie ergänzen? Informationen: • Es können beliebige Fahrradständer gewählt werden. • Einteilung der Gruppen • Arbeitsschwerpunkte der Gruppen	Unterrichtsgespräch L ergänzt das PC-Dokument (oder Tafelanschrieb) L-Anschrieb **Einzelarbeit, Partnerarbeit, Plenum** L ergänzt das PC-Dokument

Ergebnisse aus dem Unterricht:
Es wurde intensiv diskutiert, wie entschieden werden kann, welche Ergebnisse ausgewählt und ggf. bis zur Realisierung weiterverfolgt werden sollten, da es ein klares „Richtig" oder „Falsch" kaum geben kann. Folgendes Dokument wurde im Ergebnis der Schülervorschläge zur Beurteilung der Problemlösungen erstellt:

Nach welchen Kriterien bewerten wir die verschiedenen Möglichkeiten?
- Bezug der Ergebnisse zu
  - Schätzungen,
  - Annahmen,

(Fortsetzung)

Stunde	Phase/Inhalt	Methode/Sozialform

- Beobachtungen,
- Messungen

und jeweils deren Genauigkeit
- Korrektheit der Rechnungen
- Nachvollziehbarkeit von Begründungen/Rechnungen
- Dokumentation (Belege/„Beweise", …)
- benötigte Fläche pro Fahrrad
- Umsetzbarkeit
  - Berücksichtigung der Rahmenbedingungen
  - Kosten
  - ….

Bei der Diskussion der Vorgehensweise wurden folgende Ideen entwickelt:
- Ungenutzten Platz für weitere Fahrradständer auf den Abstellplätzen nutzen
- Die Fahrradständer dichter/anders stellen und so Platz für neue Fahrradständer schaffen
- Neue Plätze finden
- Andere Fahrradständer finden/verwenden, die platzsparender sind

Es kam auch die Frage auf, wie viel Platz ein Fahrrad braucht. Als Vergleichskriterium sollte dies auch berücksichtigt werden. Ferner wurde thematisiert, welche Fahrradständer zur Wahl stehen sollen (das vorhandene Modell oder beliebige?) und wie viel Geld zur Verfügung stehen würde. Es wurden folgende Vereinbarungen getroffen:
- Es können beliebige Fahrradständer gewählt werden.
- Wir möchten eine möglichst umsetzbare Lösung – dies ist vor allem im Hinblick auf die Kosten wichtig. Trotzdem können alle Überlegungen weiter ausgeführt werden, auch sie könnten zum Erfolg führen. Dies ist dann bei der Evaluation zu berücksichtigen.

Nach den ersten Überlegungen der Gruppen (Ideen, Interessen, …) wurden diese abschließend kurz reflektiert und dabei erste Schwerpunktsetzungen in den Gruppen deutlich. Die Gruppen gaben sich jeweils selbst eine Hausaufgabe zur Weiterarbeit, in der Regel Vorbereitungen und Überlegungen zur Bearbeitung der Aufgabenstellung in der nächsten Stunde. Es wurden zahlreiche Informationen rund um Fahrradständer und vor allem deren Kosten recherchiert. Die Kosten der vorhandenen Fahrradständer wurden in der Schule in Erfahrung gebracht.

Stunde	Phase/Inhalt	Methode/Sozialform
3.–6.	**Bearbeitung der Problemstellung** Mögliche Lösungsansätze: • Fahrradständer neu anordnen • Fahrradständer auf noch freien Flächen ergänzen • Neue Flächen finden (z. B. Dach der Mensa) Benötigten Platz pro Fahrrad für die einzelnen „Lösungen" berechnen. Kurze Zwischenauswertung, Klärung von Fragen und Planung der Weiterarbeit in den Gruppen	**Einzelarbeit, Partnerarbeit, Plenum** zunächst Klassenraum, dann Schulhof L gibt individuelle gestufte Hilfen, regt zur Weiterarbeit an (Klassenraum)

Ergebnisse aus dem Unterricht:
Nach der Erinnerung an die Beurteilungskriterien, einem gruppeninternen Austausch mit Überlegungen zur Weiterarbeit und einer exemplarischen Vorstellung dieser Ergebnisse arbeiteten die Gruppen auf dem Schulhof:
- Geeignete Stellflächen für Fahrräder suchen bzw. Flächen auf ihre Eignung überprüfen
- Längen messen, Fahrräder vermessen, Stellflächen berechnen
- Recherchieren (Arten von Fahrradständern, Kosten, …)
- Skizzen erstellen
- Informationen über Fluchtwege und unsere Fahrradständer sammeln
- Lösungswege diskutieren, ändern, verwerfen

Eine große Rolle spielten Fluchtwege, aber auch andere Rahmenbedingungen. So fallen Flächen weg, weil sie vor Fenstern liegen, die als Fluchtweg dienen, oder weil sie für die Feuerwehr freigehalten werden müssen. Dadurch werden Lösungsansätze einer Gruppe in einem frühen Stadium begründet verworfen.

Das Interesse der Lernenden richtete sich auf verschiedene Arten von Fahrradständern, den jeweils benötigten Platz und die Kosten. Berücksichtigt wurde auch, dass es hinsichtlich des benötigten Platzes einen Unterschied macht, ob die Fahrradständer schräg stehen oder man im rechten Winkel „einparken" muss. Dies wurde u. a. bereits anhand des Fotos aus Kopenhagen deutlich (Abb. 2b).

Zwischendurch reflektierten die Schülerinnen und Schüler, was sie bearbeitet haben, was sie noch tun müssen/wollen und wie sie dies tun wollen (vgl. ein Beispiel in Abb. 4).

Als Hausaufgabe zur 7. und 8. Stunde arbeiteten die Gruppen weiter. Die Aufgaben hierfür gaben sie sich selbst und notierten verteilte Arbeitsaufträge. Eine Gruppe verteilte schon die Aufgabe, konkret etwaige Sponsoren anzuschreiben. Dies stellten wir noch zurück.

Stunde	Phase/Inhalt	Methode/Sozialform
7.–8.	**Präsentation und Reflexion der Kompetenzerweiterung** 1. Präsentieren, Diskutieren und Reflektieren der Ergebnisse unter Einbezug der Reflexionsschwerpunkte und Schätzung der Schülerzahl *Was haben wir erreicht? Wie geht es weiter?* 2. Reflexion und Abstraktion des Vorgehens beim mathematischen Modellieren sowie Dokumentation der Schritte als Modellierungskreislauf (siehe Abb. 3) sowie Verschaffen eines Überblicks über die verwendete Mathematik zur Problemlösung. *Was war neu?*	**Schülervortrag, Unterrichtsgespräch** **Unterrichtsgespräch** L fasst zusammen und erläutert den Modellierungskreislauf als Orientierungshilfe für künftige Modellierungen

Abb. 4 Dokumentation eines
Schülers zum Vorgehen

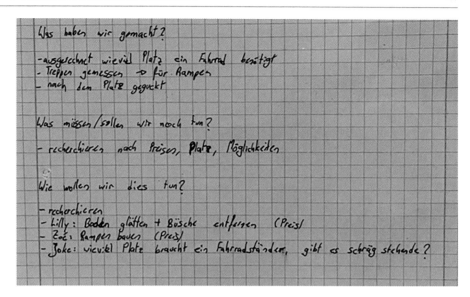

Zu Beginn dieser 4. Doppelstunde wurde noch einmal an die Kriterien zur Beurteilung der Ergebnisse erinnert. Die Gruppen fügten ihre individuellen Hausaufgaben zusammen und stellten die Ausarbeitung fertig. Dann stellten die Gruppen ihre Ergebnisse unter Bezugnahme auf die Kriterien und auch auf die Ergebnisse der jeweils anderen Gruppen vor und diskutierten engagiert. Dabei waren den Schülerinnen und Schülern vor allem die Umsetzbarkeit und die möglichen Kosten wichtig.

Es war deutlich erkennbar, dass sich die Schülerinnen und Schüler mit dem gestellten Problem identifizierten und die Problematik sehr ernsthaft bearbeiteten.

Es wurde erkannt, dass sich viele Möglichkeiten bieten, einige weitere Fahrradstellplätze mit neuen Fahrradständern zu schaffen, etwa durch Einbezug noch ungenutzter Flächen, bessere Ausnutzung des Platzes bei den vorhandenen Fahrradständern und durch Umstellen. Auch preislich gab es Optionen, die man weiterdenken kann.

Viele Lösungswege sind als realistisch einzustufen, müssten aber noch weiter ausgearbeitet werden. Bei Annahme einer Anzahl von 220 Schülerinnen und Schülern, die mit dem Fahrrad zur Schule fahren, und etwa 100 bereits vorhandenen Fahrradstellplätzen könnten mit den gefundenen Ansätzen viele der benötigten Plätze geschaffen werden (siehe Beispiel in Abb. 5).

Die Hausaufgabe für alle am Ende der Doppelstunde lautete dann, Ideen für das weitere Vorgehen zu notieren. Außerdem sollten die Lösungen der anderen Gruppen mit eigenen Worten aufgeschrieben und ausgewertet werden (vgl. ein Beispiel in Abb. 6). Alle Schülerlösungen wurden im Nachgang eingesammelt, gelesen und schriftlich oder mündlich kommentiert.

Im weiteren Verlauf des Unterrichts – bei Termen und Gleichungen und auch beim weiteren Üben für den Mathematikwettbewerb – sind wir noch mehrmals auf das Problem der Fahrradstellplätze zurückgekommen. Zum einen stand jetzt ein Modellierungskreislauf für lebensweltbezogene mathematische Anwendungen als Strukturierungshilfe basierend auf den Erfahrungen mit dem *Fahrradstellplatzproblem* zur Verfügung (vgl. Abb. 3). Zum anderen konnten aber auch grundlegende mathematische Inhalte bei der Aufgabenbearbeitung verwendet und neue motiviert werden.

Das Problem der *Fahrradstellplätze* hat dazu beigetragen, Einsicht in die Bedeutung grundlegender mathematischer Inhalte zu gewinnen.

Abb. 7 zeigt auf, dass hier mit dem Modellierungsproblem ein neuer mathematischer Inhalt erarbeitet wurde. Die Überlegung, das Dach eines Gebäudes als Fahrradabstellplatz zu nutzen, kombiniert mit dem Ziel, dies zu präsentieren oder auch auf andere Schulen zu übertragen, führte bereits zum Aufstellen, Zusammenfassen, Vergleichen und Multiplizieren von weiteren Termen. Hier wurde dann auf Daten der Gruppe zurückgegriffen, und es wurden z. B. auch Werte von Termen berechnet.

Abb. 5 Lösungsvorschlag
einer Schülergruppe

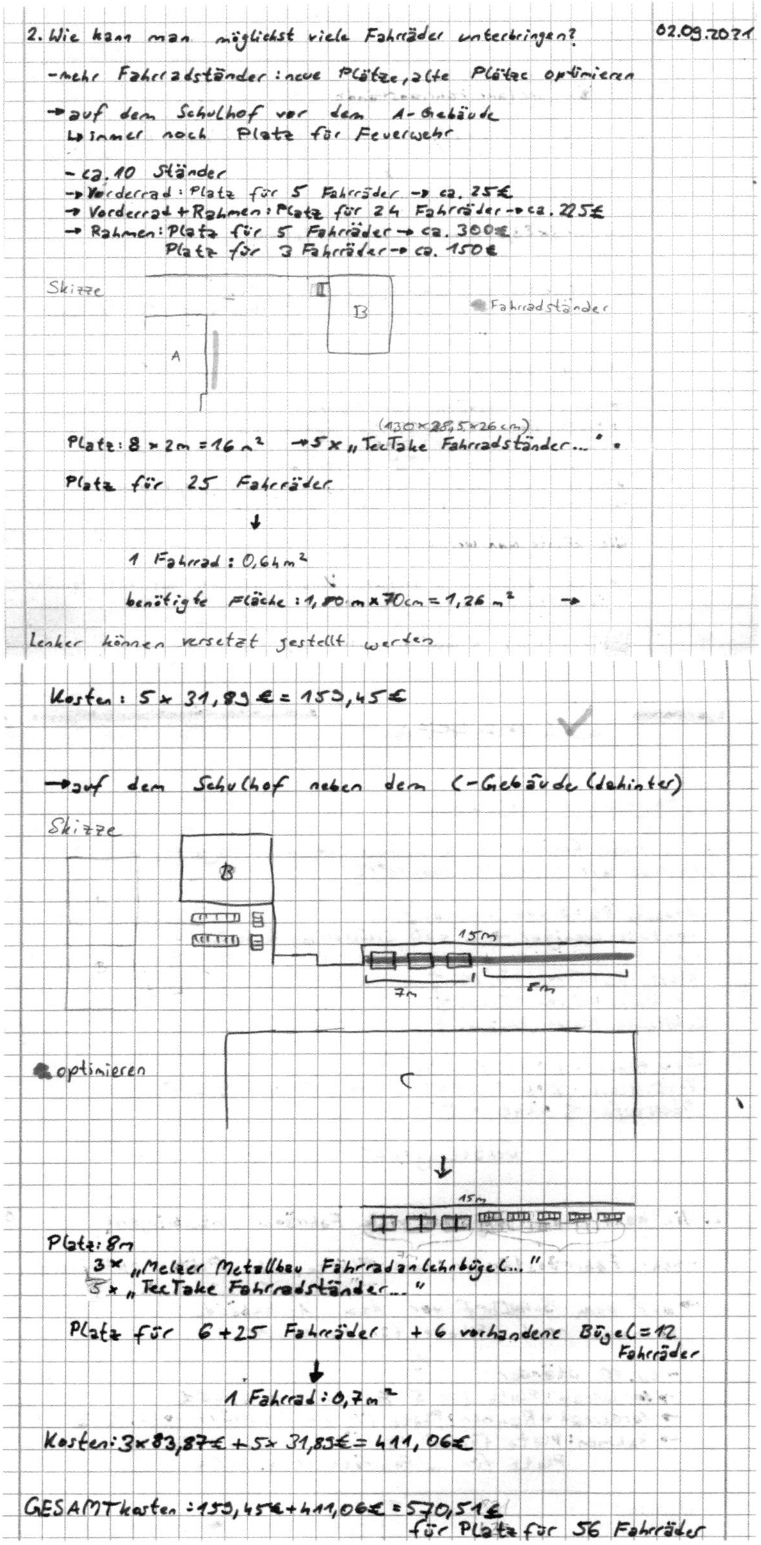

2. Wie kann man möglichst viele Fahrräder unterbringen?   02.09.2021

- mehr Fahrradständer : neue Plätze, alte Plätze optimieren

→ auf dem Schulhof vor dem A-Gebäude
   ↳ immer noch Platz für Feuerwehr

- ca. 10 Ständer
→ Vorderrad : Platz für 5 Fahrräder → ca. 25€
→ Vorderrad + Rahmen : Platz für 24 Fahrräder → ca. 225€
→ Rahmen : Platz für 5 Fahrräder → ca. 300€
            Platz für 3 Fahrräder → ca. 150€

Skizze   (130×26,5×26 cm)

Platz : 8 × 2m = 16 m²   → 5 × „TecTake Fahrradständer..."

Platz für 25 Fahrräder

            ↓

    1 Fahrrad : 0,64 m²

    benötigte Fläche : 1,80 m × 70cm = 1,26 m²   →

Lenker können versetzt gestellt werden

Kosten : 5 × 31,89 € = 159,45 €

→ auf dem Schulhof neben dem C-Gebäude (dahinter)

Skizze

                                          15m

                        7m   5m

optimieren

            ↓

                        15m

Platz : 8m
    3 × „Melzer Metallbau Fahrradanlehnbügel..."
    3 × „TecTake Fahrradständer..."

    Platz für 6 + 25 Fahrräder + 6 vorhandene Bügel = 12
                                                    Fahrräder
            ↓
        1 Fahrrad : 0,7 m²

Kosten : 3 × 83,87€ + 5 × 31,85€ = 411,06€

GESAMTkosten : 159,45€ + 411,06€ = 570,51€
                    für Platz für 56 Fahrräder

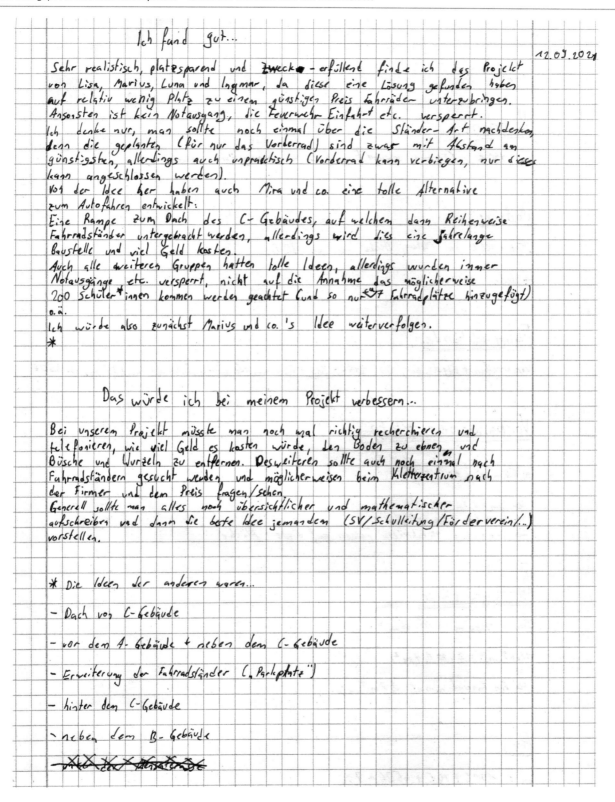

Ich fand gut...

12.03.2021

Sehr realistisch, platzsparend und Zweck- erfüllend finde ich das Projekt von Lisa, Marius, Luna und Ingmar, da diese eine Lösung gefunden haben auf relativ wenig Platz zu einem günstigen Preis Fahrräder unterzubringen. Ansonsten ist kein Notausgang, die Feuerwehr-Einfahrt etc. versperrt.

Ich denke nur, man sollte noch einmal über die Ständer-Art nachdenken, denn die geplanten (für nur das Vorderrad) sind zwar mit Abstand am günstigsten, allerdings auch unpraktisch (Vorderrad kann verbiegen, nur dieses kann angeschlossen werden).

Von der Idee her haben auch Mira und co. eine tolle Alternative zum Autofahren entwickelt:

Eine Rampe zum Dach des C-Gebäudes, auf welchem dann Reihenweise Fahrradständer untergebracht werden, allerdings wird dies eine Jahrelange Baustelle und viel Geld kosten.

Auch alle weiteren Gruppen hatten tolle Ideen, allerdings wurden immer Notausgänge etc. versperrt, nicht auf die Annahme das möglicherweise 200 Schüler*innen kommen werden geachtet (und so nur 37 Fahrradplätze hinzugefügt) o.ä.

Ich würde also zunächst Marius und co.'s Idee weiterverfolgen.

*

Das würde ich bei meinem Projekt verbessern...

Bei unserem Projekt müsste man noch mal richtig recherchieren und telefonieren, wie viel Geld es kosten würde, den Boden zu ebnen, und Büsche und Wurzeln zu entfernen. Desweiteren sollte auch noch einmal nach Fahrradständern gesucht werden und möglicherweise beim Kletterzentrum nach der Firma und dem Preis fragen/sehen.

Generell sollte man alles noch übersichtlicher und mathematischer aufschreiben und dann die beste Idee jemandem (SV/Schulleitung/Förderverein/...) vorstellen.

* Die Ideen der anderen waren...

- Dach von C-Gebäude

- vor dem A-Gebäude + neben dem C-Gebäude

- Erweiterung der Fahrradständer ("Parkplatz")

- hinter dem C-Gebäude

- neben dem B-Gebäude

~~Die der anderen~~

Abb. 6 Abschlussreflexion der Ergebnisse

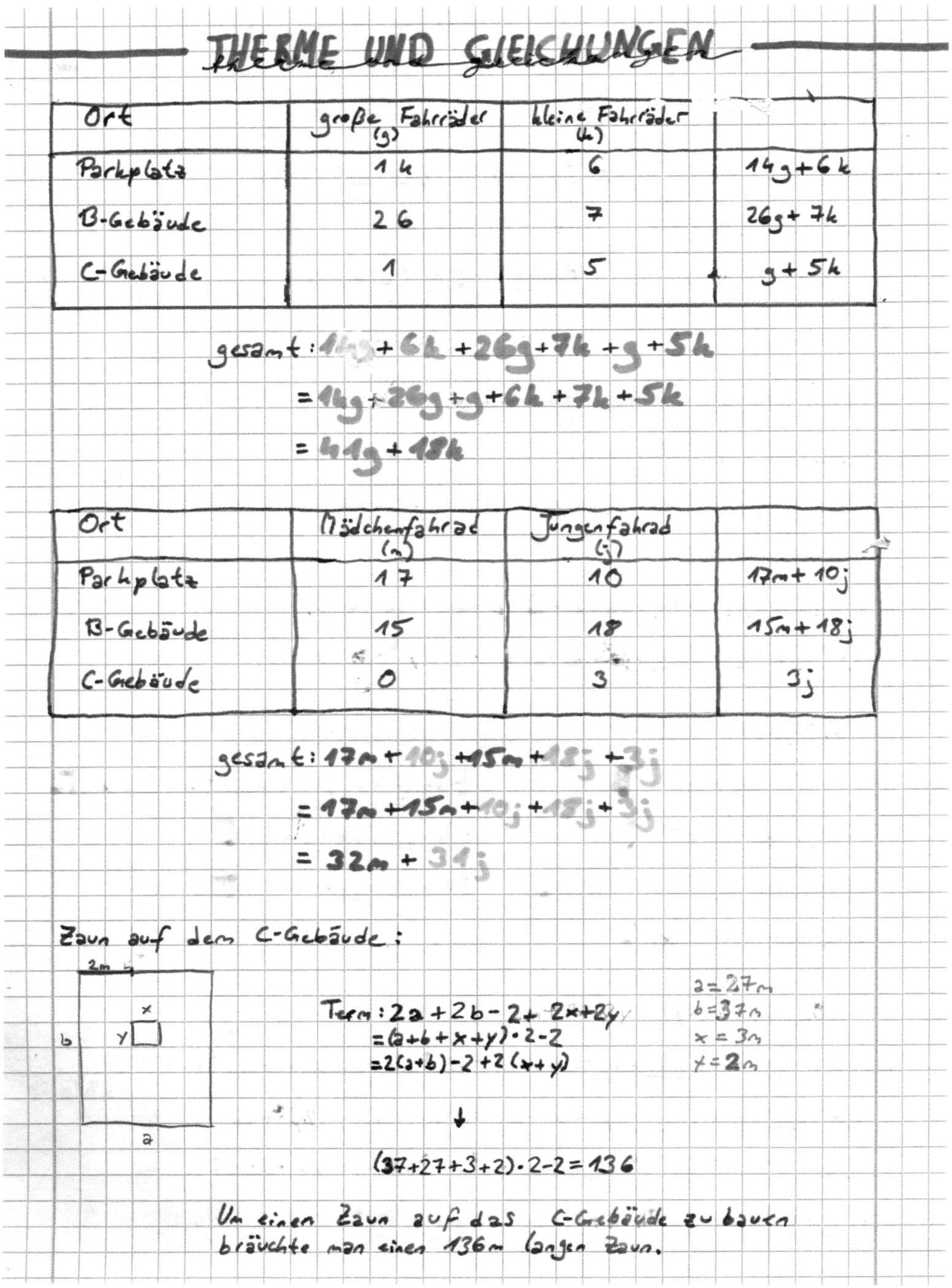

THERME UND GLEICHUNGEN

Ort	große Fahrräder (g)	kleine Fahrräder (k)	
Parkplatz	14	6	$14g+6k$
B-Gebäude	26	7	$26g+7k$
C-Gebäude	1	5	$g+5k$

gesamt: $14g + 6k + 26g + 7k + g + 5k$
$= 14g + 26g + g + 6k + 7k + 5k$
$= 41g + 18k$

Ort	Mädchenfahrad (m)	Jungenfahrad (j)	
Parkplatz	17	10	$17m+10j$
B-Gebäude	15	18	$15m+18j$
C-Gebäude	0	3	$3j$

gesamt: $17m + 10j + 15m + 18j + 3j$
$= 17m + 15m + 10j + 18j + 3j$
$= 32m + 31j$

Zaun auf dem C-Gebäude:

Term: $2a + 2b - 2 + 2x + 2y$
$= (a+b+x+y) \cdot 2 - 2$
$= 2(a+b) - 2 + 2(x+y)$

$a = 27m$
$b = 37m$
$x = 3m$
$y = 2m$

$\downarrow$

$(37+27+3+2) \cdot 2 - 2 = 136$

Um einen Zaun auf das C-Gebäude zu bauen bräuchte man einen 136m langen Zaun.

Abb. 7 Modellieren mit Termen

5   Reflexion und Ausblick

Das Bearbeiten der Aufgabenstellung hat den Schülerinnen und Schülern Freude gemacht. Sie waren durchgehend herausgefordert und an der Lösung des realen Problems interessiert. An Ideen mangelte es nicht, es gab viele spannende Vorschläge. Interessant waren die vielen Nebenbedingungen – nicht nur die Kosten, insbesondere auch die Fluchtwege, ohne die es weitere Stellplätze gegeben hätte. Die einzelnen Lösungswege haben dabei gleichzeitig das Differenzierungspotential der Aufgabe gezeigt: Je nach gewähltem Lösungsansatz konnte dieser unterschiedlich komplex sein und unterschiedliche Mathematik erfordern, die Bearbeitung war mit unterschiedlicher Intensität möglich (siehe auch Abb. 8). Eine Rampe zum Flachdach z. B. kann ein Aufgabenteil sein, der nur als Idee genannt oder in unterschiedlicher Genauigkeit

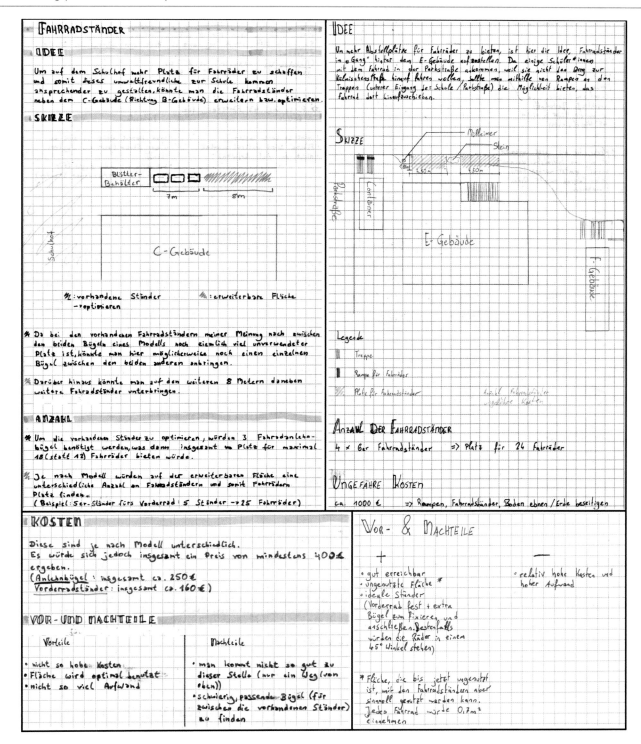

Abb. 8 Eine abschließende Ausarbeitung zum *Fahrradstellplatzproblem*

auch ausgearbeitet wird. Ähnlich verhält es sich mit der Frage, ob das Feuerwehrauto noch um die Ecke kommt, wenn man an der Hauswand Fahrradständer aufstellt.

Die erzielten Ergebnisse bieten realistische Möglichkeiten, einige zusätzliche Fahrradstellplätze zu schaffen. Bei etwa 100 bereits vorhandenen Plätzen (52 Bügel) und einer geschätzten Zahl von durchschnittlich 220 Schülerinnen und Schülern, die mit dem Fahrrad zur Schule kommen, könnten mehrere kleine Abstellbereiche durchaus hilfreich sein. Wir wollen das Thema auch noch weiterverfolgen, um in der Schule einen konkreten Vorschlag zur Problemlösung vorzulegen. Ob weitere Fahrradstellplätze wirklich umgesetzt werden, wird sich zeigen.

Aber auch ohne eine Realisierung handelt es sich bezüglich der Art des strukturierten Vorgehens bei dieser offenen Situation um ein auf ähnliche Situationen übertragbares Problem. Im Folgenden soll anhand der Unterrichtsbeobachtungen kurz erläutert werden, dass dieses *Fahrradstellplatzproblem* Potential für einen lohnenswerten, nachhaltigen Lernerfolg und Kompetenzzuwachs bietet.

Insgesamt haben die Entwicklung und die Bearbeitung des Problems etwa 8 Unterrichtsstunden benötigt, aber in dieser Zeit wurde auch sehr viel thematisiert – und durchaus mit Langzeitwirkung. Die Aufgabe hat sich positiv auf die Lernmotivation der Schülerinnen und Schüler ausgewirkt – auch im weiteren Verlauf des Unterrichts.

Das *Fahrradstellplatzproblem* wurde nicht nur von der Lehrkraft, sondern auch von den Schülerinnen und Schülern als eine real umsetzbare Aufgabe verstanden, die im Verlauf des Schuljahres immer wieder aufgegriffen werden konnte und so etwas wie einen roten Faden für den Erkenntniszuwachs darstellte.

Der Übergang zu Termen (und Gleichungen) erfolgte im Sachzusammenhang der Fahrradstellplätze. Eine Gruppe hatte in ihrer Lösung bereits Variablen eingesetzt (vgl. Abb. 5). Die Aufgabe stand damit zunächst im Mittelpunkt bei der Behandlung von Termen und Gleichungen.

Zu einem viel späteren Zeitpunkt warf eine Schülerin die Frage auf, wozu man Terme und Variablen brauche. Mit der Erinnerung an die obige Aufgabe konnte dies schnell und spontan geklärt werden.

Dass die Schülerinnen und Schüler verinnerlicht haben, dass zunächst gewisse Rahmenbedingungen bekannt sein bzw. entsprechende Annahmen getroffen werden müssen, merkt man z. B. auch, wenn wieder neue Anwendungsaufgaben bearbeitet werden, bei denen die Voraussetzungen nicht so klar vorgegeben sind (z. B. wenn rechte Winkel nicht eingezeichnet sind, eine Symmetrie nicht ausdrücklich benannt wird o. Ä.). Dann argumentieren die Lernenden schon eigenständig mit: „Ich habe angenommen, dass …", und die Ergebnisse werden dann auf die Annahme bezogen betrachtet.

Die Offenheit der Planungssituation für die benötigten Fahrradstellplätze zeigte sich bezüglich der erst zu klärenden Ausgangssituation, dann in der Wahl geeigneter Vorgehensstrategien und Lösungswege und schließlich auch in den unterschiedlichen Ergebnissen. Damit hatte die Modellierung des *Fahrradstellplatzproblems* auch ein natürliches Differenzierungspotential.

Im Nachhinein zeigte sich in den Reflexionen zu den beiden *Aufgaben 1 und 2,* dass den Schülerinnen und Schülern das zugehörige gewählte mathematische Modell nicht immer deutlich wurde. Das kann einerseits daran liegen, dass der Modellbegriff in seiner Tragweite gar nicht bewusst war und bisher nicht thematisiert wurde. Andererseits ist es vermutlich für die Lernenden auch weniger einsichtig, dass sie angesichts des für sie eher selbstverständlichen Einsatzes vertrauter mathematischer Operationen im neuen Kontext nun zusätzlich noch eine Abstraktion bzw. Verallgemeinerung vornehmen müssen.

Da sich die Lernenden von der authentischen Problemsituation besonders angesprochen fühlten und diese auch sehr ernst nahmen, ließen sich die Komplexität der Situation und die Herausforderungen beim *Übersetzen realer Gegebenheiten in mathematische Modelle* durch einen fächerverbindenden Ansatz mit dem Fach Politikwissenschaft noch besser abbilden.

In den Vorüberlegungen der Autorinnen, wie authentisches Modellieren in den Unterricht der 8. Klasse integriert werden könnte, spielte der in der Wahrnehmung der Lehrkräfte allgegenwärtige Zeit- bzw. Stoffdruck eine große Rolle. Der für die Auseinandersetzung mit einer möglichst authentischen Situation in der Regel notwendige zeitliche Mehraufwand allein schon für das Identifizieren von mathematisch bearbeitbaren Realproblemen kann jedoch gerechtfertigt und anteilig sogar kompensiert werden, wenn die aus dem Einstiegsproblem abgeleiteten Teilprobleme im Laufe des Schuljahres mit Erkenntnis- und damit verbundenem Motivationsgewinn wieder aufgegriffen werden. Mit dem *Fahrradstellplatzproblem* ist das möglich, denn auf die Aufgabe konnte im weiteren Unterrichtsverlauf Bezug genommen werden – sei es zur Wiederholung weiterer mathematischer Inhalte oder zum Ausbau der Modellierungskompetenz in anderen Zusammenhängen (Terme, Gleichungen, lineare Funktionen, Geometrie) sowie zum Erarbeiten neuer fachlicher Inhalte.

Das tatsächlich existierende und auch für die Lernenden selbst als bedeutungsvoll erlebte Problem der mangelnden Verfügbarkeit von Fahrradstellplätzen an der Schule erweist sich mit den beschriebenen Konkretisierungen als eine für den langfristigen Kompetenzaufbau im mathematischen Modellieren geeignete Lernumgebung, die auch unterrichtsbegleitend einsetzbar ist und dabei vielfältige Anwendungs- und Motivationsmöglichkeiten für mathematische Grundlagen bietet.

Literatur

https://www.stadtradeln.de/kassel. Zugegriffen am 12.12.2024

https://www.kassel.de/buerger/sport_und_freizeit/ferienangebote/sport-im-oeffentlichen-raum/stadtradeln.php. Zugegriffen am 12.12.2024

Bruder, R., Grave, B., Krüger, U., Meyer, D. (Hrsg.): LEMAMOP. Lerngelegenheiten für Mathematisches Argumentieren, Modellieren und Problemlösen. Schülermaterial Modellieren, Westermann, Braunschweig (2017)

Bruder, R., Linneweber-Lammerskitten, H., Wälti, B.: Differenzierung. In: Bruder, R., Büchter, A., Gasteiger, H., Schmidt-Thieme, B., Weigand, H.G. (Hrsg.) Handbuch der Mathematikdidaktik. Springer Spektrum, Berlin/Heidelberg (2023). https://doi.org/10.1007/978-3-662-66604-3_20

Büchter, A.; Leuders, T.: Mathematikaufgaben selbst entwickeln. Lernen fördern – Leistung überprüfen, 2. Aufl. Cornelsen, Berlin (2005)

Greefrath, G; Schukajlow, S.: Wie Modellieren gelingt. mathematik lehren 207. Friedrich, Seelze (2018) https://mathematik-wettbewerb.bildung.hessen.de/pages/index.xml. Zugegriffen am 12.12.2024

Kaiser, G., Blum, W., Borromeo Ferri, R., Greefrath, G.: Mathematisches Modellieren. In: Bruder, R., Büchter, A., Gasteiger, H., Schmidt-Thieme, B., Weigand, H.G. (Hrsg.) Handbuch der Mathematikdidaktik. Springer Spektrum, Berlin/Heidelberg (2023). https://doi.org/10.1007/978-3-662-66604-3_13

KMK: Bildungsstandards im Fach Mathematik für den Mittleren Schulabschluss. Beschluss der Kultusministerkonferenz vom 4.12.2003. Wolters Kluwer Deutschland GmbH/Luchterhand (2004). https://www.kmk.org/fileadmin/veroeffentlichungen_beschluesse/2003/2003_12_04-Bildungsstandards-Mathe-Mittleren-SA.pdf. Zugegriffen am 12.12.2024

KMK: Bildungsstandards für das Fach Mathematik. Erster Schulabschluss (ESA) und Mittlerer Schulabschluss (MSA). Beschluss der Kultusministerkonferenz vom 15.10.2004 und vom 04.12.2003 i. d. F. vom 23.06.2022. https://www.kmk.org/fileadmin/Dateien/veroeffentlichungen_beschluesse/2022/2022_06_23-Bista-ESA-MSA-Mathe.pdf. Zugegriffen am 12.12.2024

Leuders, T.: Aufgaben in Forschung und Praxis. In: Bruder, R., Büchter, A., Gasteiger, H., Schmidt-Thieme, B., Weigand, H.G. (Hrsg.) Handbuch der Mathematikdidaktik. Springer Spektrum, Berlin/Heidelberg (2023). https://doi.org/10.1007/978-3-662-66604-3_16

Ludewig, J.: Modelle im Software Engineering – eine Einführung und Kritik. In: M. Glinz et al. (Hrsg.): Proc. Modellierung 2002. LNI P-12 Koellen, Bonn-Buschdorf (2003). https://dl.gi.de/server/api/core/bitstreams/6001ad02-9992-42bf-9bd3-7b771013591e/content. Zugegriffen am 12.12.2024

Experimente zu Bierschaumzerfall und Teeabkühlung – Potentiale zur Modellvalidierung

Sebastian Geisler, Holger Wuschke und Stefanie Rach

Zusammenfassung

In diesem Beitrag stellen wir eine Lernumgebung zum Modellieren mit Experimenten für die Jahrgangsstufen 10 oder 11 vor. Im Zentrum der Umgebung stehen zwei Modellierungsaufgaben mit zugehörigen Experimenten zum Zerfall von Bierschaum sowie zur Abkühlung von Tee. Ziele sind, Schülerinnen und Schüler zur Validierung von Modellen anzuregen und die Relevanz des Validierungsschrittes innerhalb der Modellierung zu reflektieren. Beide Modellierungsaufgaben sind im Inhaltsbereich Exponentialfunktionen verortet. Im Unterricht zu beachten ist, dass Lehrkräfte Validierung und deren Reflexion explizit anregen müssen.

1 Einleitung

Modellieren gehört zu den zentralen mathematischen Kompetenzen (KMK 2012) und hat zudem eine hohe Bedeutung für eine moderne Gesellschaft (Niss 1994). Im Zuge der CO-VID-19-Pandemie ist deutlich geworden, wie relevant der Umgang mit Modellen (z. B. auch des exponentiellen Wachstums und Zerfalls) ist. Methoden des mathematischen Modellierens sind ausschlaggebend für die Beschreibung und das Verständnis physikalischer, chemischer und biologischer Zusammenhänge (z. B. Schultz-Siatkowski und Elster 2012; Trump und Borowski 2016).

Der Modellvalidierung kommt eine wichtige Bedeutung in Modellierungsprozessen zu. Hankeln und Greefrath (2021, S. 370) beschreiben die Teilkompetenz des Modellvalidierens wie folgt:

„Schülerinnen und Schüler überprüfen und reflektieren gefundene Lösungen, revidieren ggf. Teile des Modells, falls Lösungen der Situationen nicht angemessen sind, und überlegen, ob andere Lösungen oder Modelle möglich sind".

In den Arbeiten von Czocher (2018) wird deutlich, dass das Modellvalidieren nicht unbedingt nach dem Interpretieren am Ende des Modellierungsprozesses stattfindet, sondern dass Validierungsaktivitäten schon während des gesamten Modellierungsprozesses stattfinden. Die Anforderungen des Validierens liegen darin, Entscheidungen und Resultate im Modellierungsprozess anhand der Realsituation, der selbst getroffenen Annahmen, der gegebenen oder selbst erhobenen Daten und des Modells zu überprüfen und ggf. zu modifizieren. Überprüfen meint hier zu beurteilen, ob die Passung zwischen den Entscheidungen und Resultaten und der Realsituation, den Annahmen, der Daten und des Modells gegeben ist. Modifizieren bedeutet, dass die Entscheidungen und Resultate anhand der Realsituation, der Annahmen, der Daten und des Modells angepasst werden. Laut Niss (1994) ist das Validieren einer der wichtigsten Einzelschritte beim Modellieren (vgl. auch die Bildungsstandards für die Allgemeine Hochschulreife, KMK 2012). Die Wichtigkeit speist sich daraus, dass beim Validieren der gesamte Modellierungsprozess noch einmal analysiert wird.

Ergänzende Information Die elektronische Version dieses Kapitels enthält Zusatzmaterial, auf das über folgenden Link zugegriffen werden kann [https://doi.org/10.1007/978-3-662-69989-8_4].

S. Geisler (✉)
Institut für Mathematik, Universität Potsdam, Potsdam, Deutschland
E-Mail: sebastian.geisler@uni-potsdam.de

H. Wuschke
neue friedländer gesamtschule, Friedland, Deutschland
E-Mail: h.wuschke@nfg24.de

S. Rach
Fakultät für Mathematik, Otto-von-Guericke-Universität Magdeburg, Magdeburg, Deutschland
E-Mail: stefanie.rach@ovgu.de

2   Modellieren und Validieren im Mathematikunterricht

Dass das Modellvalidieren eine große Herausforderung für Schülerinnen und Schüler darstellt und dessen Relevanz für manche von ihnen nicht klar ist, wird an den folgenden Beschreibungen deutlich. Blum und Leiß (2007) berichten, dass viele Schülerinnen und Schüler ihre Modelle überhaupt nicht validieren. Teilweise nehmen Schülerinnen und Schüler den Validierungsschritt nicht als relevant wahr (Stillman und Galbraith 1998). Diese fehlende Relevanzwahrnehmung kann darauf zurückgeführt werden, dass in manchen Klassenzimmern die Vorstellung verbreitet ist, dass die Lehrkraft für das Kontrollieren der Aufgabenbearbeitungen zuständig ist (Blum 2015). Auch wenn Validierungen durchgeführt werden, beruhen diese häufig auf eher intuitiven Vorstellungen, dass ein Modell (un-)passend sein könnte (Borromeo Ferri 2006).

3   Experimentieren zur Förderung des Modellierens im Mathematikunterricht

Bei Modellierungen mit Funktionen argumentiert Engel (2010), dass realistische Daten für eine authentische Modellierung notwendig seien. Bei der Verwendung geglätteter (bereits an das intendierte Modell angepasster) Daten würde die Relevanz der Validierung für die Schülerinnen und Schüler nicht deutlich. Ein Ansatz, reale Daten in Modellierungsprozesse einzubinden, ist, diese Daten selbst im Rahmen von Experimenten zu erheben und anschließend für die Modellierung zu nutzen. Aufgrund von Messungenauigkeiten bei Experimenten passen die gebildeten Modelle fast nie perfekt zu den erhobenen Daten, sodass sich vielfältige Gelegenheiten ergeben, um über die Güte und Grenzen von Modellen zu sprechen (Zell und Beckmann 2009). Für die Schülerinnen und Schüler ergibt sich insbesondere bei derartigen Aufgaben auch die Anforderung zu unterscheiden, ob ein Modell aufgrund ungünstiger Annahmen systematisch von den erhobenen Daten abweicht oder ob es sich um eine tolerierbare Abweichung handelt, die durch Messungenauigkeiten zwangsläufig entsteht. Diese Anforderung ist gerade gewinnbringend, um die Unterscheidung zwischen ungenauer Messung und unpassendem Modell im Unterricht reflektieren zu können, für viele Schülerinnen und Schüler auf unterschiedlichen Ebenen jedoch herausfordernd: Werden beispielsweise Daten zu ungenau erhoben, könnten für die Situation unpassende Modelle ausgewählt werden, die zwar gut zu den Daten passen, aber nicht zur Situation. Auch wenn die Daten genau erhoben werden, könnte bestimmten Daten, z. B. Ausreißern zu Beginn einer Messung, eine große Bedeutung zugemessen und auf deren Grundlage ein Modell aufgestellt werden, das wiederum die reale Situation unpassend beschreibt. Dass Experimente das Lernen von Mathematik gewinnbringend unterstützen können, zeigt beispielsweise die Studie von Beumann (2016). In einem Schülerlabor hat sie Modellierungsaufgaben mit Experimenten, die auf mathematische Konzepte verschiedener Inhaltsgebiete führen, eingesetzt und diesen Einsatz mit Schülerinnen und Schülern der Sekundarstufe I evaluiert. Dabei berichteten die Schülerinnen und Schüler von gesteigerter Motivation und mehr Interesse für das Fach Mathematik. Zudem scheinen Schülerinnen und Schüler Modellierungsaufgaben mit Experimenten als besonders authentisch wahrzunehmen (Carreira und Baioa 2018). Dass Experimente nicht nur Modellierungskompetenzen fördern, sondern auch funktionales Denken unterstützen, zeigen die Studien von Lichti (2019) und Ganter (2013). Anhand dieser Studien mit Schülerinnen und Schülern zeigt sich, dass Experimente sowohl mit gegenständlichen Materialien als auch mit Computersimulationen funktionales Denken fördern.

In diesem Beitrag stellen wir eine Lernumgebung mit zwei Modellierungsaufgaben mit zugehörigen Experimenten vor und geben einen Einblick in beispielhafte Bearbeitungsprozesse von Lernenden. Der besondere Fokus dieser Lernumgebung und damit auch des Beitrags liegt auf der Validierung des gewählten Modells. Die Umgebung gehört zum Inhaltsbereich Exponentialfunktionen, der sich sehr gut für Modellierungen mit Experimenten eignet (vgl. z. B. weitere Beispiele in Körner 2018). Die vorgestellten Aufgaben richten sich vorwiegend an Schülerinnen und Schüler im Übergang von der Sekundarstufe I zur Sekundarstufe II. Beide Aufgaben umfassen jeweils die eigenständige Durchführung eines Experiments sowie die anschließende Modellierung auf Grundlage der selbst erhobenen Daten. Jedes Experiment wird in einer Doppelstunde durchgeführt und ausgewertet.

4   Gestaltungsprinzipien der Modellierungsaufgaben mit Experimenten

Bei der Gestaltung der hier vorgestellten Modellierungsaufgaben mit Experimenten haben wir uns einerseits an Gestaltungsprinzipien für Modellierungsaufgaben (vgl. z. B. Galbraith 2006) und andererseits an Prinzipien für den Einsatz von Experimenten im Mathematikunterricht (vgl. Zell 2013) orientiert:

- Bekanntheitsgrad des Kontextes: Der Kontext sollte realistisch sein und nur Größen nutzen, die den Schülerinnen und Schülern bereits bekannt sind.

- Kosten für das Experiment: Die Experimente sollten leicht und mit möglichst wenig Material durchzuführen sein.
- Zeit für das Experiment: Die Durchführung der Experimente sollte wenig Zeit in Anspruch nehmen, damit die Mathematik schnell im Vordergrund steht.
- Kosten für die Modellierung: Die Aufstellung eines mathematischen Modells sollte für die Schülerinnen und Schüler möglich sein, aber dennoch sollte das Modell Anlässe zur Validierung bieten.
- Validierungs- und Reflexionsprompt: Die Aufgabe kann in Teilaufgaben strukturiert sein. Insbesondere sollten ein Validierungs- und ein Reflexionsprompt enthalten sein, da viele Schülerinnen und Schüler aus eigenem Antrieb keine Validierung durchführen.

Die beiden auf Grundlage dieser Prinzipien erstellten Aufgaben besitzen dieselbe Struktur, weswegen wir nur die erste Aufgabe („Schal und abgestanden") ausführlich darstellen und bei der zweiten Aufgabe („Wie lange muss der Tee ziehen?") nur den Kontext und konkrete Unterschiede zur Aufgabe 1 beschreiben. Beide Aufgaben finden sich als überarbeitete Arbeitsblätter im Anhang. Die Überarbeitung betrifft insbesondere den Aufgabenteil h, in dem ein stärkerer Bezug zu der erstellten Funktion bei der Reflexion angeregt wird.

5 Aufgabe „Schal und abgestanden"

Die Aufgabe „Schal und abgestanden" beinhaltet ein Experiment zum Bierschaumzerfall und die anschließende Modellierung des Zerfallsprozesses. Um die Bedeutung des Bierschaumzerfalls und damit des Experiments zu motivieren, wird die Schaumqualität als Qualitätskriterium von Bier eingeführt.

> **Schal und abgestanden?!**
> Die Qualität von Bier wird auch danach beurteilt, wie schnell der Bierschaum zerfällt. Da Bier unterschiedlich schnell getrunken wird, gehen die Meinungen auseinander, wie lange Bierschaum sich halten sollte. Modelliert den Schaumzerfall für die Sorte „Magdeburger" und beurteilt die Bierqualität.

Es handelt sich um einen realistischen Kontext, da die Schaumfestigkeit (tatsächlich) ein Qualitätskriterium für Bier ist, das sowohl Brauereien als auch Kundinnen und Kunden anlegen. Des Weiteren präferieren Kundinnen und Kunden aus verschiedenen Ländern Bierschaum mit unterschiedlichen Eigenschaften (Evans et al. 2008). Dieses Experiment ist sowohl für Schülerinnen als auch für Schüler geeignet (Geisler et al. 2017).

Um den Bearbeitungsprozess der Schülerinnen und Schüler sowohl bei der Durchführung der Experimente als auch der anschließenden Modellierung zu strukturieren, wurden die einzelnen Bearbeitungsschritte als Teilaufgaben formuliert.

a) Entwicklung der Hypothese: Zunächst wurden die Schülerinnen und Schüler aufgefordert, eine Hypothese bezüglich des Schaumzerfalls in Abhängigkeit von der Zeit aufzustellen und zu überlegen, ob sie eine gleichmäßige Abnahme des Schaums vermuten. Das Formulieren von Hypothesen, die anschließend geprüft werden, ist einerseits inhärenter Bestandteil des Experimentierens, andererseits findet auf diese Weise bereits eine inhaltliche Auseinandersetzung mit dem realen Kontext statt, der Ausgangspunkt der Modellierung ist. Eine inhaltlich korrekte Hypothese wäre beispielsweise, dass der Schaumzerfall zunächst schnell verläuft und sich dann immer weiter verlangsamt.

> a) Stellt eine Vermutung dazu auf, wie sich die Höhe des Bierschaums mit der Zeit verändert. Vermutet ihr eine gleichmäßige Abnahme?

b) Durchführung des Experiments: Anschließend werden die Schülerinnen und Schüler aufgefordert, ein Experiment durchzuführen, um die eigene Hypothese zu bestätigen oder zu verwerfen. Dazu messen die Schülerinnen und Schüler die Höhe der Schaumkrone von frisch eingeschüttetem (alkoholfreiem) Bier alle 30 s für insgesamt 5 min. Der Zeitbedarf für die Durchführung des Experiments ist somit sehr gering und auch das notwendige Material – Gläser, Stoppuhren oder Handys, Lineal – sehr überschaubar. Darüber hinaus werden im Experiment nur die Größen Zeit und Länge (Schaumhöhe), die den Schülerinnen und Schülern gut bekannt sind, miteinander in Verbindung gesetzt.

> b) Führt ein Experiment durch, um eure Vermutung zu überprüfen.

c) + d) Entwicklung des Modells: Die im Experiment gewonnenen Messdaten werden anschließend von den Schülerinnen und Schülern genutzt, um eine Funktion als Modell für den Bierschaumzerfall aufzustellen. Mit Blick auf die ursprüngliche Hypothese sowie die erhobenen Daten muss an dieser Stelle bereits eine Entscheidung bezüglich des angestrebten Modells getroffen werden: Welcher Funktionstyp eignet sich am besten, um die Messwerte sinnvoll zu beschreiben? Eine Visualisierung der Messwerte in einem Koordinatensystem – entweder händisch oder, falls vorhanden, mit dynamischer Geometriesoftware – kann Hinweise zu dieser Frage liefern.

Da nach einer gewissen Zeit praktisch kein Bierschaum mehr im Glas verbleibt, kann eine einfache Näherung an die Messwerte bei diesem Experiment über eine Exponentialfunktion $f: \mathbb{R}_{\geq 0} \to \mathbb{R}_{\geq 0}, f(x) = b \cdot a^x$ erfolgen, wobei x die Zeit seit dem Einschütten des Bieres (in Minuten) und $f(x)$

die Höhe des Bierschaumes (in cm) angibt. Um über die Messwerte eine konkrete Funktion zu bestimmen, sind verschiedene Lösungswege möglich. Beispielsweise kann der Parameter b als Messwert zum Zeitpunkt 0 (Anfangswert) bestimmt werden ($f(0) = ba^0 = b$) und a als der Quotient zweier Messwerte $\left(\dfrac{H_{x+1\,min}}{H_{x\,min}} \approx \dfrac{f(x+1)}{f(x)} = \dfrac{ba^{x+1}}{ba^x} = a \right)$, wenn die Höhe des Bierschaumes zur x-ten Minute $H_{x\,min}$ durch eine Exponentialfunktion modelliert wird. Alternativ ist die Lösung eines Gleichungssystems mittels zweier beliebiger Messwerte zur Bestimmung von a und b möglich. Auch durch systematisches Probieren kann eine geeignete Funktion gefunden werden. Das Aufstellen eines initialen Modells ist somit anhand der Eigenschaften von Exponentialfunktionen gut möglich, und die Anwendung dieser Eigenschaften kann in dieser Aufgabe ebenfalls geübt werden.

> c) Tragt eure Messwerte in die Tabelle bei GeoGebra ein.
> d) Bestimmt eine Funktion, die den Bierschaumzerfall gut beschreibt, und gebt diese Funktion bei GeoGebra in das entsprechende Feld ein.

e) Messung eines weiteren Datenpunktes: Ein weiterer Datenpunkt aus Zeit und Höhe des Schaums wird gemessen, um anhand dieses Wertes die Qualität des mathematischen Modells beurteilen zu können.

> e) Messt die Höhe des Bierschaums im Zylinder nun erneut und tragt den Wert in die Tabelle bei GeoGebra ein.

f) Validierung des Modells: Da der Bierschaumzerfall ein komplexer physikalischer Vorgang ist, der auf mehreren verschiedenen Mechanismen beruht, ist die Annäherung über eine Exponentialfunktion nicht perfekt. Nach den Ausführungen von Leike (2002) ist die Modellierung über eine Exponentialfunktion ein üblicher und passender Weg, und im Rahmen der Genauigkeit der hier durchgeführten Messungen sollten die Abweichungen zwischen den Daten (der Situation) und dem Modell sehr gering sein. Messungenauigkeiten in den Messwerten, die zur Bestimmung der Funktion genutzt wurden, können aber zu unvorteilhaften Modellen führen. Somit ergeben sich verschiedene Gelegenheiten, über die Güte und Grenzen des Modells zu reflektieren. Da viele Schülerinnen und Schüler unserer Erfahrung nach eine Modellvalidierung nicht von sich aus vornehmen, haben wir eine Teilaufgabe als expliziten Validierungsprompt genutzt:

> f) Vergleicht eure Funktion mit euren Messwerten und beantwortet die folgenden zwei Fragen:
> 1. Beschreibt die Funktion die Messwerte ausreichend genau?
> 2. (Wie) lässt sich euer Modell noch verbessern?

Auch zur Beantwortung dieser Fragen ist es sinnvoll, die Messwerte und die gewählte Funktion zunächst in einem (gemeinsamen) Koordinatensystem zu visualisieren. Diese Visualisierung kann gut mittels GeoGebra erfolgen, da ein händisches Zeichnen unserer Erfahrung nach viel Unterrichtszeit erfordert und außerdem oft recht ungenau ist. Alternativ können Mess- und Funktionswerte natürlich auch rechnerisch bzw. in einer Tabelle miteinander verglichen werden. Zur möglichen Verbesserung des Modells können beispielsweise weitere der eigenen Messwerte in die Bestimmung der Parameter a und b einbezogen werden. Wurde der Parameter a z. B. als Quotient von Messwerten $\left(\dfrac{H_{x+1\,min}}{H_{x\,min}} \approx \dfrac{f(x+1)}{f(x)} = \dfrac{ba^{x+1}}{ba^x} = a \right)$ bestimmt und wurden dabei nur zwei Messwerte genutzt (z. B. die Schaumhöhe zu den Zeitpunkten 0 min und 1 min), dann ist diese Bestimmung sehr anfällig für Messungenauigkeiten und Ausreißer innerhalb der Messwerte. Dieses Problem lässt sich beispielsweise umgehen, wenn die Quotienten aus weiteren Messwerten berechnet werden und a als Mittelwert dieser Quotienten bestimmt wird.

g), h), i) Beantwortung des Einstiegsproblems: Im Anschluss an die Validierung beantworten die Schülerinnen und Schüler die ursprüngliche Frage nach der Bierqualität. Dabei werden sie zunächst aufgefordert, eine subjektive Bewertung abzugeben, bevor ein Richtwert für die Halbwertszeit von Bierschaum genannt wird, anhand dessen eine Einschätzung erfolgen kann.

> g) Inwiefern hat sich eure Vermutung aus Aufgabenteil a) bestätigt?
> h) Wie beurteilt ihr persönlich die Bierqualität insgesamt? Nutzt zur Beurteilung auch eure Funktion!
> i) Häufig wird diskutiert, dass eine gute Bierschaumqualität vorliegt, wenn die Halbwertszeit des Schaums ca. 110 Sekunden beträgt. Nimm anhand deiner Ergebnisse Stellung zur Qualität des von dir untersuchten Bieres.

j) Relevanz des Validierungsschrittes: Da viele Schülerinnen und Schüler den Validierungsschritt als nicht sonderlich relevant wahrnehmen, ist zuletzt eine Teilaufgabe mit einer Reflexion der Relevanz eingeplant.

> j) Inwiefern war Aufgabenteil f) wichtig für die Beurteilung der Qualität des Bieres? Warum ist es sinnvoll, sich die Fragen in Aufgabenteil f) zu stellen?

Anhand dieser Aufforderung reflektieren Schülerinnen und Schüler optimalerweise, dass eine ausreichend genaue Beschreibung der Messwerte durch die aufgestellte Funktion eine Voraussetzung dafür ist, die Bierqualität anhand des eigenen Modells einzuschätzen.

Beispiellösung und Erwartungshorizont zur Aufgabe s. Appendix am Kapitelende.

6 Aufgabe „Wie lange muss der Tee ziehen?"

Die zweite von uns eingesetzte Aufgabe ist analog strukturiert, sodass wir uns hier darauf beschränken, den Kontext sowie den wesentlichen Unterschied beim Wählen einer Funktion als Modell darzustellen. Als Kontext wurde die Abkühlung von Tee gewählt.

Wie lange muss der Tee ziehen?
Nach dem Kochen braucht Tee einige Zeit, bis er so weit abgekühlt ist, dass man ihn angenehm trinken kann. Die bevorzugte Trinktemperatur ist dabei von Person zu Person unterschiedlich. Auf den meisten Teebeuteln wird eine ungefähre Ziehzeit (z. B. 4–6 Minuten) angegeben. Modelliert die Temperaturabnahme des Tees und beurteilt, zu welchem Zeitpunkt man den Tee trinken kann.

Ähnliche Aufgaben (meist mit Kaffee) finden sich beispielsweise bei Ludwig und Oldenburg (2007). Wir haben uns für Tee anstelle von Kaffee entschieden, da unsere Erfahrungen mit der Aufgabe zeigen, dass mehr Schülerinnen und Schüler Tee anstatt Kaffee trinken und ihnen daher die Einschätzung der Trinktemperatur dann leichter gelingt. Dies wurde auch bei den Durchführungen durch die Schülerinnen und Schüler schriftlich bestätigt.

Wie in der zuvor vorgestellten Aufgabe stellen die Schülerinnen und Schüler zunächst eine Hypothese auf und führen ein Experiment zur Prüfung durch. Die selbst erhobenen Messwerte werden danach genutzt, um eine Funktion zu bestimmen, die den Temperaturverlauf des Tees beschreibt. Beim Aufstellen dieser Funktion zeigt sich ein Unterschied zur vorangegangenen Aufgabe. Da der Tee maximal auf die Raumtemperatur abkühlen kann, bietet sich als Modell eine nach oben verschobene Exponentialfunktion $f(x) = b \cdot a^x + c$ an, wobei x die Zeit (in Minuten) und $f(x)$ die Temperatur (in °C) angibt. Dabei kann $c = T_{\text{Raum}}$ durch die Raumtemperatur angenähert werden. b kann als Differenz der Temperatur direkt nach dem Aufbrühen des Tees und der Raumtemperatur bestimmt werden. a kann erneut als ein gewisser Quotient von Messwerten mit $T_{x\,\text{min}}$ als Temperatur zur x-ten Minute bestimmt

werden $\left(\dfrac{T_{x+1\min} - T_{\text{Raum}}}{T_{x\min} - T_{\text{Raum}}} = \dfrac{f(x+1) - c}{f(x) - c} = \dfrac{ba^{x+1}}{ba^x} = a \right)$. Eine

alternative Bestimmung der Parameter a, b und c ist über die

Lösung des Gleichungssystems $\begin{vmatrix} T_{x_1} = ba^{x_1} + c \\ T_{x_2} = ba^{x_2} + c \\ T_{x_3} = ba^{x_3} + c \end{vmatrix}$ möglich, das

mithilfe von drei Messwerten aufgestellt wird. Um dieses Modell ad hoc aufzustellen, werden Vorstellungen zur Exponentialfunktion und Erfahrungen mit verschiedenen Kontexten benötigt, in denen Exponentialfunktionen als mathematisches Modell zur Situationsbeschreibung herangezogen werden kann. Auch wenn Schülerinnen und Schüler noch nicht mit Exponentialfunktionen der Form $f(x) = b \cdot a^x + c$ umgegangen sind, kann die Aufgabe Teeabkühlung als prototypisches Beispiel verwendet werden, um diese Form einzuführen. Aufgrund der Tatsache, dass die Verschiebung des Funktionsgraphen entlang der y-Achse, was gleichbedeutend mit der symbolischen Addition eines absoluten Gliedes ist, schon bei linearen und quadratischen Funktionen thematisiert wurde, dürfte solch ein prototypisches Beispiel gut geeignet sein, um die Bedeutung des Parameters c zu thematisieren.

Wie die Aufgabe zum Bierschaumzerfall bietet auch die Modellierung der Teeabkühlung gute Anlässe zur Modellvalidierung. Zwar besagt Newtons Abkühlungsgesetz, dass die Abkühlung proportional zum Temperaturunterschied zur Umgebungstemperatur ist und sich somit für den Temperaturverlauf tatsächlich eine nach oben verschobene Exponentialfunktion ergibt, in der Praxis sind jedoch Abweichungen möglich, da beispielsweise auch das Gefäß, in dem sich der Tee befindet, einen Einfluss auf den Abkühlungsprozess hat. Relevanter als diese geringen Abweichungen ist jedoch, dass unserer Erfahrung nach viele Schülerinnen und Schüler zunächst eine Exponentialfunktion der Form $f(x) = b \cdot a^x$ und somit ein ungünstiges Modell wählen, das deutliche Abweichungen von den Messwerten zeigt.

---

7 Umsetzung im Unterricht

Beide Aufgaben wurden mehrfach in leicht abgewandelten Versionen im Mathematikunterricht eingesetzt. Wir berichten hier von zwei Doppelstunden, in denen wir die beiden Aufgaben nacheinander in einem Mathematik-Leistungskurs zu Beginn der Qualifikationsphase genutzt haben. Da das Aufstellen der Funktion aus den Messwerten im Fall der Aufgabe „Wie lange muss der Tee ziehen?" komplexer ist als in der Aufgabe „Schal und abgestanden", haben wir uns dafür entschieden, zunächst die Aufgabe zum Bierschaumzerfall in der ersten Doppelstunde einzusetzen und die Tee-Aufgabe anschließend in der zweiten Doppelstunde bearbeiten zu lassen. Die Schülerinnen und Schüler erhielten für jede Stunde ein sogenanntes Laborheft, in dem alle Aufgaben enthalten waren. Sie bearbeiteten beide Aufgaben in Partnerarbeit. Die Lehrkraft stand den Schülerinnen und Schülern bei Fragen und Schwierigkeiten zur Verfügung. Die Bearbeitung erfolgte jedoch weitestgehend selbstständig. Am Ende der jeweiligen Doppelstunde wurden die Lösungswege sowie die erstellten Modelle gemeinsam im Plenum diskutiert. Tab. 1 gibt einen Überblick über Ablauf und Gestaltung der ersten Doppelstunde (der Ablauf der zweiten Doppelstunde verlief analog). Im Folgenden berichten wir über unsere Erfahrungen mit den eingesetzten Aufgaben.

Tab. 1 Ablauf der 1. Doppelstunde. (Modellierung Bierschaumzerfall)

Phase & Zeitbedarf	Sozialform	Lehrkrafthandlungen	Material
Einstieg/Motivation, 5 min	Plenum	Vorstellung der Problemsituation (Bestimmung der Bierqualität) und des experimentellen Vorgehens zur Lösung	-
Entwicklung der Hypothese, 5 min	Partnerarbeit	Ggf. Alltagserfahrung der Schülerinnen und Schüler aktivieren, um Hypothesenbildung zu unterstützen	Laborheft
Durchführung des Experiments, 10 min	Partnerarbeit	Hinweise zur Durchführung geben. Insbesondere darauf aufmerksam machen, dass die Zeit direkt nach dem Einschütten läuft und der erste Messwert sofort erhoben werden sollte	Laborheft, Malzbier, Messzylinder, Lineal (30 cm)
Entwicklung des Modells, 30 min	Partnerarbeit	Ggf. Tipps geben, wie Parameter einer Exponentialfunktion aus einer Wertetabelle bestimmt werden können	Laborheft, ggf. GeoGebra
Validierung des Modells, 15 min	Partnerarbeit	Ggf. Alltagserfahrung der Schülerinnen und Schüler aktivieren, um Plausibilität der Modelle zu hinterfragen. Hinweis auf den späteren Messwert geben	Laborheft, ggf. GeoGebra
Reflexion der Validierung, 10 min	Partnerarbeit	–	Laborheft, ggf. GeoGebra
Diskussion & Sicherung, 15 min	Plenum	Eröffnung der Diskussion durch Gegenüberstellung verschiedener (z. B. kontrastreicher) Modelle (Nutzung der Visualisierungen aus GeoGebra). Mögliche Impulse: Welches Modell beschreibt die Messwerte besser? Warum? Wann ist das Modell ausreichend genau? Wie stark dürfen Messwerte und Funktionswerte abweichen? Können wir ein Modell finden, bei dem alle Messwerte genau auf dem Funktionsgraphen liegen?	Laborheft, ggf. GeoGebra

Abb. 1 Hypothesen der Schülerinnen und Schüler zur Abkühlung von Tee

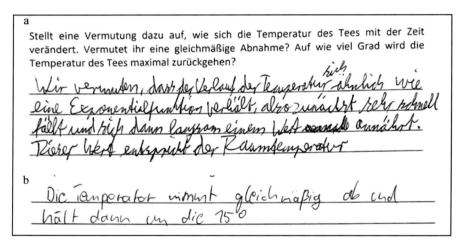

Entwicklung der Hypothese: Bei der Entwicklung der Hypothesen haben die Schülerinnen und Schüler auf ihre Alltagserfahrungen zurückgegriffen. Die tatsächlich entwickelten Hypothesen zeigen, dass das Entwickeln von Hypothesen bei den alltagsnahen Kontexten keinesfalls trivial ist. So wurden beispielsweise recht unterschiedliche Vermutungen bezüglich der Abkühlung von Tee formuliert. Während in der ersten Lösung der Schülerinnen und Schüler (Abb. 1a) richtig erkannt wurde, dass die Temperatur zunächst schneller abnimmt und sich dieser Prozess zunehmend verlangsamt und der Prozess bereits mit den Eigenschaften einer Exponentialfunktion verglichen wird, zeigt die zweite Lösung der Schülerinnen und Schüler (Abb. 1b) eine gänzlich andere Vermutung. Hier wird von einer gleichmäßigen Abnahme bis auf eine Temperatur von 15 °C ausgegangen, was die Raumtemperatur doch in den meisten Fällen unterschätzt. Diese Bearbeitung bietet einen Hinweis auf eine grundlegende Voraussetzung und bei Fehlen der Voraussetzung eine grundlegende Schwierigkeit von Modellierungsaufgaben – das fehlende Weltwissen. Wenn in diesem Fall die Schülerin bzw. der Schüler gewusst hätte, dass die Raumtemperatur in den meisten Fällen höher liegt, hätte das zu Validierungsaktivitäten geführt. Denn die Situation – Raumtemperatur über 15 °C – hätte nicht zum Resultat der Modellierung – Raumtemperatur bei 15 °C – gepasst.

Selbst bei unpassenden Vermutungen sollte die Lehrkraft an dieser Stelle nicht eingreifen und den Forschungsprozess unterbrechen, denn durch die Auswertung des Experiments haben die Schülerinnen und Schüler selbst die Gelegenheit, ihre Hypothesen zu widerlegen. Ein direktes Intervenieren der Lehrkraft würde hingegen den experimentellen Prozess entwerten.

Entwicklung des Modells: Die Schülerinnen und Schüler haben sowohl ihre Messwerte als auch die anschließend aufgestellten Funktionen mittels GeoGebra visualisiert (s. Aufgaben f bis i). Dazu standen ihnen vorgefertigte GeoGebra-Applets (https://www.geogebra.org/m/vvxvdzpj & https://www.geogebra.org/m/kbqnd7rf) zur Verfügung. Unsere Erfahrung zeigt, dass die Verwendung von GeoGebra die anschließende Validierung erleichtert, weil die realen Messwerte und die Werte der gewählten Funktion präzise in ein Koordinatensystem eingezeichnet wurden. Ein Einzeichnen „per Hand" kann dazu führen, dass Abweichungen zwischen Messwerten und Modell nur schlecht eingeschätzt werden können. GeoGebra bietet Möglichkeiten, aus den eingegebenen Punkten eine Funktion zu bestimmen, indem beispielsweise Schieberegler für die Parameter verwendet werden oder der Befehl „TrendExp2" (für Funktionen des Typs $f(x) = a \cdot b^x + c$) angewendet wird. In der Erprobung der Lernumgebung haben wir uns dafür entschieden, diese Möglichkeiten von GeoGebra aus mehreren Gründen nicht zu nutzen: Da es immer noch Klassen gibt, die noch nie mit Schiebereglern gearbeitet haben, wollten wir eine Möglichkeit anbieten, dass auch diese Klassen die Aufgaben ohne weitere Einführung in GeoGebra bearbeiten können. Wenn die Schülerinnen und Schüler einen derartigen GeoGebra-Befehl nutzen, dann geht eine Übungsgelegenheit zum Zusammenhang zwischen symbolischer und graphischer Darstellung der Funktionsparameter verloren. Vor allem würde

sowohl die direkte Nutzung eines Befehls wie „TrendExp2" als auch das Verwenden von Schiebereglern dazu führen, dass von Anfang an ein exponentielles Modell vorgegeben wird. In der von uns vorgeschlagenen Variante bleibt es hingegen Aufgabe der Schülerinnen und Schüler, zunächst zu entscheiden, welcher Funktionstyp als Modell adäquat erscheint. Auch ohne Schieberegler ist es den Schülerinnen und Schülern möglich, (nach Wahl eines Funktionstyps) die Parameter durch systematisches Probieren zu bestimmen. Aufgrund des höheren Arbeitsaufwands ohne Schieberegler müssen die Schülerinnen und Schüler jedoch gezielt variieren.

Die von den Schülerinnen und Schülern zur Beschreibung des Bierschaumzerfalls sowie der Teeabkühlung aufgestellten Funktionen gehen von unterschiedlichen Modellannahmen aus und sind auch verschieden gut an die Messwerte angepasst. Abb. 2 zeigt eine Lösung von Schülerinnen und Schülern zum Bierschaumzerfall, bei der als Modell eine nicht vertikal verschobene Exponentialfunktion gewählt wurde, die recht gut an die Messwerte angepasst ist. Hingegen zeigt Abb. 3 eine Lösung, bei der das gewählte Modell – diesmal eine leicht nach oben verschobene Exponentialfunktion – inhaltlich erfahrungsgemäß ggf. weniger gut zum Kontext passt und vor allem die Messwerte systematisch überschätzt.

Auch bei der Teeabkühlung haben Schülerinnen und Schüler Modelle gewählt, bei der die Exponentialfunktion nicht vertikal verschoben ist, was aufgrund der Tatsache, dass der Tee nicht auf 0 °C abkühlen wird, weniger sinnvoll erscheint. Abb. 4 zeigt, dass die Schülerinnen und Schüler zwar zum Teil Modelle gewählt haben, die gut an einen Teil

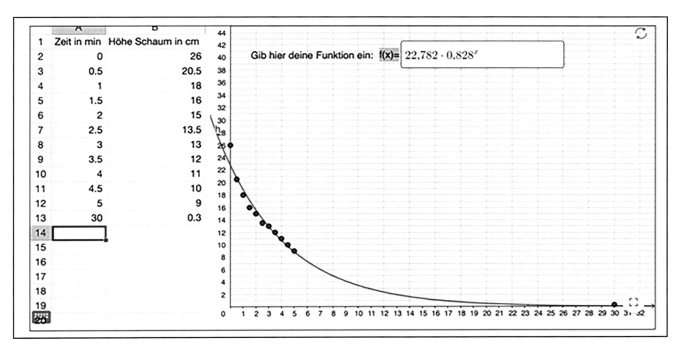

Abb. 2 Messwerte und Funktion zum Bierschaumzerfall – Modell der Form $f(x) = b \cdot a^x$

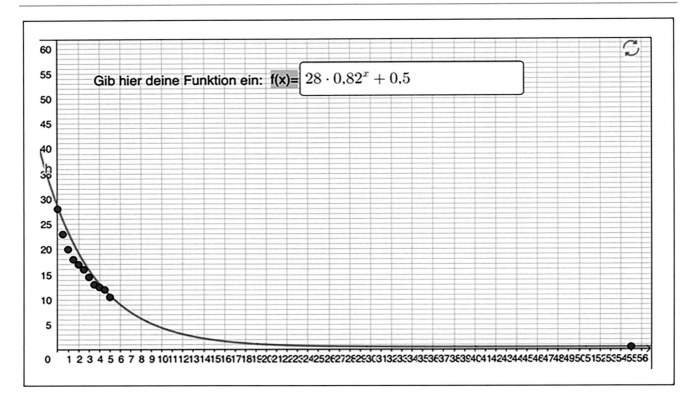

Abb. 3 Messwerte und Funktion zum Bierschaumzerfall – Modell der Form $f(x) = b \cdot a^x + c$

der Daten angepasst erscheinen, vor dem Hintergrund des Kontextes aber dennoch nicht sinnvoll sind. So ist eine Abkühlung des Tees auf eine Temperatur von über 46 °C bei normaler Raumtemperatur nicht realistisch.

An dieser Stelle sind verschiedene Interventionen der Lehrkraft möglich: Erstens könnte die Lehrkraft in dieser Phase noch nicht eingreifen – so wie wir es in unserer Erprobung getan haben –, um den Schülerinnen und Schülern die Gelegenheit zu geben, durch die Bearbeitung der nächsten Teilaufgaben Schwachstellen ihrer Modelle zu erkennen und die Modelle entsprechend anzupassen. Zweitens könnte die Lehrkraft schon individuelle Impulse zur Validierung geben, z. B. beim Modell von Abb. 4 die Frage stellen, auf welche Temperatur sich der Tee nach 30 min abkühlt. Auch ein Appell, die eigenen Alltagserfahrungen einzubeziehen (Was passiert eigentlich, wenn Bier sehr lange stehen bleibt? Bleibt immer etwas Schaum übrig? Wie kalt wird Tee, wenn er lange steht?), kann bereits zielführend sein, um ungünstige Modelle oder Grenzen von Modellen zu identifizieren und zu überdenken.

Validierung des Modells: Vor dem Hintergrund dieser unterschiedlichen Ansätze mit teilweise deutlichen Abweichungen der Modelle von den Messwerten wie auch unrealistischen Modellen erscheint die Modellvalidierung besonders relevant. Auffällig an den Antworten der Schülerinnen und Schüler auf den anschließenden Validierungsprompt ist, dass bei beiden Aufgaben zwar häufig geäußert wird,

dass die Passung zwischen Modell und Messwerten ausreichend ist, diese aber durch Verbesserungen bei der Durchführung des Experiments gesteigert werden kann (Abb. 5a). Insbesondere scheinen einige Schülerinnen und Schüler überzeugt zu sein, dass durch eine genauere Messung während des Experiments zwar dieselbe Funktion als Modell aufgestellt wird, die Messwerte dann aber besser zu dieser Funktion passen würden. Hier zeigt sich zum Teil eine Fehlvorstellung bezüglich des Zusammenhangs von Messwerten und Modell (siehe auch Geisler 2023).

Einzelne Schülerinnen und Schüler schlagen zudem vor, das Experiment mehrfach zu wiederholen, um ein allgemeineres Modell für den Bierschaumzerfall bzw. die Teeabkühlung zu erhalten. Viele Schülerinnen und Schüler diskutieren auch Grenzen ihrer Modelle und stellen beispielsweise fest, dass diese nur in bestimmten Zeitabschnitten gut zur Beschreibung der Messwerte geeignet sind. Diese Schülerinnen und Schüler schlagen auch Ideen zur Verbesserung des Modells selbst vor. Dazu gehört insbesondere die zielführende Idee, mehrere oder alle erhobenen Messwerte zur Bestimmung einer passenderen Funktion einzusetzen (Abb. 5b). Auch zusammengesetzte Funktionen wurden als Idee präsentiert, um eine gute Passung zu allen Messwerten sicherzustellen. Die Validierungsansätze, welche die Schülerinnen und Schüler bei dieser Teilaufgabe erarbeiteten, wurden nach der Partnerarbeit in einem Unterrichtsgespräch aufgegriffen und fort-

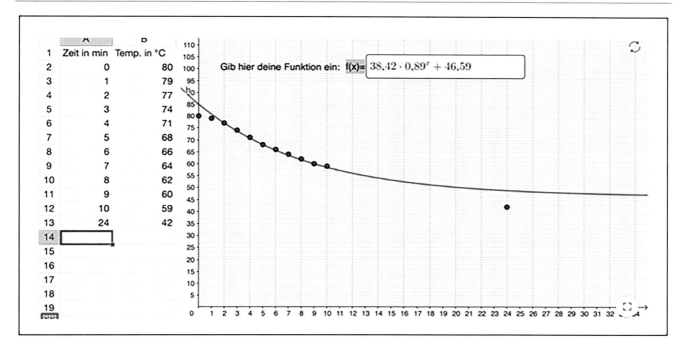

Abb. 4 Messwerte und Funktion zur Teeabkühlung – Modell der Form $f(x) = b \cdot a^x + c$

Abb. 5 Antworten von Schülerinnen und Schülern auf den Validierungsprompt

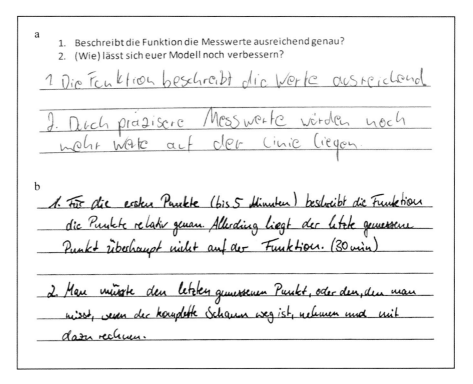

geführt. Die ausführliche Diskussion der Ideen der Schülerinnen und Schüler halten wir für besonders relevant. Unsere Erfahrungen in der Erprobung der Materialien zeigt, dass nicht alle Schülerinnen und Schüler in der Lage sind, Fehlvorstellungen zum Zusammenhang von Daten und Modell selbstständig zu überwinden, dies in einer gemeinsamen Diskussion durch die Anregungen und Ideen der Mitschülerinnen und -schüler jedoch gut gelingt. Dieses Unterrichtsgespräch ist sehr stark von den Vorstellungen der Schülerinnen und Schüler abhängig, aber in jedem Fall sollte dabei unterschieden werden zwischen Messungenauigkeiten und systematischen Messfehlern, welche die Entwicklung der Modelle beeinflusst haben könnten, sowie ungünstigen Modellannahmen (z. B. nicht entlang der y-Achse verschobene Exponentialfunktion für die Teeabkühlung). Ungünstige Modellannahmen können darauf zurückgeführt werden, dass Weltwissen über die Kontexte fehlt. Wenn beispielsweise die Raumtemperatur unterschätzt wird, dann werden das verwendete mathematische Modell und das dadurch erhaltene reale Resultat an falschen Situationsbedingungen überprüft und in diesem Fall nicht modifiziert.

Bei der subjektiven Beurteilung der Bierqualität bzw. der Zeit, nach der Tee angenehm getrunken werden kann, argumentieren die meisten Schülerinnen und Schüler auf Grundlage ihrer persönlichen Vorlieben (weniger oder mehr Schaum bzw. höhere oder niedrigere Trinktemperaturen). Allerdings wird diese Argumentation selten explizit mit dem eigenen Modell verbunden. So schreiben manche Schülerinnen und Schüler zwar, bei welcher Temperatur der Tee angenehm getrunken werden kann, aber nicht, wann diese Temperatur laut dem eigenen Modell erreicht ist. Damit die Schülerinnen und Schüler die Beurteilung der Bierqualität

bzw. der Wartezeit auf den Tee stärker mit dem eigenen Modell verbinden, sollte diese Verbindung explizit in die Aufgabenstellung eingebaut werden, z. B. durch „Nutzt zur Beurteilung auch eure Funktion". In den Begleitmaterialien zu diesem Beitrag wurde die entsprechende Teilaufgabe bereits angepasst.

Reflexion der Aufgabe: Die letzte Teilaufgabe zu beiden Kontexten soll eine Reflexion der Relevanz der Modellvalidierung für die Beantwortung der ursprünglichen Fragestellung (Qualität des Bieres bzw. Zeit, bis der Tee angenehm getrunken werden kann) anregen. Tatsächlich äußern viele Schülerinnen und Schüler, dass für sie die Teilaufgabe zur Validierung relevant für die Beantwortung dieser Fragen war. Einige Schülerinnen und Schüler bemerken, dass die Relevanz in der Überprüfung der Passung zwischen aufgestellter Funktion und Messwerten liegt (Abb. 6a). Hier kommt die Idee der Modellvalidierung bereits zum Vorschein. Manche Schülerinnen und Schüler verknüpfen dies explizit auch mit der Beantwortung der Fragestellung nach der Bierqualität bzw. der Abkühlzeit (Abb. 6c).

Dabei wurde beispielsweise angemerkt, dass beim Vergleich von Funktion und Messwerten festgestellt wurde, dass der Bierschaum laut Messwerten schneller zerfiel, als dies

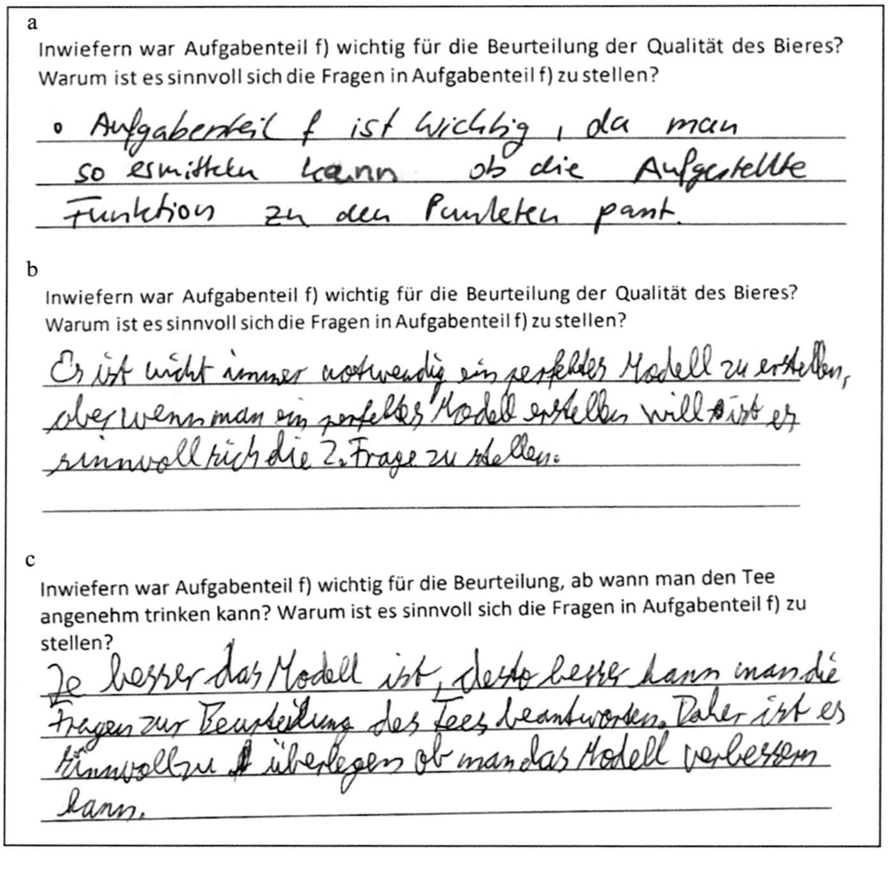

Abb. 6 Reflexion der Modellvalidierung

a
Inwiefern war Aufgabenteil f) wichtig für die Beurteilung der Qualität des Bieres? Warum ist es sinnvoll sich die Fragen in Aufgabenteil f) zu stellen?

Aufgabenteil f ist wichtig, da man so ermitteln kann ob die Aufgestellte Funktion zu den Punkten passt.

b
Inwiefern war Aufgabenteil f) wichtig für die Beurteilung der Qualität des Bieres? Warum ist es sinnvoll sich die Fragen in Aufgabenteil f) zu stellen?

Es ist nicht immer notwendig ein perfektes Modell zu erstellen, aber wenn man ein perfektes Model erstellen will ist es sinnvoll sich die 2. Frage zu stellen.

c
Inwiefern war Aufgabenteil f) wichtig für die Beurteilung, ab wann man den Tee angenehm trinken kann? Warum ist es sinnvoll sich die Fragen in Aufgabenteil f) zu stellen?

Je besser das Modell ist, desto besser kann man die Fragen zur Beurteilung des Tees beantworten. Daher ist es sinnvoll zu überlegen ob man das Modell verbessern kann.

laut der Funktion der Fall war und die Bierqualität somit doch geringer ist – „… weil wir so sehen konnten, dass der Schaum im Gegensatz zu unserer Funktion viel schneller zerfiel!". In diesen Antworten wird die Relevanz der Validierung für das ursprüngliche Ziel der gesamten Aufgabe explizit deutlich. Die Schülerinnen und Schüler diskutierten jedoch auch, inwiefern ein besonders gutes Modell überhaupt notwendig ist, und sahen die Relevanz der Validierung daher in Abhängigkeit der Ansprüche an das Modell (Abb. 6b).

Anschließendes Unterrichtsgespräch: Die Ansätze zur Modellvalidierung sowie deren Relevanz wurden jeweils nach der Bearbeitung der Aufgaben in einer gemeinsamen Klassendiskussion aufgegriffen. In dieser Diskussion stellten die Schülerinnen und Schüler zunächst ihr Modell und das Vorgehen zu dessen Bestimmung vor und erklärten danach, anhand welcher Kriterien sie entschieden hatten, ob es ihre Messwerte ausreichend beschreibt. Allen Schülerinnen und Schülern war bewusst, dass ein passender Funktionsgraph nicht exakt durch alle Messwerte verlaufen muss. Eine Gruppe äußerte, dass eine gut angepasste Funktion zumindest durch die Hälfte der Messwerte exakt verlaufen sollte. Ein kritischer Blick auf die selbst erhobenen Messwerte zeigte jedoch schnell, dass auch diese Anforderung in der Regel nicht erfüllbar ist. Eine Gruppe begründete die ausreichende Passung ihres Modells damit, dass die Funktion den ersten sowie den letzten Messwert genau trifft. Als Kriterium für eine gute Passung einigte man sich darauf, dass zumindest ein Großteil der Messwerte in der Nähe des Funktionsgraphen liegen sollte. Anhand der zwei Lösungen von Schülerinnen und Schülern in Abb. 2 und 3 wurde zudem diskutiert, inwiefern verschiedene Muster in den Abweichungen zwischen Messwerten und Funktionswerten dazu genutzt werden können, die Güte des Modells zu erfassen. Während sich Abweichungen nach oben sowie nach unten in der Lösung in Abb. 2 ungefähr die Waage halten, überschätzt die Lösung in Abb. 3 die Messwerte systematisch, da alle Messwerte, bis auf eine Ausnahme, unterhalb des Funktionsgraphen liegen. In der Diskussion haben die Schülerinnen und Schüler selbst erkannt, dass ein ausgeglichenes Abweichungsmuster einer vorteilhafteren Anpassung an die Messwerte entspricht.

Neben der Validierung mit Blick auf die Passung zwischen Modell und Messwerten wurden die Modelle auch bezüglich ihrer Passung zum Kontext diskutiert. So hatte eine Gruppe ihr Modell für den Bierschaumzerfall mittels Regression aufgestellt und dabei verschiedene Funktionstypen ausprobiert. Dabei hatten sie sich schließlich auch für ein exponentielles Modell entschieden, obwohl ein polynomielles Modell die Messwerte anfangs sogar genauer beschrieb. Die Entscheidung gegen ein polynomielles Modell fiel, da dieses den Prozess des Bierschaumzerfalls langfristig nicht adäquat beschrieb, wie spätestens nach der erneuten Messung der Schaumhöhe in Teilaufgabe e) ersichtlich wurde. Während der Bierschaum mit zunehmender Zeit nahezu vollständig zerfallen war, zeigte das polynomielle Modell auf lange Sicht wieder ein Wachstum an. Hier zeigt sich wiederum, dass verschiedene Informationen, sowohl bezüglich der Situation als auch durch Daten, miteinander kombiniert werden müssen, um sich für ein passendes Modell zu entscheiden. Mit ähnlichen Argumenten wurde beispielsweise auch diskutiert, ob für den Bierschaumzerfall eher ein Modell der Form $f(x) = b \cdot a^x$ (wie in Abb. 2) oder der Form $f(x) = b \cdot a^x + c$ (wie in Abb. 3) sinnvoll ist. Letzteres würde sich asymptotisch dem Wert c annähern, während der Bierschaum auf lange Sicht fast vollständig zerfällt.

Um die erstellten Modelle und deren Passung zu den Messwerten zu verbessern, wurde diskutiert, verschiedene Messwerte auszuwählen, um die Funktionen aufzustellen oder die Parameter der Funktionen durch systematisches Probieren zu verändern.

Wie tiefgreifend über verschiedene Funktionstypen bei der Modellierung der Prozesse diskutiert werden kann, hängt sicherlich vom Leistungsstand der jeweiligen Klasse ab. In jedem Fall sollte im anschließenden Unterrichtsgespräch geklärt werden, wie Abweichungen zwischen Messwerten und Funktionswerten zur Bewertung der Modellgüte beitragen.

8   Fazit

Das Modellieren mit Experimenten bietet viele Gelegenheiten, über Modellvalidierung und deren Relevanz sowie über Möglichkeiten und Grenzen von Modellen zu sprechen. Diese Gelegenheiten müssen jedoch expliziert werden, beispielsweise über konkrete Validierungsprompts. Als Hilfsmittel zur Validierung kann GeoGebra genutzt werden, da sich die Passung zwischen Funktionsgraph und Daten durch einen optischen Vergleich überprüfen lässt. Für eine schnelle Modifikation der verwendeten Funktion könnten Schieberegler in GeoGebra verwendet werden. Jedoch haben wir uns bewusst gegen die Verwendung von Schiebereglern entschieden, damit die Schülerinnen und Schüler inhaltliches Wissen über Exponentialfunktionen anwenden, um die Passung zwischen Funktion und Daten zu erhöhen.

Die Erfahrungen mit den hier vorgestellten Aufgaben zeigen zudem, dass eine gemeinsame Diskussion in der Klasse wichtig ist, um die Validierungsansätze, welche die Schülerinnen und Schüler in der Partnerarbeit entwickelt haben, aufzunehmen und weiter auszuführen.

Förderung: Die Lernumgebung ist Teil des durch das BMBF geförderten Projekts „Ex2MoMa: Experimentieren zur Förderung von Modellierungskompetenzen und Motivation in Mathematik".

Appendix

Tab. A.1 Beispiellösung und Erwartungshorizont zur Aufgabe „Schal und abgestanden"

Teilaufgabe	Beispiellösung	Erwartungshorizont & Hinweise
a) Stellt eine Vermutung dazu auf, wie sich die Höhe des Bierschaumes mit der Zeit verändert. Vermutet ihr eine gleichmäßige Abnahme?	*Der Bierschaum wird zunächst schnell zerfallen, und mit der Zeit wird sich der Zerfall verlangsamen. Es ist keine gleichmäßige Abnahme zu erwarten.*	Die Beispiellösung zeigt eine Hypothese, die sich im Experiment bestätigen wird. Prinzipiell ist jedoch auch eine Hypothese, die widerlegt werden kann, zunächst angemessen und sollte akzeptiert werden.
b) Führt ein Experiment durch, um eure Vermutung zu überprüfen. c) Tragt eure Messwerte in die Tabelle bei GeoGebra ein.	–	Messwerte und Tabelle sind individuell abhängig vom Experiment. Eine mögliche Lösung, die im Folgenden weiter betrachtet wird, ist jene aus Abb. 2.
d) Bestimmt eine Funktion, die den Bierschaumzerfall gut beschreibt, und gebt diese Funktion bei GeoGebra in das entsprechende Feld ein.	*Es bietet sich eine Exponentialfunktion der Form $f(x) = b \cdot a^x$ an. Wegen $f(0) = b$ kann b als Messwert zum Zeitpunkt 0 bestimmt werden, also $b = 22{,}8$. a kann als Quotient zweier Messwerte berechnet werden, z. B.: $a = \dfrac{H_{1\min}}{H_{0\min}} = 0{,}692$.* *Eine bessere Schätzung für a erhält man, wenn man diesen Quotienten für alle Messungen berechnet und anschließend das arithmetische Mittel bildet (in diesem Fall $a = 0{,}811$).*	Alternativ können b und a auch mithilfe eines Gleichungssystems oder durch systematisches Probieren ermittelt werden. Insbesondere die Ermittlung mittels Gleichungssystem und Quotientenbildung ist anfällig für Messungenauigkeiten und Ausreißer, wenn nur zwei Messzeitpunkte beachtet werden!
e) Messt die Höhe des Bierschaumes im Zylinder nun erneut und tragt den Wert in die Tabelle bei GeoGebra ein.		Messwerte und Tabelle sind individuell abhängig vom Experiment.

f) Vergleicht eure Funktion mit euren Messwerten und beantwortet die folgenden zwei Fragen:
  1. Beschreibt die Funktion die Messwerte ausreichend genau?
  2. (Wie) lässt sich euer Modell noch verbessern?
	-	Hier wird mit den Messwerten und dem Funktionsgraphen argumentiert. Dabei ist relevant, wie die Punkte tatsächlich zum Funktionsgraphen liegen. Eine gute Anpassung zeigt sich durch geringe und ausgewogene Abweichungen zum Graphen. Eine Variation der Parameter kann bereits an dieser Stelle stattfinden, vor allem durch die zweite Aufgabenstellung initiiert.

g) Inwiefern hat sich eure Vermutung aus Aufgabenteil a) bestätigt?	-	Die Schülerinnen und Schüler nehmen Bezug zu ihrer in Aufgabe a) formulierten Hypothese, die sich entweder bestätigt oder verworfen werden muss.
h) Wie beurteilt ihr persönlich die Bierqualität insgesamt? Nutzt zur Beurteilung auch eure Funktion!	-	Dieses ist abhängig von den subjektiven, praktischen Vorerfahrungen in Bezug auf das Experiment. Die Ergebnisse des Experiments und die aufgestellte Funktion sollte aber zur Beantwortung mit herangezogen werden.
i) Häufig wird diskutiert, dass eine gute Bierschaumqualität vorliegt, wenn die Halbwertszeit des Schaumes ca. 110 s beträgt. Nimm anhand deiner Ergebnisse Stellung zur Qualität des von dir untersuchten Bieres.	*Aus $f(x) = 22{,}8 \cdot 0{,}811^x$ kann man die Halbwertszeit des Bieres bestimmen mit* $$\frac{1}{2} \cdot 22{,}8 = \frac{1}{2} f_0 = f\left(x_{\frac{1}{2}}\right) = 22{,}8 \cdot 0{,}811^{x_{\frac{1}{2}}},$$ *also $0{,}5 = 0{,}811^{x_{\frac{1}{2}}}$.* *Somit ergibt sich:* $$x_{\frac{1}{2}} = 3{,}31 \; min.$$ *Da die Halbwertszeit deutlich größer als 110 s ist, kann die Bierschaumqualität als gut eingeschätzt werden.*	
j) Inwiefern war Aufgabenteil f) wichtig für die Beurteilung der Qualität des Bieres? Warum ist es sinnvoll, sich die Fragen in Aufgabenteil f) zu stellen?	*Der Aufgabenteil ist wichtig, um die Passung zwischen Funktionsgraphen und Messwerten zu überprüfen und die Funktion ggf. anzupassen. Weichen Funktion und Messwerte stark ab, so ist die Funktion ungeeignet zur Bestimmung der Bierqualität.*	Wichtig ist, dass die Schülerinnen und Schüler tatsächlich die Relevanz der Validierung erkennen und nicht nur die Nützlichkeit einer Modellierung allgemein.

Literatur

Beumann, S.: Versuch´s doch mal: Eine empirische Untersuchung zur Förderung von Motivation und Interesse durch mathematische Schülerexperimente. Dissertation, Ruhr-Universität Bochum (2016)

Blum, W.: Quality teaching of mathematical modelling: What do we know, what can we do? In: The Proceedings of the 12th International Congress on Mathematical Education: Intellectual and Attitudinal Challenges, S. 73–96. Springer, Cham (2015)

Blum, W., Leiß, D.: How do students and teachers deal with modelling problems? In: Haines, C., Galbraith, P., Blum, W., Khan, S. (Hrsg.) Mathematical Modeling: Education, Engineering, and Economics, S. 222–231. Horwood, Chichester (2007)

Borromeo Ferri, R.: Theoretical and empirical differentiations of phases in the modelling process. ZDM. **38**, 86–95 (2006)

Carreira, S., Baioa, A.M.: Mathematical modelling with hands-on experimental tasks: On the student's sense of credibility. ZDM. **50**, 201–215 (2018)

Czocher, J.A.: How does validating activity contribute to the modeling process? Educ. Stud. Math. **99**, 137–159 (2018)

Engel, J.: Anwendungsorientierte Mathematik: Von Daten zur Funktion. Springer, Heidelberg (2010)

Evans, D.E., Surrel, A., Sheehy, M., Stewart, D.C., Robinson, L.H.: Comparison of foam quality and the influence of hop α-acids and proteins using five foam analysis methods. J. Am. Soc. Brew. Chem. **66**, 1–10 (2008)

Galbraith, P.: Real world problems: Developing principles of design. Iden. Cult. Learn. Sp. **1**, 228–236 (2006)

Ganter, S.: Experimentieren – ein Weg zum Funktionalen Denken: Empirische Untersuchung zur Wirkung von Schülerexperimenten. Dr. Kovac, Hamburg (2013)

Geisler, S.: Mathematical modelling with experiments: Students' sense of validation and its relevance. In: Rivista di Matematica della Università di Parma, 14(2), S. 265–280. (2023)

Geisler, S., Rolka, K., Beumann, S.: Mathematisches Modellieren mit Experimenten. MNU Journal 70, 99–101 (2017)

Hankeln, C., Greefrath, G.: Mathematische Modellierungskompetenz fördern durch Lösungsplan oder Dynamische Geometrie-Software? Empirische Ergebnisse aus dem LIMo-Projekt. J. Math.-Didakt. **42**, 367–394 (2021)

KMK (Sekretariat der ständigen Konferenz der Kultusminister der Länder in der Bundesrepublik Deutschland): Bildungsstandards im Fach Mathematik für die Allgemeine Hochschulreife (2012)

Körner, H.: Modellbildung mit Exponentialfunktionen. In: Siller, H.-S., Greefrath, G., Blum, W. (Hrsg.) Neue Materialien für einen realitätsbezogenen Mathematikunterricht 4, S. 201–230. Springer, Heidelberg (2018)

Leike, A.: Demonstration of the exponential decay law using beer froth. Eur. J. Phys. **23**, 21–26 (2002)

Lichti, M.: Funktionales Denken fördern. Springer, Wiesbaden (2019)

Ludwig, M., Oldenburg, R.: Lernen durch Experimentieren. Handlungsorientierte Zugänge zur Mathematik. mathematik lehren 141, 4–11 (2007)

Niss, M.: Mathematics in Society. In: Biehler, R., Scholz, R. W., Sträßer, R., Winkelmann, B. (Hrsg.) Didactics of Mathematics as a Scientific Discipline, S. 367–378. Kluwer, Dordrecht (1994)

Schultz-Siatkowski, A., Elster, D.: Experimentieren als biologisch-mathematisches Problemlösen. In: Krüger, D., Upmeier zu Belzen, A., Schmiemann, P., Möller, A., Elster, D. (Hrsg) Erkenntnisweg Biologiedidaktik 11, S. 71–86. Universitätsdruckerei Kassel, Kassel (2012)

Stillman, G.A., Galbraith, P.L.: Applying mathematics with real world connections: Metacognitive characteristics of secondary students. Educ. Stud. Math. 36, 157–194 (1998)

Trump, S., Borowski, A.: Modellieren physikalischer Problemstellungen – Zwischen Strukturiertheit und Individualität. In: Maurer, C. (Hrsg.) Authentizität und Lernen – das Fach in der Fachdidaktik, S. 305–307. Universität Regensburg, Regensburg (2016)

Zell, S., Beckmann, A.: Modelling Activities While Doing Experiments to Discover the Concept of Variable. In: Durand-Guerrier, V., Soury-Lavergne, S. Arzarello, F. (Hrsg.) Proceedings of CERME 6, S. 2216–2225. INR, Lyon (2009)

Zell, S.: Modellieren mit physikalischen Experimenten im Mathematikunterricht. In: Henning, H. (Hrsg.) Modellieren in den MINT-Fächern, S. 232–255. WTM, Münster (2013)

Eine Einführung in die Modellierung von Virusausbreitung und -eindämmung in der Gesellschaft

Regina Gente, Andreas Kral, Rolf Woeste und Andreas Eichler ⓘ

Zusammenfassung

In diesem Beitrag werden drei verschiedene Modelle zur Simulation einer Virusausbreitung vorgestellt, die aus der Unterrichtspraxis von Mathematiklehrkräften entwickelt wurden. Diese beziehen sich auf ein Würfelmodell auf Papier, ein Würfelmodell in einem Rollenspiel und ein Modell mit Scratch.

Das zentrale Ziel dieser drei Modelle ist es, die Schülerinnen und Schüler an die Entwicklung eigener Modellierungsprozesse heranzuführen und damit vielseitige Simulationen zu erproben (Kompetenz K3). Mathematisch beruhen alle Modelle auf dem SIR- bzw. dem SI-Modell der Epidemiologie. Dabei können sich die verschiedenen Modelle ergänzen, aber auch eigenständig eingesetzt werden. Die Schülerinnen und Schüler interpretieren hierbei unter der Leitidee „Daten und Zufall" (Leitidee L5) eine Ansteckung als stochastisches Ereignis, und sie untersuchen, analysieren und hinterfragen Modelle und zugrunde liegende Annahmen. Sie können lernen, wie eine komplexe Situation durch das schrittweise Hinzufügen von Parametern im Modell erfasst werden kann, und sollen anschließend eigene Simulationen durchführen und entwickeln. Im Rahmen der Simulation mit Scratch interpretieren die Schülerinnen und Schüler die Resultate der Simulation als funktionale Zusammenhänge (Leitidee L4,

R. Gente (✉)
Georg-Christoph-Lichtenberg-Schule, Kassel, Deutschland
E-Mail: r.gente@kollegium.lg-ks.de

A. Kral
Kaiser-Karls-Gymnasium, Aachen, Deutschland
E-Mail: kral@kaiser-karls-gymnasium.de

R. Woeste
Evangelisches Gymnasium Nordhorn, Nordhorn, Deutschland
E-Mail: rolf.woeste@egn-noh.de

A. Eichler
Institut für Mathematik, Universität Kassel, Kassel, Deutschland
E-Mail: eichler@mathematik.uni-kassel.de

Kompetenzen und Leitideen nach den Bildungsstandards der KMK 2023).

Des Weiteren können die Schülerinnen und Schüler lernen, mathematische Zusammenhänge zu präsentieren und im Rahmen des Modellierungskreislaufs mathematische Ergebnisse im Sachkontext zu interpretieren.

1 Einleitung

Seit Beginn der Corona-Pandemie steigt das gesellschaftliche Interesse an den publizierten Prognosen über einen möglichen weiteren Verlauf der Virusausbreitung. Die von Fachleuten berechneten Modelle entwickelten sich zunehmend zur Grundlage politischer Entscheidungen und beeinflussen damit maßgeblich unseren Alltag. Die in universitären Arbeitsgruppen durchgeführten Modellierungen sind naturgemäß sehr komplex und berücksichtigen vielfältige Aspekte sowie verschiedene Maßnahmen zur Eindämmung des Virus. Mit den in diesem Beitrag stark vereinfachten Ansätzen sollen mögliche Modellierungen zur Virusausbreitung eingeführt werden; den Schülerinnen und Schülern wird damit eine Möglichkeit geben, die im Pandemie-Alltag geltenden Regeln und Maßnahmen zur Eindämmung des Virus mithilfe einer Modellbildung besser nachzuvollziehen. Dazu erscheint es sinnvoll und gewinnbringend, wenn die Schülerinnen und Schüler eigene Ideen zur Modellbildung miteinbringen und die bestehenden Modelle weiterentwickeln.

In diesem Beitrag werden drei verschiedene Modellbildungen für den Unterricht diskutiert. Die Modellbildungen ergänzen einander, können aber auch einzeln eingesetzt werden. In jeder dieser Einheiten erleben die Schülerinnen und Schüler, wie schrittweise eine immer komplexere Modellierung aufgebaut wird, und sind dann in der Lage, eigene Modellierungen vorzunehmen und deren Grenzen kritisch zu diskutieren. Im Mittelpunkt der drei Modellbildungen steht das sogenannte SIR-Modell zur Entwicklung von Infektionskrankheiten (Kermack 1927; Brockmann 2021), das in drei Szenarien mit Vereinfachungen umgesetzt wird.

Bezüglich der Unterscheidung der Begriffe Pandemie und Epidemie wird ein sprachlicher Kompromiss vorgenommen. Bei den hier vorgestellten Modellen und Simulationen haben wir es im strengen Sinne mit Epidemien zu tun, da es sich stets um lokal begrenzte Ausbrüche handelt. Dieser Begriff ist auch im Rahmen von Modellierungen üblich. Gleichwohl wird der Begriff Pandemie (weltweiter Ausbruch) im Folgenden synonym verwendet, da er sich im alltäglichen Sprachgebrauch durchgesetzt hat.

In der Berichterstattung während der Corona-Pandemie wurde zudem die Rolle von Modellrechnungen kontrovers diskutiert (z. B. Sybille Anderl in der FAZ vom 19.05.2021). Die Kritik setzte dabei häufig an vermeintlich fehlerhaft prognostizierten Fallzahlen an, die jedoch häufig gar nicht im Fokus der entsprechenden Arbeitsgruppen lagen: Vielmehr ging es jeweils darum, Effekte zu untersuchen, die sich durch Änderung bestimmter Parameter wie z. B. der Mobilität oder veränderter Ansteckungsraten ergaben. Die hier behandelten Modelle können dazu einladen, ein besseres Verständnis für Modellierungen im Alltag zu erhalten und die Bedeutung unterschiedlicher Szenarien mit den Schülerinnen und Schüler zu thematisieren. Mathematisch sind die drei Modellbildungen Anwendungen einfacher Wahrscheinlichkeiten, da der Fokus primär auf dem Modellieren und dem Entwickeln von Modellen liegt, nicht aber auf den mathematischen Inhalten. Darüber hinaus ließen sich Erweiterungen wie etwa die stochastische Unabhängigkeit oder Wachstumsmodelle in die Modellbildungen integrieren.

Zunächst wird das SIR-Modell zur Ausbreitung von Infektionskrankheiten eingeführt, und es werden Vereinfachungen diskutiert. Anschließend werden drei Modellbildungen – eine einfache Simulation einer Ausbreitung einer Infektionskrankheit mit Zettel und Stift, eine Simulation einer Ausbreitung einer Infektionskrankheit im Rollenspiel und eine komplexere Simulation einer Infektionskrankheit mit

SCRATCH – betrachtet. Alle drei Modellbildungen wurden im Unterricht erprobt und werden im Rahmen dieses Beitrags durch empirische Umsetzungserfahrung beschrieben.

Präsentiert werden die Modellierungen und Simulationen an Beispielen zur Ausbreitung des Coronavirus, die im Unterricht erprobt wurden. Prinzipiell ist jedoch eine Übertragung der Ideen auf die Ausbreitung anderer Viren – z. B. Grippeviren – und die Betrachtung anderer – auch zukünftig auftretender – Pandemien möglich.

2 Vorüberlegungen zu Infektionsmodellen und Simulationen

2.1 Mathematische Modelle in der Epidemiologie

Das SIR-Modell wurde zur Beschreibung der Dynamik von Infektionskrankheiten 1927 von dem Arzt Anderson McKendrick und dem Biochemiker William Kermack entwickelt (Kermack 1927). Den Autoren war aufgefallen, dass die Dynamik von Infektionskrankheiten – unabhängig vom Typ des Erregers oder von bestimmten Krankheitsbildern – häufig ähnlichen Gesetzmäßigkeiten folgt. Der erste große Erfolg des Modells war die Beschreibung des Verlaufs einer Pestepidemie in Bombay 1905/1906.

Namensgebend für das SIR-Modell ist die Unterteilung der von der Epidemie betroffenen Bevölkerung in drei Gruppen. Die Suszeptiblen (S) stellen alle Personen dar, die vom Krankheitserreger noch infiziert werden können. Die zweite Gruppe (I) bezeichnet die Infizierten bzw. Infektiösen. Die Gruppe R (engl. Removed) bezeichnet schließlich alle Personen, die nicht mehr vom Infektionsgeschehen betroffen sind – sei es, weil sie Immunität erworben haben oder an der Krankheit verstorben sind (siehe hierzu auch Abb. 1). Dem SIR-Modell liegen ferner einige – vereinfachende – An-

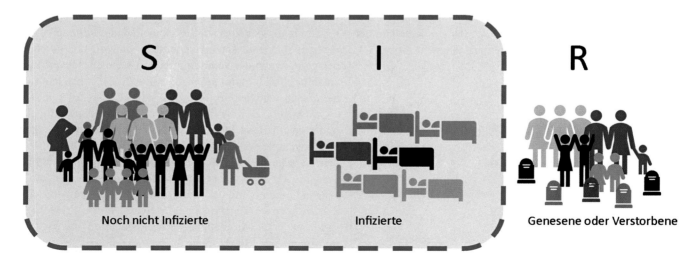

Abb. 1 Vereinfachte Darstellung des SI- und des SIR-Modells

nahmen zugrunde. Zunächst wird angenommen, dass sich alle beteiligten Personen bei Kontakt mit einer infizierten Person mit der gleichen Wahrscheinlichkeit anstecken. Ferner sind Krankheitsdauer und Sterbewahrscheinlichkeit für alle Infizierten gleich. Schließlich wird davon ausgegangen, dass sich jede Person nur einmal mit dem Erreger infiziert und am Ende der Krankheit entweder verstorben oder dauerhaft gegen das Virus immun ist. In seiner ursprünglichen Formulierung und im fachwissenschaftlichen Gebrauch stellt das SIR-Modell ein System von gekoppelten Differentialgleichungen dar.

Die Behandlung eines Systems von Differentialgleichungen geht weit über die Anforderungen der Schulmathematik hinaus. Ferner lässt sich auf diesem Weg zwar der funktionale Verlauf der Epidemie gut vorhersagen, jedoch keine anschauliche Vorstellung vom Infektionsgeschehen vermitteln. Wir haben daher unserem Unterrichtsvorschlag ein vereinfachtes geometrisches Modell zugrunde gelegt, das gleichwohl die Grundannahmen des SIR-Modells übernimmt und auch dessen Kritikalität widerspiegelt:

- Alle Personen werden im Modell identisch behandelt, d. h., Übertragungswahrscheinlichkeit, Krankheitsdauer und Sterbewahrscheinlichkeit sind für alle gleich.
- Jede Person kann sich lediglich einmal infizieren.
- Eine infizierte Person ist gleichzeitig immer infektiös.

Das SI-Modell stellt eine vereinfachte Form des SIR-Modells dar. In diesem Modell gibt es lediglich suszeptible (S) und infizierte Personen (I). Eine einmal infizierte Person bleibt für alle Zeiten infiziert und damit infektiös. Mathematisch führt dieses Modell auf das bekannte logistische Wachstum, wie es auch in einem konkreten mathematischen Modell beispielsweise im Rahmen des Lernbereichs „Wachstum" der Analysis üblicherweise als Anwendung des exponentiellen und logistischen Wachstums verwendet wird.

Das Gittermodell stellt ein vereinfachtes Modell dar, um soziale Kontaktnetzwerke einer Simulation zugänglich zu machen. Die Theorie der sozialen Kontaktnetzwerke geht davon aus, dass jedes Individuum lediglich mit einer bestimmten Menge anderer (benachbarter) Individuen in der Gesamtpopulation in Kontakt tritt. Dieser Sachverhalt lässt sich beispielsweise im Rahmen einer Modellkritik auch mit Schülerinnen und Schülern diskutieren. Das soziale Kontaktnetzwerk z. B. eines Schülers besteht beispielsweise aus seiner Klasse, seinem Sportverein, seiner Familie und einer bestimmten Anzahl von Freunden (Brockmann 2021). Das Gittermodell wurde ursprünglich in der theoretischen Festkörperphysik entwickelt und stellt eine Vereinfachung des sozialen Kontaktnetzwerks dar. So gibt es keine Knotenpunkte (besonders gut vernetzte Individuen). Jedes Individuum ist einem Platz fest zugeordnet und bewegt sich in einem bestimmten Radius (über den die Mobilität des Netzwerks definiert wird) um seinen Platz herum, wobei es dann zu Kontakten und im Falle einer Epidemie zu möglichen Ansteckungen mit den Nachbarn kommt (siehe Abb. 2). In einem Gittermodell werden – in weiterer Vereinfachung – allen Personen im Netzwerk die gleichen Eigenschaften zugeordnet, im Wesentlichen die Mobilität, die Ansteckungswahrscheinlichkeit und der stochastische Krankheitsverlauf.

2.2 Modellieren und Simulieren in Kombination

In den hier diskutierten Unterrichtsszenarien werden Simulation und Modellierung miteinander kombiniert. Dies ist ein in der Unterrichtspraxis typisches Verfahren (siehe dazu auch Greefrath und Weigand 2012).

Die Lebenswelt der Schülerinnen und Schüler wurde in den Jahren 2020 bis 2022 stark von der Corona-Pandemie geprägt. Die verwendeten Modelle dienen dazu, eine verein-

Abb. 2 Visualisierung eines Gittermodells, bei dem sich die Knotenpunkte lokal im jeweiligen Aufenthaltsbereich bewegen können

fachte mathematische Abbildung des Pandemieverlaufs zu schaffen. Durch die Vereinfachungen (zur Untersuchung komplexerer Modelle mittels Simulationen siehe Biehler et al. 2015) kann gezielt untersucht werden, welchen Einfluss einzelne Aspekte wie z. B. Infektiosität, Quarantänen und Kontaktnachverfolgung in der Modellsituation haben. Im Sinne von Greefrath und Weigand (2012) werden Modelle zum einen dazu genutzt, Experimente durchzuführen, die in der realen Welt nicht umsetzbar sind, und zum anderen, um komplexe Situationen, die sonst im Klassenzimmer nicht mathematisch beleuchtet werden können, für Schülerinnen und Schüler handhabbar zu machen.

Im Sinne des Modellierungskreislaufs nach Blum (siehe dazu z. B. Blum und Leiss 2005; Blum 2011) wird zunächst ein Realmodell formuliert, in dem die Aspekte der Virusausbreitung eingegrenzt und vereinzelt oder in gezielten Kombinationen betrachtet werden. Dieses Realmodell wird so vereinfacht, dass es sich z. B. in ein Würfelspiel übersetzen lässt, das anschließend mathematisiert und zu Experimenten durch Simulation mit dem Modell genutzt werden kann. Die Beobachtungen beim Experimentieren werden reflektiert und zur Weiterentwicklung des betrachteten Modells genutzt. Die sich so ergebenden weiteren Durchläufe des Modellierungskreislaufs führen schrittweise zu komplexeren Modellen, die vielschichtige Simulationen erlauben.

Auf eine explizite Thematisierung des Modellierungskreislaufs von Lehrerseite wurde zugunsten der Fokussierung auf die Simulationsergebnisse und der Weiterentwicklung der Modelle im Unterrichtsverlauf verzichtet. Eine kurze Einführung in das Thema der Modellierung und einen (vereinfachten) Modellierungskreislauf (siehe dazu auch Abb. 6) findet man beispielsweise in der App „Anton" im Stoff für die Jahrgänge 9 und 10 unter dem Oberthema „Exponentialfunktion und Logarithmus".

Simulationen – auch von wissenschaftlichen Arbeitsgruppen – sowie Anregungen für die Behandlung der Thematik im Mathematikunterricht und Hintergrundinformationen zu COVID-19 sind auf einer Website des MINT-Zirkels zusammengetragen (vgl. MINT-Zirkel 2021).

3 Simulation mit einem Würfelmodell auf Papier

3.1 Ansatz über ein Würfelmodell: Grenzen und Chancen

Einem SI(R-)Modell liegt zugrunde, dass zufällig entschieden wird, ob eine Ansteckung erfolgt oder nicht (siehe dazu Abschn. 2.1). Dementsprechend muss in einer Simulation entweder mithilfe von Zufallszahlen in einer rechnergestützten Simulation (siehe Scratch) oder unter Verwendung eines anderen Zufallsgerätes gearbeitet werden, um zu ermit-

teln, ob eine Weitergabe des Virus zwischen zwei Individuen stattfindet. Die Verwendung von Würfeln bietet einen Zugang „zum Anfassen" für die Schülerinnen und Schüler und kann so als Hinführung zu rechnergestützten Simulationen betrachtet werden, bei denen die programmierte Simulation den Schülerinnen und Schülern die Tätigkeit des Würfelns abnimmt (siehe hierzu auch Biehler et al. 2015 sowie Eichler und Vogel 2013).

Grenzen sind der Verwendung eines (sechsseitigen) Würfels dadurch gesetzt, dass hier nur bestimmte diskrete Wahrscheinlichkeiten für eine Ansteckung umgesetzt werden können. Dieser Punkt muss mit den Schülerinnen und Schülern entsprechend thematisiert werden: Mit dem Würfelmodell, in dem Felder einer 4 × 4-Matrix für Personen stehen, können generelle Phänomene zur Ausbreitung und Eindämmung eines Virus – unter Annahme starker Vereinfachungen der Realität – untersucht und demonstriert werden. Jedoch können nicht bestimmte Wahrscheinlichkeiten für Ansteckungen, die z. B. in der Corona-Pandemie oder in einer Grippewelle vorgelegen haben, umgesetzt werden. Dynamische Effekte, die durch wechselnde Kontaktpersonen entstehen, können über dieses Modell nicht abgebildet werden. Ebenso stellt die Begrenzung auf maximal 8 Kontaktpersonen eine starke Vereinfachung dar. Im Modell wird ebenso vereinfachend davon ausgegangen, dass jede Person die gleiche Wahrscheinlichkeit für eine Ansteckung besitzt, d. h., individuelle Faktoren wie z. B. Unterschiede im Verhalten werden nicht berücksichtigt. Ebenso wird bei der Ansteckungswahrscheinlichkeit für eine Person nicht miteinbezogen, ob nur eine Kontaktperson oder bereits mehrere Kontaktpersonen infiziert sind. Auch eine Verbreitung des Virus durch Aerosole – wenn die 4 × 4-Matrix z. B. einen Raum abbilden soll, in dem sich die Personen befinden – wird zur Vereinfachung hier nicht abgebildet.

Innerhalb dieser vereinfachten Struktur lässt sich jedoch die Verringerung der Ausbreitungsgeschwindigkeit des Virus durch eingeführte Maßnahmen simulieren und Szenarien wie „Test-Trace-Isolate" können anschaulich untersucht werden. Hierbei ist jedoch zu beachten, dass sich durch die beim Würfel fest vorliegenden diskreten Wahrscheinlichkeiten weder die Ausbreitungsgeschwindigkeiten des Virus noch die Wirksamkeit von Maßnahmen quantitativ abbilden lassen.

Dementsprechend wird hier von einem stark vereinfachten Realmodell ausgehend mit der Modellierung begonnen, die schrittweise komplexer gestaltet wird (siehe zu diesem Vorgehen auch z. B. Blum und Leiss 2005; Blum 2011), um Simulationen durchführen zu können (siehe dazu auch Abschn. 2.2).

3.2 Grundidee des Würfelmodells

Die Schülerinnen und Schüler sollen durch schrittweise komplexere Simulationen erkennen, wie Modelle für Simulationen mithilfe eines SI-Modells entwickelt werden können. Hierbei erfahren sie, wie eine Veränderung von Parametern (z. B. der Ansteckungswahrscheinlichkeit) das Ergebnis der Simulation beeinflusst, und dass jedes Modell Grenzen bezüglich der Abbildung der realen Welt besitzt. Ihr erworbenes Wissen wenden die Schülerinnen und Schüler dahingehend an, dass sie eigene Modelle für Simulationen entwickeln, diese kritisch hinterfragen und die Ergebnisse ihrer Simulationen interpretieren.

Im Kompetenzmodell ist diese Unterrichtssequenz unter „Daten und Zufall" zu verorten. Hauptsächlich wird die Kompetenz K3 „mathematisch Modellieren" (Kompetenzen nach den Bildungsstandards) durch die angeleiteten Modelle und Simulationen und die Entwicklung eigener Modelle gefördert. Die Kompetenz K6 „mathematisch Kommunizieren" wird ebenso weiter ausgebildet, wenn bei der Diskussion der Modelle z. B. der Einfluss von Parametern wie der Ansteckungswahrscheinlichkeit betrachtet wird.

Das Würfelmodell auf Papier zielt darauf, die folgenden, schrittweise komplexer werdenden Modellierungen und Simulationen durchzuführen:

- Die ungebremste Ausbreitung eines Virus innerhalb einer Gruppe
- Die Verlangsamung der Ausbreitung eines Virus durch Gegenmaßnahmen. Im Verlauf der Corona-Pandemie haben sich z. B. die AHA+L-Regeln durchgesetzt: Abstand, Handhygiene, Alltagsmaske und Lüften
- Der Einsatz von Teststrategien: Tests zum Nachweis, ob eine Infektion mit dem Coronavirus vorliegt, sind z. B. durch die Selbsttests in Schulen und auch im privaten Bereich während der Corona-Pandemie zum Teil des Alltags der Schülerinnen und Schüler geworden.
- Der Einsatz von Teststrategien und Quarantäne („Test-Trace-Isolate"): Je nach vorliegender Virusvariante wurde vor allem zu Beginn der Pandemie nicht nur die erkrankte Person selbst in Quarantäne abgesondert, sondern auch Kontaktpersonen mussten in Quarantäne gehen. Im Verlauf der Pandemie wurde diese Regelung im Zuge der fortgeschrittenen Immunisierung der Bevölkerung durch Impfungen und durchgestandene Infektionen gelockert.

Eine Übersicht mit Anleitungen für den Einsatz im Unterricht zu den genannten simulierten Szenarien findet sich in der Veröffentlichung der MINT-EC-Schriftenreihe.

Dem Würfelmodell liegt das eingangs erklärte SI-Modell (siehe Abschn. 2.1) zugrunde. Alle Personen werden zunächst als für das Virus empfänglich angesehen und werden nach und nach infiziert. Eine Immunisierung bereits infizierter Personen ist im vereinfachten „Würfelmodell auf Papier" nicht vorgesehen, sodass der Schritt zum SI-Modell nicht vollzogen wird. Die zusätzliche Simulation des

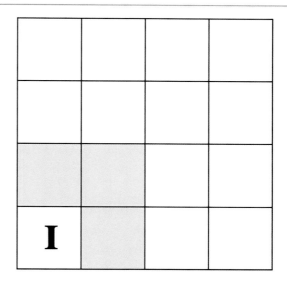

Abb. 3 Ausgangssituation auf der 4 × 4-Matrix. Benachbarte Felder eines als infiziert markierten Feldes, die direkte Kontakte darstellen, sind farbig markiert

SIR-Modells ist jeweils beim „Würfelmodell im Rollenspiel" und bei der „Simulation mit Scratch" möglich (vgl. Abschn. 4 und 5). Hier können Personen genesen bzw. auch versterben.

Es wird auf einer 4 × 4-Matrix gearbeitet, auf der jedes Feld eine Person symbolisiert. Die Geometrie der Anordnung stellt die Beziehungen zwischen Kontaktpersonen dar. Als direkte Kontaktpersonen werden hier benachbarte Felder und diagonal anschließende Felder betrachtet. Damit verschiedene Szenarien verglichen werden können, wird im Folgenden immer das untere linke Feld zu Spielbeginn mit einer infizierten Person besetzt, hier mit einem „I" gekennzeichnet (Abb. 3). Eine infizierte Person kann prinzipiell eine direkte Kontaktperson – d. h. direkt benachbartes oder diagonal anschließendes Feld (farbig markiert) – anstecken (siehe Abb. 3).

3.3   Ungebremste Ausbreitung eines Virus

Um später die Wirksamkeit von Maßnahmen zur Eindämmung des Virus sichtbar machen zu können, wird zunächst die ungebremste Verbreitung eines Virus auf der 4 × 4-Matrix simuliert. Eine Anleitung für die Hand des Schülers ist in der Veröffentlichung der MINT-EC-Schriftenreihe zu finden.

Es wird zunächst damit begonnen, mit einer einfachen Entscheidungsregel für die Ansteckung mit dem Virus die Ausbreitung über die gesamte 4 × 4-Matrix zu simulieren.

Wird eine gerade Zahl gewürfelt, erfolgt eine Ansteckung. Die Schülerinnen und Schüler wählen ein benachbartes Feld eines als „infiziert" markierten Feldes aus und würfeln. Als

Entscheidungsregel wird festgelegt, dass das betrachtete Feld als „infiziert" markiert wird, wenn eine gerade Zahl gewürfelt wird. Die Schülerinnen und Schüler würfeln für das betrachtete Feld so lange, bis eine gerade Zahl gefallen ist, und notieren im Feld die Zahl der benötigten Würfe bis zur Infektion (Anleitung mit Beispiel, siehe MINT-EC-Schriftenreihe). Die Anzahl der Würfe, die für die vollständige Infektion aller auf der Matrix symbolisierten Personen notwendig ist, gilt als Maß für die Ausbreitungsgeschwindigkeit. Je höher diese Zahl ist, desto langsamer verbreitet sich das Virus. Die Ausbreitungsgeschwindigkeit wird im Folgenden für die Schülerinnen und Schüler direkt durch die Anzahl der per Hand durchgeführten Würfe erfahrbar. Dieses Maß kann jedoch nur im Sinne von kleiner, größer oder gleich in verschiedenen Situationen verglichen werden und ist nicht weiter interpretierbar. Bei der oben verwendeten Regel für die Ansteckung werden im Mittel 30 Würfe benötigt, bis alle Felder auf der 4 × 4-Matrix als infiziert markiert sind.

Die Infektiosität des Virus kann durch eine Anpassung der Entscheidungsregel für die Ansteckung eines Nachbarfeldes variiert werden.

Bezüglich der Grenzen des Modells können die statische Anordnung der Kontaktpersonen und die für jede Person und alle Zeiten gleiche Anzahl an Kontaktpersonen diskutiert werden. Ebenso kann darauf eingegangen werden, dass – für SI(R)-Modelle typisch – jede Person dieselbe Ansteckungswahrscheinlichkeit besitzt. Ebenso sollte thematisiert werden, dass die Ansteckung bei einem Kontakt mit einer, z. B. mit dem Coronavirus, infizierten Person in der Realität nicht wie in der Simulation angenommen bei 0,5 liegt. Es kann zusammengefasst werden, dass die Modelle und die Ergebnisse der mit ihnen durchgeführten Simulationen Ideen liefern, die Realität jedoch nie direkt abbilden können.

3.4   Verlangsamung der Ausbreitung eines Virus durch Gegenmaßnahmen

Die Wirksamkeit von Maßnahmen, welche die Verbreitung des Virus verhindern sollen, kann nun durch Anpassung der Entscheidungsregel für eine Ansteckung abgebildet werden.

Bei der neuen Ansteckungsregel erfolgt eine Ansteckung nur, wenn eine „2" oder „4" geworfen wird.

Hierbei betrachten wir vereinfachend zwei gleichzeitig ergriffene Maßnahmen als stochastisch unabhängig, d. h., beide Maßnahmen müssen versagen, damit eine Ansteckung stattfindet. Anleitungen für eine mögliche Umsetzung befinden sich in der Veröffentlichung der MINT-EC-Schriftenreihe. Durch die Verringerung der Ansteckungswahrscheinlichkeit im Vergleich zum ungebremsten Ausgangsszenario wird die Anzahl der benötigten Würfe und damit die Zeit, bis die Matrix gefüllt ist, für die Schülerinnen und Schüler deutlich wahrnehmbar erhöht. Auch der Unterschied zwischen den Szenarien mit einer bzw. zwei Maßnahmen wird von der Versuchsgruppe deutlich wahrgenommen:

- Bei den genannten Ansteckungsregeln werden im Mittel bei einer Maßnahme 45 Würfe benötigt, bis alle Felder als infiziert markiert sind.
- Bei zwei als stochastisch unabhängig voneinander angesehenen Maßnahmen erhöht sich die Zahl der im Mittel benötigten Würfe, bis alle Felder als infiziert markiert sind, bereits auf 135 Würfe.

Das Modell ist dadurch limitiert, dass mit den neuen Ansteckungsregeln nicht exakt die Ansteckungswahrscheinlichkeiten abgebildet werden, die in der Realität bei der Durchführung der Maßnahmen vorliegen. Ebenso kann diskutiert werden, ob eine Ansteckung nur erfolgt, wenn beide Maßnahmen versagen, d. h. ob hier die Annahme der stochastischen Unabhängigkeit gerechtfertigt ist.

3.5   Teststrategien und Quarantäne

Das Prinzip „Test-Trace-Isolate" wurde in der Corona-Pandemie zur Eindämmung des Virus angewendet. Hierfür wurden das Testen auf das Vorliegen einer Infektion mit Kontaktnachverfolgung und Quarantäneanordnungen für Kontaktpersonen kombiniert (Anleitungen siehe Veröffentlichung der MINT-EC-Schriftenreihe). Mit der Simulation wird verdeutlicht, dass die Ausbreitung des Virus auf der 4 × 4-Matrix nicht nur verlangsamt, sondern auch vollständig gestoppt werden kann.

Die Wirksamkeit des Prinzips „Test-Trace-Isolate" kann auf der 4 × 4-Matrix demonstriert werden. Die Modellierung wird wieder schrittweise in ihrer Komplexität gesteigert. Zunächst wird als erster Schritt „Test and Isolate" modelliert. Bevor für die Ansteckung von Nachbarfeldern gewürfelt wird, wird zunächst für ein infiziertes Feld ausgewürfelt, ob die Person daraufhin getestet wird, ob eine Infektion mit dem Virus vorliegt (Anleitung und mögliche Entscheidungsregel siehe MINT-EC-Schriftenreihe). Im Falle eines durchgeführten Tests wird zur Vereinfachung davon ausgegangen, dass die Person auch als infiziert erkannt wird. Anschließend wird die Person isoliert (hier mit einem roten Kreis markiert), sodass von ihr aus keine benachbarten Felder mehr angesteckt werden können. Es ist anzumerken, dass – da ein SI-Modell verwendet wird – eine infizierte Person während der gesamten Simulation nicht gesundet und dementsprechend bis zum Ende der Simulation auch isoliert bleibt. In der Gesamtschau der gewürfelten Szenarien der gesamten Gruppe ist hier schon vereinzelt ein Stoppen der Ausbreitung erkennbar (siehe Abb. 4).

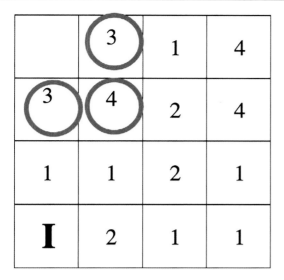

Abb. 4 Mithilfe der Teststrategie wurde die Ausbreitung des Virus gestoppt. Das Feld links oben wird nicht mehr erreicht

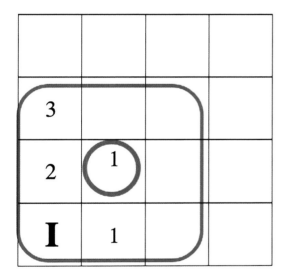

Abb. 5 Mithilfe von Testen, Isolieren und Nachverfolgen wurde die Ausbreitung des Virus gestoppt. Die getestete Person ist umkreist, Personen, die in Quarantäne geschickt werden, sind mit dem Quadrat umzeichnet

Im nächsten Schritt wird das Vorgehen um das Prinzip der Kontaktnachverfolgung und der Isolierung von direkten Kontaktpersonen erweitert: Nicht nur die positiv getestete Person (durch einen Kreis markiert) wird isoliert, sondern auch alle benachbarten und diagonal angrenzenden Felder (mit einem Quadrat umzeichnet). Hier wird auf der 4 × 4-Matrix das (meist) zügige Stoppen der Virusausbreitung sichtbar (siehe Abb. 5).

3.6 Empirische Umsetzungserfahrungen zum Würfelmodell auf Papier

Methodisch kann bei der Durchführung dieser Einheit mit einer Gruppenexploration vorgegangen werden, sodass für jedes simulierte Szenario Ergebnisse in Klassenstärke vorliegen, die verglichen und diskutiert werden können. Im Online-Unterricht (Klasse 9, G8) wurde dies so umgesetzt, dass die Schülerinnen und Schüler jeweils in Einzelarbeit die Matrix zu Hause durch Würfeln ausgefüllt haben und anschließend die Ergebnisse der gesamten Klasse in einem OneNote-Dokument zusammengeführt wurden.

Im Praxisdurchlauf zeigte sich, dass es – je komplexer die betrachteten Szenarien wurden –für manche Schülerinnen und Schüler schwer wurde, zu entscheiden, ob das betrachtete Feld nun als „infiziert" markiert wird oder nicht. Dadurch, dass unkompliziert zu erreichende Diskussionspartner wie ein Sitznachbar im Präsenzunterricht fehlten, musste Zeit für Rückfragen und Korrekturen im Plenum eingeplant werden. Als Hilfestellung für die Durchführung möglicher Würfelexperimente und als Entscheidungshilfe für die Schülerinnen und Schüler wurden Anleitungen entwickelt, die unter der MINT-EC-Schriftenreihe frei zugänglich sind.

Bei der Simulation von Maßnahmen zur Eindämmung des Virus nimmt die Anzahl der Würfe, die notwendig sind, bis das ganze Feld als infiziert markiert ist, bei zwei stochastisch unabhängigen Maßnahmen bereits deutlich zu. Die Simulation von mehr als zwei stochastisch unabhängigen Maßnahmen ist nicht empfehlenswert, da sich die Würfelzeiten für die Schülerinnen und Schüler dann unangenehm in die Länge ziehen.

Da die Simulation von Test-Trace-Isolate durch den Einsatz zweier Würfel im Vergleich zu den vorherigen Simulationen komplexer ist, muss für das Thematisieren der Würfelregeln Zeit eingeplant werden. Hier bietet es sich an, ein Beispiel gemeinsam zu betrachten, bevor die Schülerinnen und Schüler die Simulation selbstständig durchführen. Bei diesem Modell begannen die Schülerinnen und Schüler bereits eigene Ideen zur Weiterentwicklung einzubringen. Es wurde vorgeschlagen, dass eine Verschärfung der Teststrategie – umgesetzt durch eine höhere Wahrscheinlichkeit, dass eine Person getestet wird – die modellierte Situation verbessern könnte. Der Effekt wurde, wie von den Schülerinnen und Schüler vermutet, bei der Durchführung im Experiment sichtbar.

Bei der Diskussion der Modelle wurden die Vereinfachungen und Einschränkungen, die in Abschn. 3.1 aufgeführt sind, von den Schülerinnen und Schülern erkannt, und es zeigte sich, dass sie in der Lage waren, sich in die Modelle hineinzudenken und Vorschläge zur Weiterentwicklung einzubringen.

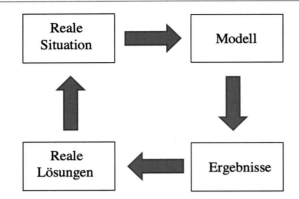

Abb. 6 Vereinfachter Modellierungskreislauf

Bei den Diskussionen wurden von Schülerinnen und Schüler auch immer wieder Aspekte aufgeworfen, die nicht unmittelbar berücksichtigt werden konnten, sondern für eigene Simulationsideen aufgehoben wurden.

Ein vereinfachter Modellierungskreislauf (siehe Abb. 6, zum Modellierungskreislauf vgl. Blum 1985), bestehend aus „Reale Situation" – „Modell" – „Ergebnisse" – „reale Lösungen", war der Gruppe, in der das Würfelmodell auf Papier testweise unterrichtet wurde, aus vorangegangenem Unterricht (aus der Anton-App 2021) bekannt und wurde von den leistungsstärkeren Schülerinnen und Schülern selbstständig in Diskussionen in der Gruppe bei der Weiterentwicklung der Modelle eingebracht. Eine Gruppe untersuchte die Wirksamkeit einer Einschränkung der Anzahl von Kontaktpersonen. Hierfür wurde mit Baumdiagrammen gearbeitet. Eine infizierte Person stellt die Wurzel des Baumes dar, die davon abgehenden Äste stehen für direkte Kontaktpersonen. Nach einer Würfelregel wird entschieden, ob eine der direkten Kontaktpersonen infiziert wird. Als Ansteckungsregel wurde festgelegt, dass bei einer „1", „2" oder „3" eine Infektion erfolgt. Die Gruppe variierte hier die Anzahl der Kontaktpersonen zwischen zwei und vier Personen und stellte hierbei fest, dass bei drei und vier Kontaktpersonen noch deutliches Wachstum bezüglich der von einer Ebene des Baumes zur nächsten Ebene neu infizierten Personen auftreten kann. Hierfür zählten die Schülerinnen und Schüler, wie viele infizierte Personen pro Ebene vorlagen, und erstellten dazu eine Tabelle. Da in den Bäumen immer wieder die Struktur beobachtet wird, dass ein Infizierter mehr als eine seiner Kontaktpersonen in der nächsten Ebene ansteckt, vermuteten die Schülerinnen und Schüler, dass – ähnlich einem Schneeballsystem – exponentielles Wachstum auftreten kann.

Bei zwei Kontaktpersonen fällt die Zahl der Ansteckungen deutlich geringer aus, und die Verbreitung verlangsamt sich. Da die gewählte Wahrscheinlichkeit für eine Ansteckung 0,5 beträgt und für zwei Kontaktpersonen gewürfelt wird, wird sich im Mittel (Erwartungswert) nur eine der Kontakt-

personen infizieren. Damit kann dauerhaft vorliegendes exponentielles Wachstum verhindert werden. Ein Stoppen der Ausbreitung wurde in der Simulation ebenso beobachtet.

Selbstständig formulierte die Gruppe als Grenzen des Modells, dass eine Ansteckung nicht immer mit der Wahrscheinlichkeit von 0,5 erfolgt, sondern von der Art des Kontakts abhängt. Ebenso wurde erkannt, dass „nicht jeder zwei Neue [Kontaktpersonen] trifft", sondern auch Treffen der Personen untereinander möglich und realistisch sind.

Zwei Gruppen beschäftigten sich mit den in der Schule vorherrschenden Pandemieregeln. Hierbei wurde eine Simulation entwickelt, in der die im Verlauf des Schuljahres immer weiter verschärften Maßnahmen und ihre Kombination abgebildet wurden. In einer weiteren Simulation wurde ein Klassenraum abgebildet und Bewegung im Klassenzimmer am Beispiel eines Gangs zur Tafel simuliert. Hierbei wurde ein extrem ansteckendes Virus simuliert – den beteiligten Schülerinnen und Schüler war an dieser Stelle bewusst, dass dies nicht die aktuelle Situation abbildete. Im nächsten Schritt wurde begonnen, das Szenario im simulierten Klassenraum durch Abstand und Einzeltische zu entschärfen.

Zwei weitere Gruppen arbeiteten weiterhin mit der 4 × 4-Matrix. Eine der Gruppen führte Impfungen gegen das Coronavirus ein und untersuchte den dadurch auftretenden positiven Effekt. Die andere Gruppe untersuchte die Ausbreitung von Grippeviren und simulierte die uns dabei aus dem Alltag geläufigen Maßnahmen.

4   Simulation mit einem Würfelmodell im Rollenspiel

In diesem Abschnitt wird ein Würfelmodell vorgestellt, das mit einer ganzen Klasse im Rollenspiel gespielt werden kann. Die Ziele und Grundideen dieses Würfelmodells stimmen mit denen in Abschn. 3 überein.

Die Besonderheit dieses Rollenspiels liegt darin, dass die Teilnehmenden aktiv darum spielen, sich oder andere zu infizieren, und damit nicht nur die Ausbreitung des Infektionsgeschehens im gewählten Szenario beobachten können, sondern selbst ein Teil davon sind. Das eigene Erlebnis der Schülerinnen und Schüler im Rollenspiel kann dabei als Grundlage des Unterrichtens genutzt werden (vgl. z. B. Kramer 2010, 2013), um die unterschiedlichen Einflussfaktoren auf das zugrunde liegende Modell besser kennenzulernen.

Bei diesem Würfelmodell erhalten alle teilnehmenden Personen jeweils einen 6er-Würfel. Für das Rollenspiel gelten die folgenden Regeln (vgl. MINT-EC-Schriftenreihe und Abb. 7): Eine Person wird zu Beginn als infiziert festgelegt. Sie stellt sich hin. Alle würfeln gleichzeitig. Wer nun die gleiche Zahl wie die infizierte Person würfelt, hat sich sofort infiziert. Das Rollenspiel endet, wenn alle infiziert sind.

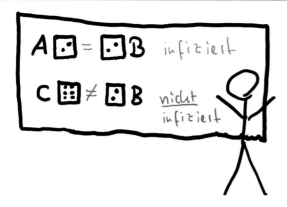

Abb. 7 Darstellung der zentralen Regeln im Rollenspiel

4.1 Ungebremste Ausbreitung eines Virus innerhalb der Gruppe

Um im weiteren Verlauf des Rollenspiels die Wirksamkeit von Gegenmaßnahmen zu veranschaulichen, wird zunächst die ungebremste Verbreitung eines Virus simuliert. Alle Personen in der Klasse würfeln. Die zu Beginn infizierte Person nennt laut den eigenen Würfelwurf. Jeder, der die gleiche Zahl gewürfelt hat wie die infizierte Person, wurde angesteckt und stellt sich als infizierte Person hin. Dabei besitzt jede Person – wie bei einem SI(R)-Modell typisch – dieselbe Ansteckungswahrscheinlichkeit von einem Sechstel. In der Schulpraxis lassen sich auf diese Weise qualitative Gründe für die rasante Ausbreitung von Viren finden. Im Rahmen eines konstruktiv kritischen Umgangs mit Modellen entdecken die Schülerinnen und Schüler Grenzen, die das verwendete Modell im Vergleich zur Realität aufweist. Außerdem beschreiben sie, welche Maßnahmen man ergreifen könnte, um die Ausbreitung eines Virus zu verringern, und wie man diese Maßnahmen in der Simulation umsetzen könnte (vgl. Arbeitsaufträge in der MINT-EC-Schriftenreihe).

Bei einer Klasse von 31 Schülerinnen und Schülern sollten sich im Durchschnitt $\frac{1}{6} \times 30 = 5$ Personen in der ersten Runde infizieren. Bei diesen geringen Fallzahlen wird es erwartungskonform zu starken Abweichungen von diesem Erwartungswert kommen. In der zweiten Runde werden alle Personen infiziert, die eine der von den Infizierten gewürfelten Zahlen würfeln. Damit steigt die persönliche Infektionswahrscheinlichkeit mit der Anzahl der Infizierten. Die Schülerinnen und Schüler erleben in diesem Rollenspiel selbst, wie bei einer ungebremsten Virusausbreitung die Wahrscheinlichkeit, sich zu infizieren, von Runde zu Runde größer wird. Dieser Zusammenhang ließe sich mathematisch berechnen, was allerdings schnell in eine komplexere Aufsummierung von Einzelwahrscheinlichkeiten ausarten kann. Daher wird empfohlen, das Rollenspiel, das ohne auf-

wendige Berechnungen auskommt, als handlungsorientiertes Erlebnis im Mathematikunterricht einzusetzen, um den Fokus auf den Modellierungsprozess zu legen. Eine zentrale Erkenntnis im ungebremsten Modell ist, dass sich das Virus rasant ausbreitet, sodass die Simulation häufig nach vier bis fünf Runden beendet ist. Dies sollte in Wiederholungen der Simulation geprüft werden. In den folgenden Abschnitten werden bei der Modellierung Gegenmaßnahmen berücksichtigt.

4.2 Verlangsamung der Ausbreitung eines Virus durch Gegenmaßnahmen

Im Alltag werden verschiedene Maßnahmen (z. B. AHA + L-Regeln) umgesetzt und miteinander kombiniert, um die Ausbreitung eines Virus zu verringern. Diese Gegenmaßnahmen lassen sich auch im Rollenspiel umsetzen, indem die Ansteckungsregel so verändert wird, dass sich die Wahrscheinlichkeit einer Ansteckung verringert. Mithilfe des Rollenspiels können die Schülerinnen und Schüler untersuchen, inwieweit eine Einschränkung der Mobilität die Ausbreitung des Virus in der Simulation beeinflusst (vgl. MINT-EC-Schriftenreihe). Außerdem können Gegenmaßnahmen und Grenzen des Modells analysiert werden.

In der Simulation lassen sich unterschiedliche Gegenmaßnahmen realisieren. Beispielsweise kann die Mobilität der Menschen eingeschränkt werden, um die Ausbreitung des Virus zu verringern. Dazu wird im Rollenspiel vorgegeben, dass ein Infizierter nicht mehr jeden im Raum, sondern nur noch die Sitznachbarn anstecken kann. Die Ausbreitungsgeschwindigkeit wird damit drastisch reduziert. Die Virusausbreitung hängt von der Anzahl der Sitznachbarn ab. Besitzt eine infizierte Person vier Sitznachbarn, ist die Wahrscheinlichkeit der Virusausbreitung größer, als wenn es lediglich neben einen oder zwei Sitznachbarn gäbe. Die Geschwindigkeit der Virusausbreitung hängt damit von der Sitzordnung ab.

4.3 Teststrategien und Quarantäne

Die Ausbreitung eines Virus soll nicht nur verlangsamt, sondern möglichst auch gestoppt werden. Hilfsmittel dafür können Tests sein, mit denen man infizierte Personen als solche identifiziert. Wird die Infektion bei einer Person festgestellt, so kann in einer Pandemiesituation auch eine Quarantäne angeordnet werden, um die Ausbreitung des Virus weiter einzuschränken. Teststrategien und Quarantäne können auch im Rollenspiel simuliert und deren Auswirkungen untersucht werden (vgl. MINT-EC-Schriftenreihe).

Mit dem Prinzip „Test-Trace-Isolate" werden infizierte Personen getestet und bei einem positiven Befund gemeinsam mit ihren Kontaktpersonen isoliert, um die Ausbreitung des Virus einzudämmen. Die Umsetzung des Prinzips im Rollenspiel wird im folgenden Abschnitt erläutert. In Ergänzung zum vorangegangenen Modell werden die am Rollenspiel teilnehmenden Personen nun zusätzlich getestet. Die infizierten Personen werden bei einer 3, 4, 5 oder 6 als infiziert erkannt und begeben sich in Isolation. Sie können sich und andere nicht weiter infizieren. Für sie ist das Spiel beendet. Bei einer 1 oder 2 werden die infizierten Personen nicht oder fehlerhaft getestet und gelten im Rollenspiel weiterhin als ansteckend. Sie können damit mit ihrem Würfelergebnis ein oder zwei andere aus der Klasse infizieren. Für Nichtinfizierte reduziert sich lediglich die Wahrscheinlichkeit einer Ansteckung. Bei diesem vereinfachten Modell wird kein falsch positiver Test berücksichtigt.

Nun lässt sich das Modell um das Prinzip der Kontaktnachverfolgung und der Isolierung von direkten Kontaktpersonen erweitern: Nicht nur die positiv getestete Person wird isoliert, sondern auch die Sitznachbarn (auch diagonal Angrenzende). Für all diese Personen ist das Rollenspiel umgehend beendet.

4.4 Empirische Umsetzungserfahrungen zum Würfelmodell im Rollenspiel

Im Rahmen einer mehrfach erprobten Unterrichtseinheit zur Simulation von Infektionsmodellen konnten erste Erfahrungen zum hier vorgestellten Rollenspiel gesammelt werden. Die Durchführung eines Rollenspiels im Unterricht ist kein Selbstläufer, sondern bedarf der Akzeptanz und Partizipation der Schülerinnen und Schüler sowie der Anleitung durch die Lehrkraft (vgl. u. a. Kramer 2013).

Zu Beginn des Rollenspiels sollte die Lehrkraft darauf achten, dass die Infizierten (sofern mehrere infiziert sind) ihre Würfelergebnisse nacheinander laut und deutlich benennen, damit alle in der Klasse nachvollziehen können, ob sie sich nun auch infiziert haben oder nicht. In jüngeren Jahrgangsstufen kann es zusätzlich helfen, wenn die Würfelergebnisse der Infizierten für die Lerngruppe transparent festgehalten werden – insbesondere, wenn es mehrere Infizierte gibt oder stillere Schülerinnen und Schüler allein kaum in der Lage sind, die gesamte Klasse mit ihrer Stimme zu erreichen. Ferner hat sich als hilfreich erwiesen, wenn eine Schülerin bzw. ein Schüler die Moderatorenrolle übernimmt, die Würfelergebnisse kommuniziert und sich für die Einhaltung der für das Rollenspiel aufgestellten Regeln einsetzt.

Vergleicht man gemeinsam mit den Schülerinnen und Schülern das Würfelmodell mit einer realen Virusausbreitung, so werden schnell einige Modellgrenzen deutlich. In einer neunten Klasse wurde beispielsweise am Rollenspielmodell kritisiert, dass alle Personen zu jeder Zeit gleich

viele Kontakte besitzen. Dies entspreche nicht den individuellen Gewohnheiten der Menschen. Hier forderten die Schülerinnen und Schüler, dass man lediglich die Sitznachbarn infizieren könne und damit die Mobilität der Personen individuell geprägt sei, da jeder unterschiedlich viele Sitznachbarn in seiner Nähe habe. Das Rollenspiel wurde in verschiedenen Sitzordnungen erprobt. Dabei fiel besonders auf, dass Schülerinnen und Schüler mit nur einem Sitznachbarn sich kaum infizieren, während sich um andere Schülergrüppchen die Infektion aus einem Hotspot heraus schnell ausbreitet. Weitere Einflüsse der Sitzordnung konnten in diesem Szenario zunächst nicht festgestellt werden.

Außerdem äußerten einige Schülerinnen und Schüler die Modellkritik, dass in der Realität die Ansteckungswahrscheinlichkeit von vielen weiteren individuellen Faktoren abhängig sei. In diesem Rollenspielmodell wird die Ansteckungswahrscheinlichkeit zwischen zwei Personen auf ein Sechstel festgesetzt. Diese willkürliche Festlegung entspricht nicht annähernd einer evaluierten Übertragungswahrscheinlichkeit eines Virus und sollte kritisch mit der Lerngruppe hinterfragt werden.

Bei der Erprobung von Gegenmaßnahmen im Modell konnte beobachtet werden, dass einschränkende Maßnahmen gegen das Virus zu einer erheblichen Verlangsamung der Virusausbreitung führte und ein Wegfall der Maßnahmen dagegen die Geschwindigkeit der Virusausbreitung wieder rasant steigen ließ. In jeder Lerngruppe entwickelte sich daraufhin eine Dynamik, die dadurch geprägt war, dass die Schülerinnen und Schüler von Runde zu Runde die Gegenmaßnahmen wieder einführten oder abschafften. Damit wurden während der Simulation die Regeln für das Rollenspiel verändert, um direkte Einflüsse auf die Ausbreitungsgeschwindigkeit anschaulich zu erproben.

Das Rollenspiel fördert die Kreativität der Schülerinnen und Schüler, die mit vielen eigenen Ideen ganz von allein die Modellierung weiterentwickeln wollten, um die aus ihrem Lebensalltag bekannten Maßnahmen und Einflussfaktoren abzubilden und ein erstes Gefühl für einen möglichen Einfluss auf die pandemische Ausbreitung eines Infektionsgeschehens zu erhalten. Konkret erkannten die Schülerinnen und Schüler, dass die im Rollenspiel bezeichnete Mobilität auch mit den Einflussfaktoren der Einhaltung der „AHA-Regeln" oder des Tragens von FFP2-Masken gleichzusetzen ist. Das Rollenspiel wurde in einer Aachener Schule erprobt. Hier kommen einzelne Schülerinnen und Schüler aus den Nachbarländern Niederlande oder Belgien, sodass die Alltagsbrisanz der Pandemie es mit sich brachte, eine Grenze mit einem Grenzübergang in der Klasse einzuführen. Die Klasse wurde in zwei Gruppen geteilt, und die Grenze konnte je nach Infektionsgeschehen geschlossen oder geöffnet werden.

Um Gegenmaßnahmen flexibel zu wählen, kann es in der Umsetzung interessant sein, wenn ein Schüler bzw. eine Schülerin die Sonderrolle eines „Politikers" einnimmt und in jeder Runde die Entscheidungen zur Eindämmung des Infektionsgeschehens neu trifft. Dabei steht er bzw. sie vor der Klasse und sollte der Pandemiesituation im Sinne des Gemeinwohls mit angemessenen Maßnahmen begegnen. Der Erfolg des Rollenspiels hängt dann vom Aktionismus des „Politikers" ab. Wird die Mobilität der Menschen zu sehr eingeschränkt, dann breitet sich das Virus kaum aus, und es dauert viele Runden, bis sich einzelne Schülerinnen und Schüler anstecken. Im Praxisdurchlauf zeigte sich, dass die Schülerinnen und Schüler, die nicht in der Nähe von Infizierten saßen, aufgrund der eintönigen Situation eine Lockerung der Maßnahmen forderten. Damit partizipierten sie an der politischen Entscheidung und übten Einfluss auf den „Politiker" aus, die gewählten Gegenmaßnahmen aufzuheben. Das Rollenspiel wird dynamisch und die Schülerinnen und Schüler erleben, wie die mathematische Modellierung von verschiedenen Rahmenbedingungen des Modells abhängt. Die Simulation wird durch das Rollenspiel als lebensnahe Begegnung mit einer realen Pandemiesituation wahrgenommen. Außerdem erleben die Schülerinnen und Schüler, wie die getroffenen politischen Entscheidungen direkten Einfluss auf die Ausbreitung des Infektionsgeschehens nehmen. Beispielsweise verhielt sich ein Politiker in einer neunten Klasse zu Beginn des Rollenspiels zunächst sehr abwartend und schränkte die Mobilität kaum ein, sodass jeder Infizierte andere im Raum schnell anstecken konnte und die Simulation bereits nach wenigen Runden beendet war. In einer weiteren Simulation änderte der Politiker häufig die aktuelle Mobilität, sodass der Einfluss der politischen Entscheidung auf die Infektionsrate spürbar interaktiv wahrgenommen werden konnte. Diese ständige Variation der gewählten Einflussfaktoren belebte das Rollenspiel, führte allerdings auch dazu, dass eine präzise Analyse der Einflussfaktoren in der gewählten Simulation kaum möglich war. In einigen Lerngruppen wollten die Schülerinnen und Schüler das Modell um den Aspekt der Genesung erweitern. Dabei zeigte sich, dass die Schülerinnen und Schüler schnell einen qualitativen Eindruck von der Wirkung der bei der Modellierung notwendigen Einflussfaktoren erhalten, ohne dass diese ansatzweise quantifiziert werden konnten.

Es sei nochmal darauf hingewiesen, dass mit diesem Rollenspiel ein stark vereinfachtes Modell zur Ausbreitung des Virus realisiert wird, das nicht den Anspruch hat, die Ausbreitung des Infektionsgeschehens quantitativ zu analysieren. Als besonders positiv empfanden die Schülerinnen und Schüler, dass sie im Rahmen der Simulation das zugrunde liegende Modell zunehmend komplexer mitgestalten konnten und auch individuelle Modellierungen ausprobieren konnten.

5 Simulationen mit Scratch

5.1 Vorüberlegungen

Wir stellen nun verschiedene Szenarien zur Computersimulation einer Epidemie mit der bekannten didaktischen Ent-

wicklungsumgebung „Scratch" (Projektseite von Scratch o. J.) des MIT vor. Scratch wurde als blockorientierte didaktische Entwicklungsumgebung zum Erlernen der strukturierten Programmierung entwickelt. Auf der Website (Projektseite von Scratch) finden sich zahlreiche Beispiele für mathematische Modellierungen mithilfe von Scratch. Die hier mit Scratch entwickelten Programme (vgl. Programmbeispiele unter https://scratch.mit.edu/projects/528886226/) sind dabei so angelegt, dass sie sich als fertiges Werkzeug für Simulationsszenarien eignen. Dabei werden keine Programmierkenntnisse gefordert. Sie können aber auch als Ausgangspunkt für eigene Erweiterungen verwendet werden. Wir werden uns dabei im Folgenden auf die Anwendung zweier Simulationstools zum SI- und SIR-Modell beschränken.

Die zugrunde liegenden Modellvorstellungen schließen sich unmittelbar an die Würfelspiele an und basieren auf dem SI- bzw. dem SIR-Modell. Auch hier sind die Personen auf einem Gitter angeordnet und übertragen die Infektion mit einer vorgegebenen Wahrscheinlichkeit an ihre Nachbarn. Im Unterschied zu den Würfelspielen steht bei den Computersimulationen jedoch weniger die Wirkung von Maßnahmen wie Contact Tracing und Isolation als vielmehr die Untersuchung von Szenarien zu verschiedenen Parametern wie Mobilität, Ansteckungsrate und Krankheitsdauer im Vordergrund. Auch die Wirksamkeit einer Impfung und die Problematik der Herdenimmunität lassen sich auf diese Weise veranschaulichen.

Ebenso wie in den Würfelspielen liegt unser Augenmerk auch in der Computersimulation auf Realmodellen. Eine Anbindung an ein mathematisches Modell ist durch das exponentielle oder logistische Wachstum gegeben.

5.2 Aufbau der Simulation

In der Computersimulation werden die Modelle „SI" und „SIR" aus der Epidemiologie auf Basis der blockorientierten didaktischen Entwicklungsumgebung „Scratch" veranschaulicht (vgl. MINT-EC-Schriftenreihe).

Dabei werden alle beteiligten Personen durch gleich große Kreise dargestellt, die auf einem quadratischen Gitter angeordnet sind (Abb. 8). Im Laufe der Simulation bewegen sich die Kreise in einem bestimmten Radius (Mobilität) zufällig um ihren Platz. Die Farbe des Kreises gibt dabei den Status der Person an: Ein orangefarbener Kreis steht für eine nicht infizierte, aber für das Virus suszeptible Person (S im SI/SIR-Modell), ein blauer Kreis für eine infizierte und infektiöse Person (I) und der grüne Kreis für eine genesene und damit immune Person (R). In einer Erweiterung lässt sich auch die virusbedingte Mortalität einbinden. In diesem Fall versterben die Personen nach Ende der Krankheit und die entsprechenden Kreise verschwinden. Auch die Dauer der Krankheit kann als Modellparameter variiert werden.

Abb. 8 Verlauf einer
Epidemie im Programm SIR_
Lattice_Vax. Orangefarbene
Kreise: Suszeptible, blaue
Kreise: Infizierte, grüne
Kreise: Genesene. Fehlende
Kreise stehen für Verstorbene

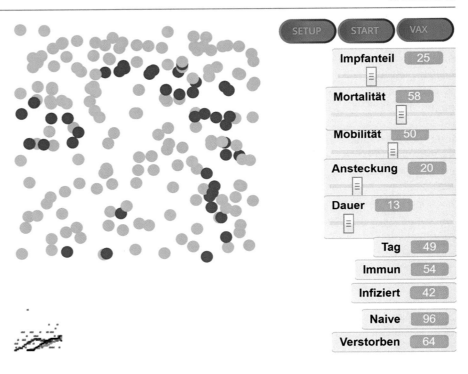

Kommt es zwischen einer infizierten und einer suszeptiblen Person zu einer Berührung, kann das Virus mit einer vorgegebenen Wahrscheinlichkeit übertragen werden. Dabei wird anhand einer Zufallszahl entschieden, ob es zu einer Infektion kommt oder nicht. Über den Parameter „Ansteckung" wird die Infektiosität des Virus modelliert. Eine Ansteckung „0" bedeutet dabei, dass gar keine Infektion möglich ist, eine Ansteckung „100", dass bei Berührung stets eine Infektion erfolgt. Über die Wahl des Radius kann die Mobilität der Personen modelliert werden.

Ferner lässt sich in der Programmvariante SIR_Lattice_Dispersion (vgl. Programmbeispiele) auch die Dispersion der Infizierten darstellen. Dispersion bedeutet in diesem Fall, dass einige wenige Personen deutlich ansteckender sind und für den überwiegenden Teil der Neuinfektionen verantwortlich sind, was im Verlauf der Corona-Pandemie als „Superspreading" in Erscheinung trat. Im Programm ist dieses Phänomen dadurch realisiert, dass besonders infiziösen Personen größere Kreise zugeordnet werden.

5.3 Szenarien mit Scratch

Im Folgenden werden exemplarisch drei Szenarien vorgestellt und mit den Scratch-Simulationen untersucht. Die Beispiele beruhen auf den beschriebenen SI- und SIR-Modellen.

5.3.1 Ungebremste Ausbreitung im SI-Modell
Das einfachste Szenario beschreibt die Ausbreitung des Virus in einer Population, in der im Lauf der Zeit alle Personen infiziert werden und auch infiziert bleiben (SI-Modell)

(vgl. MINT-EC-Schriftenreihe). Die zeitliche Entwicklung des Anteils der Infizierten folgt dabei im Wesentlichen dem bekannten logistischen Wachstumsmodell:

$$f(t) = \frac{S}{1 + a \cdot e^{-kt}}$$

Dabei bezeichnet S die obere Schranke, also in diesem Fall die Anzahl der Individuen (im Programm gilt S = 256). Der Parameter a hängt von den Anfangsbedingungen ab, d. h. von der Anzahl der Infizierten.

Dieses Modell beschreibt zu Beginn ein exponentielles Wachstum. Dabei ist die tägliche Anzahl der Neuinfizierten im Mittel proportional zur aktuellen Anzahl von Infizierten. Dieses Wachstum geht dann in ein begrenztes Wachstum über; in dieser Phase ist die Anzahl der Neuinfektionen proportional zur Anzahl der verbliebenen suszeptiblen Personen. In der Simulation ergeben sich Abweichungen durch das Gittermodell. Zu beachten ist, dass es ab einem bestimmten Grenzwert für die Mobilität (der Infektion erst ermöglicht) grundsätzlich zu einer vollständigen Infizierung der Gesellschaft kommt (Abb. 9).

Die Regression kann beispielsweise auf einem CAS-System durchgeführt werden. Die entsprechenden Listen können aus der Simulation als Textdatei importiert und in die Tabellenkalkulation eingefügt werden (Abb. 10).

Im Programm SI tauchen sowohl die Ansteckungsrate als auch die Mobilität als unabhängige Parameter der Simulation auf. In der Natur spielen diese eine völlig unterschiedliche Rolle. Die Ansteckungsrate wird durch das Virus bestimmt und gibt damit die Rahmenbedingungen einer möglichen Epidemie vor. Aus diesem Grund sollte die

Abb. 9 Verlauf einer
Epidemie mit den Parametern
Mobilität 100 und Ansteckung
10 bis zur vollständigen
Infizierung der Gesellschaft

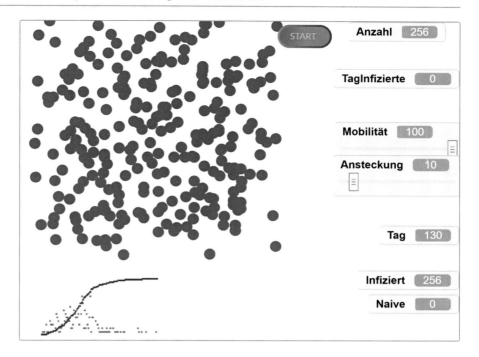

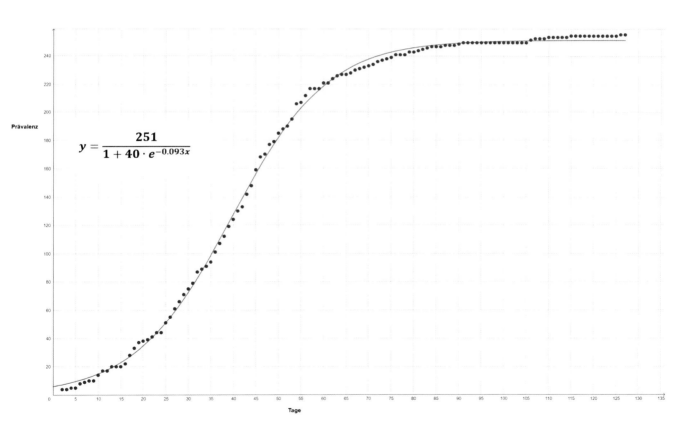

$$y = \frac{251}{1 + 40 \cdot e^{-0.093x}}$$

Abb. 10 Logistische Regression der Epidemie aus Abb. 10 mit der CAS-Software Geogebra

Ansteckungsrate in einem konkreten Szenario vorgegeben werden. Andererseits lassen sich auch hier Ansätze für verschiedene Szenarien denken, wenn z. B. die Verläufe von extrem ansteckenden Viruserkrankungen wie Masern untersucht werden sollen. Die Mobilität spielt als Variationsparameter eine gänzlich andere Rolle. Zum einen stellt die Mobilität einen deutlich abstrakteren Parameter dar, der nicht unmittelbar mit der Lebenswirklichkeit verglichen werden kann. In unserem Modell wird durch die Mobilität nicht nur die räumliche Beweglichkeit der Individuen, sondern es werden auch weitere Aspekte wie eingeschränkte soziale Interaktionen modelliert. Dieser Punkt sollte im Rahmen einer Modellkritik mit den Schülerinnen und Schülern diskutiert werden.

5.3.2 Vorüberlegungen zum Einsatz des SIR-Modells bei der Scratch-Simulation

Während es im SI-Modell grundsätzlich zu einer kompletten Durchinfizierung der Bevölkerung kommt, kann es beim SIR-Modell grundsätzlich auch zum Zusammenbrechen einer Epidemie kommen. Im Mittelpunkt der Untersuchungen zum SIR-Modell sollen daher weniger als beim SI-Modell die Frage nach der Ausbreitungsgeschwindigkeit und die mathematische Modellierung im Mittelpunkt stehen als vielmehr die Frage, unter welchen Bedingungen eine Epidemie gänzlich gestoppt werden kann. Lässt man zunächst die Möglichkeit einer Impfung außer Acht, steht in diesem Zusammenhang die Frage nach der Einschränkung der Mobilität im SIR-Modell im Zentrum der Überlegungen. Steht eine Impfung zur Verfügung, stellt sich die Frage, ab

welcher Impfquote die Epidemie auch ohne Kontaktbeschränkungen zum Erliegen kommt.

5.3.3 Einfluss der Mobilität

Zunächst soll untersucht werden, inwieweit eine Epidemie durch Einschränkung der Mobilität gestoppt werden kann (vgl. MINT-EC-Schriftenreihe). Hierzu sollen bei festgelegten Werten für Ansteckung, Krankheitsdauer und Mortalität typische Epidemieverläufe für unterschiedliche Parameter untersucht werden. Die Möglichkeit einer Impfung ist dabei zunächst nicht vorgesehen. Die Abbildungen Abb. 11, 12 und 13 zeigen jeweils die Simulation einer Pandemie mit unterschiedlichen Werten für die Mobilität.

Es bietet sich für den vorgeschlagenen Versuch zunächst an, die Mortalität auf null zu setzen, um aufgrund der Visualisierung der Genesenen den Verlauf der Epidemie besser zu veranschaulichen. Die gefundenen Verläufe eignen sich nur noch sehr bedingt für eine mathematische Modellierung wie im SI-Modell.

Die Simulation im SIR-Modell wird im Vergleich zum SI-Modell um die Variationsparameter Krankheitsdauer, Impfquote und Mortalität erweitert. Die größere Anzahl von Variationsparametern und die damit verbundene Komplexität eröffnen neben detaillierteren Untersuchungsmöglichkeiten eine didaktische Problematik, die aber auch vor dem Hintergrund der grundsätzlichen Kritik an Modellierungen diskutiert werden sollte. Um zu vergleichbaren Aussagen zu kommen, sollte möglich nur ein Variationsparameter verändert und die Auswirkung untersucht werden. Dies entspricht auch dem Vorgehen der Modellierer.

Abb. 11 Die Epidemie bleibt bei geringer Mobilität lokal begrenzt

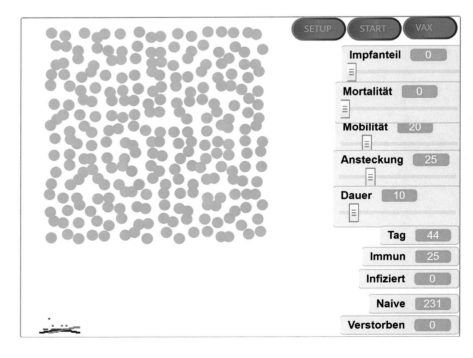

Abb. 12 Schwellenwert. Es kommt nicht mehr zu einer vollständigen Durchseuchung

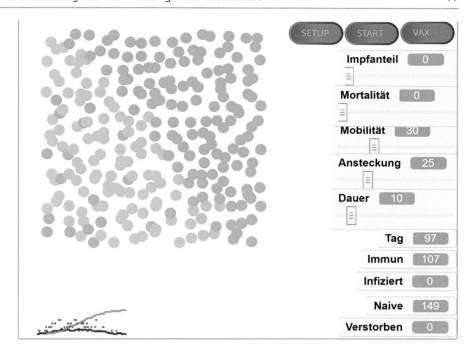

Abb. 13 Bei hoher Mobilität kommt es zu einer fast vollständigen Durchseuchung

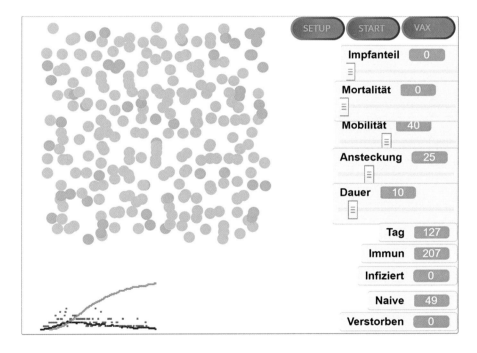

5.3.4 Einfluss der Impfung und der Herdenimmunität

Im zweiten Szenario erweitern wir die Simulation durch die Möglichkeit einer Impfung bzw. des Erreichens von Herdenimmunität (vgl. MINT-EC-Schriftenreihe). Durch zweimaliges Anklicken wird eine Person zu Beginn der Epidemie immunisiert. Die Impfung in der Simulation beinhaltet dabei eine grobe Vereinfachung im Vergleich zur realen Situation.

So ist in der Simulation die Immunität durch eine Impfung grundsätzlich von steriler und dauerhafter Natur, d. h., mit Verabreichung der Impfung besteht eine dauerhafte und vollständige Immunisierung der Person. Auch die Immunität nach einer Genesung ist dauerhaft und steril. Immune Personen können sich also nie wieder infizieren und das Virus auch nicht mehr weitergeben. Abb. 14, Abb. 15 und Abb. 16 zeigen jeweils Simulationen für unterschiedliche Impfquoten.

Abb. 14 Fast vollständige
Durchseuchung bei geringer
Impfquote

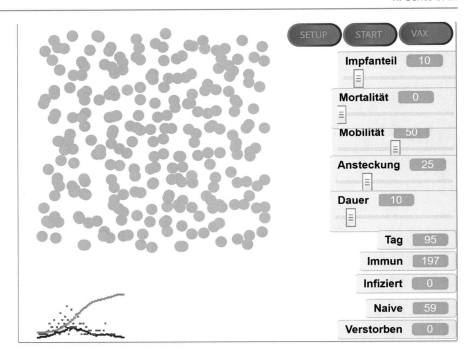

Abb. 15 Verlauf für mittlere
Impfquote

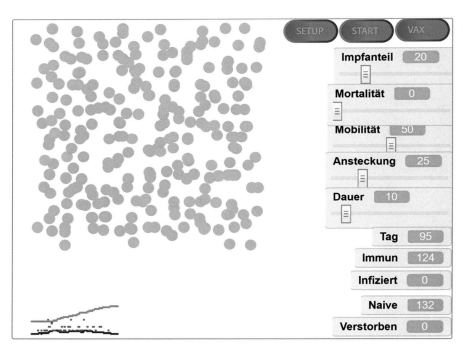

5.4 Empirische Unterrichtserfahrungen

Qualitative Untersuchungen mit den Programmen wurden bislang im Rahmen des Biologieunterrichts in der Jahrgangsstufe 9 angestellt. Die Rückmeldungen der Schülerinnen und Schüler waren insgesamt positiv, insbesondere wurde die Simulation trotz des abstrakten Ansatzes als anschaulich wahrgenommen. Aufgrund der Erfahrungen wurden einige Ände-

rungen und Verbesserungen in das vorliegende Programm aufgenommen, wie beispielsweise die Möglichkeit, die Simulation manuell schrittweise ablaufen zu lassen. Thematisch konnte insbesondere die Wirkung einer Impfung sinnvoll veranschaulicht werden.

Die Untersuchung des ungebremsten Wachstums eignet sich von allen Szenarien am ehesten für eine mathematische Modellierung. In einem Unterrichtsgang zum Thema Wachs-

Abb. 16 Bei hoher
Impfquote erstickt der
Ausbruch sofort

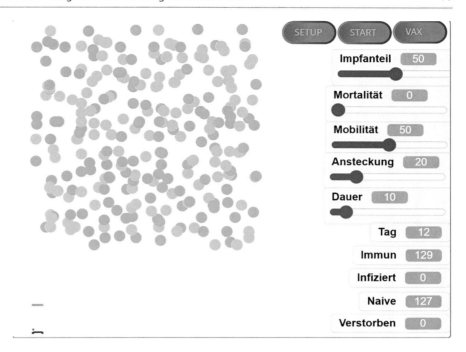

tum in der Jahrgangsstufe 12 konnte das Programm zur Einführung und Modellierung des logistischen Wachstums eingesetzt werden. Im Unterrichtsgang ließen sich anhand der Simulationen die unterschiedlichen Phasen des logistischen Wachstums gut veranschaulichen. Es empfiehlt sich, mit kleinen Werten für die Ansteckung und hohen für die Mobilität zu beginnen, da hier der Einfluss durch das Gitter klein ist.

6   Fazit

Jede der drei hier vorgestellten Simulationen besitzt ihre Stärken und Schwächen bezüglich dessen, was abgebildet werden kann. Eine große Gemeinsamkeit ist jedoch, dass alle drei Szenarien die Schülerinnen und Schüler schrittweise an das Modellieren von aktuell alltagsrelevanten Themen heranführen. Die Lerngruppe erlebt jeweils, wie aus einer einfachen Simulation komplexere Simulationen erwachsen können.

Die drei Modelle stehen jeweils allein für sich, können aber auch miteinander kombiniert werden. Je nach Lerngruppe und Lerngegenstand lassen sich die Grenzen des jeweiligen Modells überwinden, indem sie beispielsweise mit der Simulation erweitert werden: Die Würfelsimulation auf Papier hat durch die feste Anordnung der Kästchen einen statischen Aufbau, in dem Mobilität nicht abgebildet werden kann. Dieser Aspekt lässt sich jedoch beim Würfelspiel im Klassenzimmer betrachten. Möchte man Verläufe in großen Populationen über einen längeren Zeitraum betrachten, so sind hier die beiden Würfelmodelle erschöpft, man kann jedoch auf die Simulation über Scratch zurückgreifen.

Bei allen drei Modellen liegt ein SI(R)-Modell zugrunde, sodass in jedem der Modelle die getroffenen Grundannahmen – Gleichheit der Individuen, Krankheitsdauer, Ansteckungswahrscheinlichkeit (siehe auch Abschnitt SIR-Modell) – in Bezug auf die Realität kritisch zu hinterfragen sind. Wir erheben mit unseren Modellen nicht den Anspruch, die Wirksamkeit von Einflussfaktoren auf die Virusausbreitung quantitativ zu untersuchen. Vielmehr bieten wir Schülerinnen und Schülern mit den Modellen die Möglichkeit, verschiedene Einflussfaktoren, die Auswirkungen auf eine Virusausbreitung haben, qualitativ zu untersuchen und selbst zu beeinflussen. Hierüber lässt sich die gesamte Komplexität der in den Modellierungen betrachteten Gegenmaßnahmen erfassen.

Beim Würfelmodell auf Papier und beim Würfelmodell im Rollenspiel wird dies über die verschiedenen modellierten Szenarien umgesetzt. Beim Rollenspiel hat man zusätzlich die Möglichkeit, die Variablen, die bei der Modellierung verwendet werden, sukzessive über ein Regelwerk oder dynamisch während des Spiels anzupassen. Betrachtet man das Simulationsmodell mit Scratch, so lässt sich die Auswirkung verschiedener Einflussfaktoren über die Variation der angebotenen Parameter untersuchen, worin eine Stärke des Modells liegt.

Schlussendlich besteht bei jedem der Modelle wieder die Notwendigkeit, nach der Durchführung der Simulationen einen Rückbezug zur Realsituation herzustellen und eine Modellkritik zu üben.

Beim Würfelmodell auf Papier hat es sich bewährt, dass aufgrund des Vorgehens als Gruppenexploration im Online-Unterricht viele Ergebnisse der Simulation eines Szenarios gleichzeitig vorlagen und miteinander verglichen werden konnten. Hierdurch wurde deutlich, dass aufgrund der stochastischen Annahmen eine Bandbreite an möglichen Verläufen innerhalb eines Szenarios bei mehrfacher Durchführung gegeben ist. Durch das Betrachten mehrerer Ergebnisse konnte auch beurteilt werden, ob sich mit den eingesetzten Maßnahmen in der simulierten Epidemie z. B. eine Verringerung der Ausbreitungsgeschwindigkeit oder ein Stoppen der Ausbreitung wirkungsvoll erreichen ließ.

Beispielhaft sollen Ideen aufgeführt werden, wie die Würfelsimulation auf Papier noch ergänzt werden kann. Möchte man die Ausbreitung von Virusmutanten mit unterschiedlicher Infektiosität untersuchen, so kann hier die Entscheidungsregel, wann eine Infektion auftritt, angepasst werden. Dies eröffnet die Möglichkeit, die Situation zu untersuchen, dass man mit den bisher geltenden Maßnahmen ein Virus aufgrund seiner erhöhten Infektiosität nicht mehr eindämmen kann. Ebenso kann der Effekt von Impfungen und der Anzahl der geimpften Individuen untersucht werden, indem zusätzlich ausgewürfelt wird, ob eine Person aufgrund einer Impfung gegen das Virus bereits immun ist.

Für die Erweiterung vom SI-Modell auf ein SIR-Modell ist das Würfelspiel auf Papier ungeeignet, da dies die Komplexität der Würfelregeln noch einmal deutlich erhöhen würde. Für die Anwendung des Würfelspiels auf Papier vor Ort im Klassenraum bietet es sich an, die Schülerinnen und Schüler in Teams gemeinsam würfeln zu lassen, um den Umgang mit den Würfelregeln zu erleichtern.

Bei der Erprobung des Rollenspiels im Unterricht hat sich gezeigt, dass eine Gruppengröße von 20 bis 34 Personen für die Simulation geeignet ist, um den Einfluss verschiedener Faktoren auf die Ausbreitung des Infektionsgeschehens kennenzulernen und diesen Einfluss im interaktiven Modell selbst zu erfahren. Selbstverständlich ist eine quantitative Analyse mit dieser Simulation nicht möglich, dies ist aber auch nicht der Anspruch. Vielmehr geht es darum, eine Simulation im „Kleinen" durchzuführen, um ein erstes Gefühl für mögliche Effekte zu erhalten.

Der Einsatz eines Spielwürfels veranschaulicht den Schülerinnen und Schülern das Zufallsprinzip, das bei der Ausbreitung eines Infektionsgeschehens von Bedeutung ist.

Die Modellierung sollte mit der Lerngruppe sukzessive erweitert werden, sodass die Vielfalt der Regeln die Schülerinnen und Schüler nicht überfrachtet, sondern vielmehr genutzt werden kann, um die im Pandemiealltag selbst erlebten Maßnahmen einzuordnen und zu strukturieren.

Im Rollenspiel ließe sich auch das SIR-Modell abbilden, denn zusätzlich zu den bisherigen Maßnahmen besteht die Möglichkeit, dass Infizierte nach ein paar Runden wieder genesen. Allerdings erfordert dieser Zusammenhang eine intensivere und wiederholte Auseinandersetzung mit dem Rollenspiel und ist eher nur von geübten Lerngruppen realisierbar.

Beim Arbeiten mit der Simulation mit Scratch kann die Erweiterung vom SI-Modell zum SIR-Modell problemlos vorgenommen werden. Thematisch kann dies als Einstieg oder auch als Anwendung der logistischen Funktion erfolgen. Durch die Variation der Parameter hat man die Möglichkeit, unkompliziert und schnell viele verschiedene Simulationen nacheinander durchzuführen und den Einfluss der Parameter zu beobachten. Die Modelle sind jedoch auch in diesem Fall stark abstrahiert, z. B. bei der Umsetzung des Parameters der Mobilität durch den gewählten Radius, um den sich die Punkte, die die Individuen darstellen, auf dem Gitter bewegen können.

Literatur

Anderl, S.: Haben die Modellierer angesichts der dritten Welle versagt? (faz.net). FAZ vom 19.05.2021

Anton App: https://anton.app/de/lernen/mathematik-9-10-klasse/thema-09-exponentialfunktion-logarithmus/uebungen-04-modellieren/. Zugegriffen am 19.10.2021

Biehler, R., Eichler, A., Löding, W., Stender, P.: Simulieren im Stochastikunterricht. In: Blum, W., Vogel, S., Drüke-Noe, C., Roppelt, A. (Hrsg.) Bildungsstandards aktuell: Mathematik in der Sekundarstufe II., S. 255–270. Diesterweg, Schroedel, Westermann, Braunschweig (2015)

Bildungsstandards der KMK: https://www.kmk.org/fileadmin/Dateien/veroeffentlichungen_beschluesse/2003/2003_12_04-Bildungsstandards-Mathe-Mittleren-SA.pdf sowie https://www.kmk.org/fileadmin/veroeffentlichungen_beschluesse/2012/2012_10_18-Bildungsstandards-Mathe-Abi.pdf. Zugegriffen am 25.08.2023

Blum, W.: Anwendungsorientierter Mathematikunterricht in der didaktischen Diskussion. Mathematische Semesterberichte. **32**(2), 195–232 (1985)

Blum, W.: Can modelling be taught and learnt? Some answers from empirical research. In: Kaiser, G., Blum, W., Borromeo Ferri, R., Stillman, G. (Hrsg.) Trends in Teaching and Learning of Mathematical Modelling, S. 15–30. Springer, Dordrecht (2011)

Blum, W., Leiss, D.: Modellieren mit der „Tanken"-Aufgabe. mathematik lehren 128., S. 18–21. Friedrich, Seelze (2005)

Brockmann, D.: Im Wald vor lauter Bäumen: Unsere komplexe Welt besser verstehen. dtv, München (2021)

Eichler, A., Vogel, M.: Leitidee Daten und Zufall: Von konkreten Beispielen zur Didaktik der Stochastik. Springer, Wiesbaden (2013)

Greefrath, G. und Weigand, H.-G.: Simulieren: Mit Modellen experimentieren. mathematik lehren 174. Friedrich, Seelze (2012)

Kermack, M.: A contribution to the mathematical theory of epidemics. Proc. R. Soc. Lond. A. **115**, 700–721 (1927)

Kramer, M.: Mathematik als Abenteuer – Erleben wird zur Grundlage des Unterrichtens, 2. Aufl. Aulis-Verlag, Köln (2010)

Kramer, M.: Schule ist Theater: Theatrale Methoden als Grundlage des Unterrichts, 2. Aufl. Des Schneider-Verlag, Hohengehren (2013)

MINT-EC-Schriftenreihe Gente, Kral, Woeste: Band B Schriftenreihe Medizinphysik online. https://www.mint-ec.de/schriftenreihe/medizinphysik-und-pandemie-b-pandemische-effekte/. Zugegriffen am 07.12.2024

Mint-Zirkel: https://mint-zirkel.de/2020/10/corona-pandemie-im-mathematikunterricht/. Zugegriffen am 10.12.2024

Programmbeispiele: SIR-Modelle. https://scratch.mit.edu/projects/528886226/. Zugegriffen am 10.12.2024

Projektseite von Scratch: (o.J.). https://scratch.mit.edu/. Zugegriffen am 10.12.2024

Normatives Modellieren im Kontext des Klimawandels – wie viel CO$_2$ stoßen Lebensmittel aus?

Lara Gildehaus ⓘ, Michael Liebendörfer ⓘ, Sven Hüsing ⓘ,
Rebecca Gottschalk und Franzisca Strauß

Zusammenfassung

Ausgehend von der Fragestellung „Wie viel CO$_2$ stoßen Lebensmittel aus?" wird mithilfe der folgenden Lernumgebung eine interdisziplinäre Perspektive aus mathematischer und politischer Bildung eingenommen. Es wird erläutert, wie der Treibhausgas-Ausstoß von Lebensmitteln im Mathematikunterricht verschieden modelliert werden kann. Entlang unterschiedlicher Annahmen entstehen verschiedene Modelle und Ergebnisse zur Beurteilung des CO$_2$-Fußabdrucks von Lebensmitteln, die gemeinsam mit den Schüler:innen diskutiert werden können. Schüler:innen können daran lernen, dass verschiedene Modelle, die fachlich alle fehlerfrei sind, in politischen Diskussionen zu unterschiedlichen Schlussfolgerungen führen können, z. B. wenn es um die Besteuerung von Lebensmitteln mit sehr hohem Treibhausgas-Ausstoß geht. Dadurch wird deutlich, dass die Auswahl oder Konstruktion von mathematischen Modellen in politischen Diskussionen wichtig ist und mehr oder weniger explizite Wertungen beinhaltet. Zur einfachen didaktischen Umsetzung wird dazu eine Erweiterung des Modellierungskreislaufs nach Blum und Leiß (2006) für normative Modellierungen eingeführt, die hilft, die einzelnen Unterrichtsschritte, inklusive einer Diskussion und Reflexion der Modelle, umzusetzen. Die praktischen Erfahrungen nach dem Einsatz in mehreren Klassen(stufen) zeigen, dass das Diskutieren der Modelle für die Schüler:innen neu und ungewohnt ist, aber das Potential bietet, ein kritisches Bewusstsein für die Zielsetzungen unterschiedlicher Modellierungen zu fördern.

Ergänzende Information Die elektronische Version dieses Kapitels enthält Zusatzmaterial, auf das über folgenden Link zugegriffen werden kann [https://doi.org/10.1007/978-3-662-69989-8_6].

L. Gildehaus (✉) · M. Liebendörfer
Institut für Mathematik, Universität Paderborn,
Paderborn, Deutschland

Institut für Didaktik der Mathematik, Universität Klagenfurt,
Klagenfurt, Österreich
E-Mail: lara.gildehaus@aau.at

S. Hüsing
Institut für Informatik, Universität Paderborn,
Paderborn, Deutschland
E-Mail: sven.huesing@uni-paderborn.de

R. Gottschalk
Friedrich-Abel-Gymnasium, Vaihingen an der Enz, Deutschland
E-Mail: gottschalk@fag-vaihingen.de

F. Strauß
Gymnasium am Silberkamp, Peine, Deutschland
E-Mail: strauss@silberkamp.de

1 Motivation und Einordnung der dargestellten Lernumgebung

Im Mathematikunterricht ist das Modellieren bereits seit längerer Zeit in den Bildungsstandards (KMK 2012, 2022) und allen Kernlehrplänen und Curricula fest verankert. Neben dem Aufstellen eigener Modelle werden auch die Analyse und vergleichende Beurteilung gegebener Modelle gefordert (Greefrath et al. 2013). Besonders verbreitet sind dabei Modelle, die einen Ausschnitt der Realität beschreiben *(deskriptive Modellierungen)*, z. B. Modellierungen, die physikalische Sachverhalte wie den senkrechten Wurf beschreiben.

Bei einer Vielzahl gesellschaftlicher Fragen und politischer Entscheidungen werden Modelle jedoch genutzt, um auszudrücken, was geschehen soll oder wie Zustände zu bewerten sind. Beispielsweise basiert die Festlegung von Steuern oder einer Obergrenze für den CO$_2$-Ausstoß auf mathematischen Modellierungen. Wird mit einer Modellierung also nicht nur Realität beschrieben, sondern auch vorgeschrieben, handelt es sich um sogenannte *normative Modellierungen* (Greefrath et al. 2013; Marxer und Wittmann 2009; Niss 2015). Entscheidend für die Einordnung als normativ ist die Verwendung eines Modells im sozialen Kontext. Niss (2015) zeigt am Beispiel des Body-Mass-Index auf, wie ein zunächst deskriptives Modell durch seinen Einsatz für die Bewertung von Personen (z. B. als übergewichtig) normativ gebraucht wird. Insbesondere können normative Modelle nicht falsifiziert werden, stattdessen müssen sie vor dem Hintergrund alternativer Modellierungen diskutiert werden.

Weitergehende Ausführungen zur Unterscheidung dieser beiden Modellierungen sowie weiterer Kategorien finden sich u. a. bei Greefrath et al. (2013), Niss (2015) und Pohlkamp (2022), praxisbezogene Anwendungen bei Marxer und Wittmann (2009) und ebenso Pohlkamp (2022).

Obgleich in den Bildungsstandards neben den typischen Teilschritten des Modellierens („das Strukturieren und Vereinfachen gegebener Realsituationen, das Übersetzen realer Gegebenheiten in mathematische Modelle, das Interpretieren mathematischer Ergebnisse in Bezug auf Realsituationen und das Überprüfen von Ergebnissen im Hinblick auf Stimmigkeit und Angemessenheit bezogen auf die Realsituation"; KMK 2012, S. 15) auch das „Vergleichen und Bewerten von Modellen" (KMK 2012, S. 15) genannt wird, sind Aufgaben mit einem Schwerpunkt zu normativen Modellierungen, in denen Modelle bewertet, verglichen und diskutiert werden können, bisher kaum vorhanden (Liebendörfer et al. 2023; Marxer et al. 2011).

Die folgende Lernumgebung hat daher das Ziel, normative Modellierungen für Schüler:innen aufzubereiten, erfahrbar zu machen und so eine kritische Urteilskompetenz in Bezug auf Bewertung und Vergleich unterschiedlicher normativer Modellierungen zu fördern (Gildehaus und Liebendörfer 2021; Marxer et al. 2011; Vajen et al. 2021).

Dazu werden im Kontext des Klimawandels verschiedene normative Modellierungen zum CO_2-Ausstoß von Lebensmitteln thematisiert und damit verbundene Konsequenzen, wie z. B. eine Steuer für Lebensmittel mit sehr hohem CO_2-Ausstoß, diskutiert (Barwell 2013): Ernährung und Lebensmittelverbrauch stellen einen notwendigen, aber auch einflussstarken Faktor im Klimawandel dar, der insgesamt mehr als 25 % des deutschlandweiten Ausstoßes von Treibhausgasen ausmacht (Schmidt und Wellbrock 2021). Ein viel diskutiertes Thema ist beispielsweise der Treibhausgasausstoß von Fleischprodukten, der im Kontext von „Veggie-Days" oder Fleischsteuern bereits ausführlich in verschiedenen Medien präsent war. Ausgehend davon muss mithilfe normativer mathematischer Modellierungen zunächst bestimmt werden, wie klimaschädlich ein bestimmtes Lebensmittel ist. Die Lernumgebung setzt dementsprechend an eben dieser Frage an: „Wie kann man mathematisch ausdrücken, welche Rolle der Konsum bestimmter Lebensmittel für das Klima spielt?" Ausgehend davon werden verschiedene Modellierungen zum CO_2-Ausstoß ausgewählter Lebensmittel mit den Schüler:innen erarbeitet, verglichen, diskutiert und bewertet. Entlang unterschiedlicher normativer Annahmen für die jeweiligen Modellierungen kommen diese zu unterschiedlichen Ergebnissen und dementsprechend auch zu unterschiedlichen Konsequenzen für eine mögliche Besteuerung. Konkret werden Modellierungen zum CO_2-Ausstoß pro Kilogramm eines Lebensmittels, zum CO_2-Ausstoß pro 2000 Kilokalorien eines Lebensmittels und zum CO_2-Ausstoß pro durchschnittlichem

Jahreskonsum eines Lebensmittels verglichen. Entlang dieser Differenzen können mit den Schüler:innen die Bedeutsamkeit verschiedener Annahmen, Interessen und Interpretationen von normativen Modellierungen diskutiert und reflektiert werden.

Die verwendeten normativen Modellierungen sind mathematisch einfach; sie beschränken sich auf die Einführung neuer Kenngrößen für Klimaschädlichkeit und erfordern von den Schüler:innen vor allem proportionale Umrechnungen (die vollständigen Arbeitsblätter inkl. Lösungsvorschlägen und Variationen finden sich im Anhang). Die Stunde erfordert aber bei der Bewertung der Kenngrößen sowohl von den Schüler:innen als auch von den Lehrkräften Arbeitsweisen, die im Mathematikunterricht selten sind (z. B. gemeinsam ergebnisoffen zu diskutieren). Dazu werden didaktische Hinweise im Folgenden und im Anhang gegeben.

2 Explizite Beschreibung einer Lernumgebung zur Auseinandersetzung mit diesem außermathematischen Kontext im Mathematikunterricht

2.1 Einführung in die Modellierungsaufgabe zum Treibhausgas-Ausstoß von Lebensmitteln

Entlang der oben beschriebenen Frage „Wie kann man mathematisch ausdrücken, welche Rolle der Konsum bestimmter Lebensmittel für das Klima spielt?" ist es das Hauptthema der Lernumgebung, verschiedene normative Modellierungen zum Treibhausgas-Ausstoß ausgewählter Lebensmittel zu erarbeiten und zu diskutieren. Die Lernumgebung ist in eine Einstiegsphase, eine Erarbeitungsphase und eine Diskussionsphase unterteilt. In der Einstiegsphase erfolgen die erste Motivation und Hinleitung zum Thema, in der u. a. relevante Kategorien zur Beschreibung von Klimaschädlichkeit (z. B. Transport, Anbau von Lebensmitteln) erarbeitet werden (siehe Abschn. 2.3).

In der Erarbeitungsphase werden die verschiedenen Modellierungen erstellt und verglichen. Dazu wird zunächst das Ergebnis einer vorgegebenen normativen Modellierung zum Treibhausgas-Ausstoß pro kg entlang fünf ausgewählter Lebensmittel (Rindfleisch, Schokolade, Tomaten, Bananen, Kartoffeln) diskutiert, bevor mögliche Konsequenzen zur Besteuerung einzelner Lebensmittel, basierend auf dem Modell, erörtert werden. Den Schüler:innen liegt dazu folgender Arbeitsauftrag vor, der in Kleingruppen bearbeitet werden kann (das vollständige Arbeitsblatt findet sich im Anhang):

> „Im Balkendiagramm seht ihr den CO_2-Ausstoß pro Kilogramm verschiedener Lebensmittel. Dabei sind alle Mengen von Treibhausgasen (z. B. Methan) in Kohlenstoffdioxid-Äquivalente umgerechnet. Berücksichtigt sind die Landnutzung, die Aufzucht und bei Tieren die Fütterung, die Verarbeitung, der Transport, die Verpackung und der Verkauf."

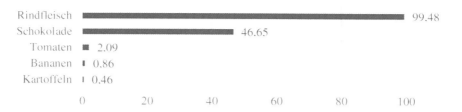

Treibhausgas-Ausstoß in kg CO_2 pro kg des Lebensmittels

Aufgabe 1
Diskutiert in der Gruppe, welche der Lebensmittel nach dieser Modellierung am klimaschädlichsten sind. Beschreibt, wie stark ihr welche Lebensmittel besteuern würdet. Dokumentiert eure Ergebnisse.

Im nächsten Schritt wird der Treibhausgas-Ausstoß derselben Lebensmittel in Bezug auf die enthaltenen Kalorien und den jährlichen Pro-Kopf-Konsum modelliert und mit der Modellierung basierend auf dem Gewicht (1 kg) der Lebensmittel verglichen. Hierbei wird die Erstellung der Modellierungen durch das Material insofern vorweggenommen, als die Arbeitsaufträge jeweils direkt auf die Berechnung des jeweils verursachten Ausstoßes führen:

Aufgabe 2
Wie ihr schon erarbeitet habt, lässt sich der CO_2-Ausstoß von Lebensmitteln auch anders ermitteln als pro Kilogramm des Lebensmittels. Gebt eine Rechnung an, die berücksichtigt, …

a) wie viel von einem Lebensmittel jährlich im Durchschnitt konsumiert wird,
b) wie gut ein Nahrungsmittel den täglichen Kalorienbedarf deckt.

Rundet jeweils auf eine Nachkommastelle.
Hinweis: In der Regel benötigt ein erwachsener Mensch täglich etwa 2000 kcal pro.

	Brennwert	Jährlicher Pro-Kopf-Konsum
	1400 kcal/kg	9,8 kg
	5600 kcal/kg	8,2 kg

	Brennwert	Jährlicher Pro-Kopf-Konsum
	170 kcal/kg	27,9 kg
	890 kcal/kg	11,4 kg
	770 kcal/kg	60 kg

Im Anschluss an die Berechnungen ausgehend von den Modellierungen in den Aufgaben 2a) und 2b) erfolgt die übersichtliche Darstellung dieser Ergebnisse in Balkendiagrammen (Abb. 1 und 2), um den Vergleich der verschiedenen Modellierungen zu vereinfachen. Weiterhin wird die Diskussionsphase, in der die unterschiedlichen Ergebnisse der verschiedenen normativen Modellierungen diskutiert und reflektiert werden, in den Gruppen vorbereitet. Folgende Aufgabenstellung kann dazu genutzt werden:

Aufgabe 3
a) Übertragt eure Ergebnisse aus den Aufgaben 2a) und 2b) in jeweils ein Balkendiagramm unten. Vergleicht die Diagramme miteinander. Was fällt auf?
b) Diskutiert erneut in der Gruppe, welche der Lebensmittel ihr entlang dieser Modelle wie stark besteuern würdet. Dokumentiert eure Ergebnisse und beschreibt, ob und warum sich etwas an eurer Argumentation geändert hat.
　　Diskutiert, welche Personen oder Gruppen wohl welches der Modelle bevorzugen würden und warum (z. B. Rinderzüchterin Karina, Schokoladenanbauer Natael, Bananenbäuerin Ria).

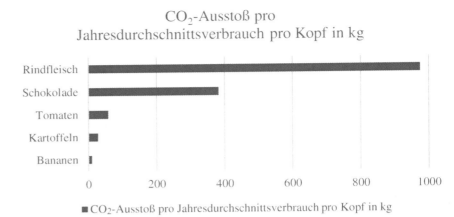

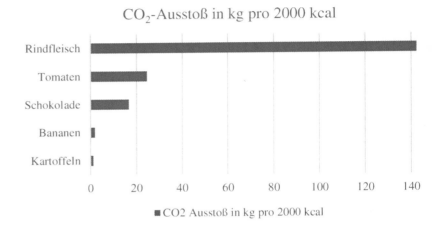

Der Vergleich der Ergebnisse in 3a) macht deutlich, dass es in der Modellierung Unterschiede gegeben haben muss. Die Schüler:innen vergleichen hier die in Abb. 1 und Abb. 2 dargestellten Lösungen.

In Teilaufgabe 3b) wird anschließend deutlich, dass diese unterschiedlichen Ergebnisse auch zu verschiedenen Konsequenzen führen würden. Die Ideen hinter den Kenngrößen werden gemeinsam rekonstruiert und auf die Leitfrage bezogen: Ein Lebensmittel kann offensichtlich dann als besonders klimaschädlich angesehen werden, wenn es einen hohen CO_2-Ausstoß verursacht. Diesen kann man allerdings beziehen auf:

1) sein Gewicht als das gebräuchlichste Maß für die Frage, wie viel etwas ist,
2) den tatsächlichen Konsum, denn Lösungen müssen für Lebensmittel gefunden werden, deren CO_2-Ausstoß in der Gesamtbetrachtung relativ viel ausmacht,
3) die Menge, die man braucht, um für einen Tag satt zu werden, denn das ist der Hauptzweck von Nahrungsmitteln.

Entlang dieser Perspektiven wird abschließend in der Diskussionsphase ein begründetes Werturteil erarbeitet, welche Lebensmittel als besonders klimaschädlich anzunehmen

sind und dementsprechend höher besteuert werden sollten. Diese Diskussion ist entsprechend ergebnisoffen. Von den Schüler:innen werden unterschiedliche Perspektiven gefordert, um verschiedene Interessen und Anliegen bewusst und nachvollziehbar zu machen. Beispielsweise wird diskutiert, dass Tomatenproduzentinnen und -produzenten eher die Modellierung pro kg für Argumentationen nutzen würden als Schokoladenproduzentinnen und -produzenten. Dadurch soll deutlich werden, dass Auswahl und Gebrauch der Modelle nicht wertneutral erfolgen und zumindest in Kenntnis alternativer Modelle diskutierbar werden. Weiterhin kann die Diskussion bezüglich weiterer Kriterien geöffnet und damit an eingangs erarbeitete Überlegungen angeschlossen werden: So könnten Überlegungen zum Tierwohl, zu möglichen Verboten anstelle von Steuern oder zu gesunder Ernährung mit einbezogen werden (nähere Erläuterungen dazu in Abschn. 2.3. Diskussionphase).

2.2 Fachlicher und fachdidaktischer Hintergrund der Aufgabe

Im Mathematikunterricht ist das Modellieren mit normativen Modellierungen bisher unterrepräsentiert. Ergänzend zum

„Überprüfen von Ergebnissen im Hinblick auf die Stimmigkeit und Angemessenheit bezogen auf die Realsituation" (KMK 2012, S. 15) soll die oben dargestellte Lernumgebung daher einen Vorschlag darstellen, wie Modellierungen im Mathematikunterricht nicht nur erstellt, sondern auch bewertet, reflektiert und miteinander verglichen und diskutiert werden können. So kann dafür sensibilisiert werden, dass unterschiedliche Modelle zu unterschiedlichen Ergebnissen kommen, die aus unterschiedlichen Perspektiven mehr oder weniger hilfreich sein können. Der Schwerpunkt der dargestellten Aufgaben liegt in der Bewertung und Diskussion der Modellierungen zum CO$_2$-Ausstoß von Lebensmitteln sowie der Reflexion dieser Ergebnisse in Bezug auf mögliche Konsequenzen, wie z. B. eine Lebensmittelsteuer für klimaschädliche Lebensmittel. Dementsprechend werden hier vor allem prozessbezogene Kompetenzen des Modellierens mit den Schwerpunkten Validieren, Bewerten und Reflektieren gefördert. Im Folgenden soll dies entlang eines erweiterten Modellierungskreislaufs didaktisch näher analysiert und erläutert werden, um u. a. den Hintergrund zu den Anforderungen an die Bewertung der Modelle darzustellen.

Eine Erweiterung des Modellierungskreislaufs für normative Modellierungen Zur didaktischen Rahmung des normativen Modellierens greifen wir auf den Modellierungskreislauf nach Blum und Leiß (2006; Blum 2010) zurück. Er umfasst sechs Schritte zur Modellierung einer Situation, die in Abb. 3 dunkel dargestellt sind (siehe Greefrath et al. 2013 für weitere Erläuterungen). Bei näherer Betrachtung der Schritte zwei und drei werden die Unterschiede zwischen normativer und deskriptiver Modellierung deutlich: Bei allen

Modellierungen bestimmen die in diesen Schritten vorgenommenen Vereinfachungen die Ergebnisse. Bei der normativen Modellierung können die Ergebnisse eine politische Dimension haben, die diskutiert werden sollte. Dafür müssen diese Annahmen explizit berücksichtigt werden.

Daher passen wir das Modell für normative Modellierungen an und erweitern es um relevante Komponenten. Unterstützend sind dabei didaktische Konzepte aus der politischen Bildung: Die Ausbildung von Schüler:innen zu mündigen und demokratischen Bürgerinnen und Bürgern, die ihnen eine kritische und aktive gesellschaftliche Partizipation ermöglicht, ist zwar auch ein allgemeines Ziel der Schulbildung, wird im Rahmen des Politik- und Gesellschaftsunterrichts jedoch besonders gefördert (Massing & Weißeno 1995). Ein wesentliches Teilziel dazu ist das Entwickeln einer kritischen Urteilskompetenz, d. h., Lernende sollen dazu befähigt werden, eigenständige Bewertungen politischer, wirtschaftlicher oder gesellschaftlicher Sachverhalte unter Abwägung unterschiedlicher Kriterien zu treffen (Reinhardt 2018, S. 24). Eine kritische Urteilskompetenz steht im „fachdidaktischen Dreiklang" der politischen Analysekompetenz, Urteilskompetenz und Handlungskompetenz (Henkenborg 2012, S. 32–34). Bezogen auf den Modellierungskreislauf integrieren wir diese vor allem an den hell markierten Stellen in Abb. 3. Demnach wird sowohl beim Übergang in das Realmodell als auch bei der Interpretation des realen Ergebnisses auch die politische Situation analysiert, beispielsweise die Identifizierung der Interessen beteiligter Akteur:innen und Stakeholder:innen. Im Rahmen einer „Landkarte der Möglichkeiten" werden verschiedene mathematische Modellierungen festgehalten, die so verschiedene

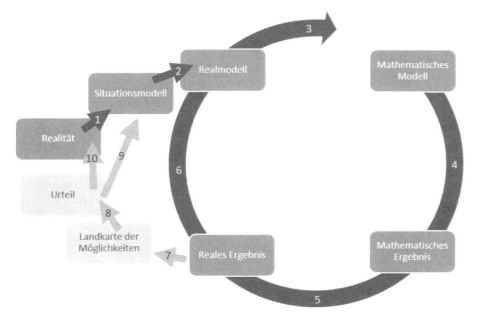

1. Analysieren/
   Konstruieren/
   Verstehen
2. Vereinfachen/
   Strukturieren
3. Mathematisieren
4. Mathematisch arbeiten
5. Interpretieren
6. Alternativen erwägen
7. (Politische)
   Möglichkeiten abwägen
8. Urteilsbildung
9. Angenommene Wirkung
10. Reale Wirkung

Abb. 3 Vorschlag für eine Erweiterung zum normativen Modellierungskreislauf, angelehnt an Blum und Leiß (2006)

Handlungsmöglichkeiten und damit verbundene Konsequenzen festhält. Basierend auf diesen beiden Komponenten kann dann ein begründetes Werturteil zur Einordnung der Modellierungen geäußert werden.

Im Folgenden sind die einzelnen Schritte näher erläutert und werden im Abschn. 2.3 zudem auf die dargestellte Lernumgebung bezogen.

Verstehen/Konstruieren (1) beinhaltet zunächst nicht unbedingt bewusste Schritte, sondern deutet darauf hin, dass wir bei der normativen Modellierung möglicherweise unterschiedliche Vorstellungen von der Realität miteinander in Einklang bringen müssen, wenn wir in unseren Gesellschaften Lösungen aushandeln wollen. Die Vereinfachung von (2) ist einer der wichtigsten Schritte. Welche Teile des Situationsmodells überhaupt einbezogen und wie die Zusammenhänge vereinfacht werden, bestimmt wesentlich das Ergebnis. Dabei sind Alternativen zu berücksichtigen und ihre Konsequenzen für das Modell abzuschätzen. Die Mathematisierung (3) ist an sich ein technischer Schritt, sofern das reale Modell genau genug spezifiziert ist. In der Praxis wird das reale Modell in diesem Schritt jedoch konkreter spezifiziert, sodass auch hier Vereinfachungen ähnlich denen in (2) zu erwarten sind. Die mathematische Arbeit (4) beschreibt das Bearbeiten des mathematischen Modells, sodass ein mathematisches Ergebnis erzielt wird. Auch die Interpretation im nächsten Schritt (5) stellt oft einen technischen Schritt dar, da es zunächst nur um die Übersetzung von mathematischen Variablen, Funktionen etc. in die Realität geht. Dieses hängt natürlich von der konkreten Modellierung ab. Allerdings könnten in diesem Schritt Verallgemeinerungen vorgenommen werden, z. B. in Bezug auf Modellannahmen oder Einschränkungen der Variablenbereiche usw. Anschließend sollten die verschiedenen Möglichkeiten und die unterschiedlichen Implikationen in Bezug auf die Interessen der Beteiligten durch die Reflexion und Kritik der soeben beschriebenen Modellierung zur Kenntnis genommen und diskutiert werden. Wir nennen das die Erstellung einer „Landkarte der Möglichkeiten", für die verschiedene Handlungsmöglichkeiten festgehalten und diskutiert werden. Unter Abwägung verschiedener Interessen und Bewertungen erfolgt dann eine individuelle Urteilsbildung. Schließlich sollten wir berücksichtigen, dass unsere Entscheidung Auswirkungen auf die Welt haben könnte, wie wir sie in diesem Moment annehmen (in Bezug auf unser Situationsmodell; 9) und wie sie ist (Realität; 10).

Inhaltsbezogene Einordnung Aufgrund der Schwerpunktsetzung sind die fachlichen Voraussetzungen und inhaltsbezogenen Kompetenzen in dieser Lernumgebung relativ „knapp" gehalten. Fachliche Grundlage der Aufgaben ist das Arbeiten mit proportionalen Zuordnungen. Dazu werden schriftliche Multiplikationen und Divisionen von Hand oder mit dem Taschenrechner ausgeführt. Die Ergebnisse sollen

in Form von Balkendiagrammen dargestellt werden. Beispielhaft werden die Berechnungen für Rindfleisch veranschaulicht:

$$99,48 \cdot 9,8 = 974,904\,kg\,CO_2 - Ausstoß\,pro\,jährlichem\,Pro$$
$$- Kopf - Konsum$$

$$\frac{2000}{1400} \cdot 99,48 = 142,11\,kg\,CO_2 - Ausstoß\,pro\,Tagesbedarf$$

$$2000\,Kilokalorien$$

	Brennwert	Jährlicher Pro-Kopf-Konsum	CO_2-Ausstoß pro kg
	1400 kcal/kg	9,8 kg	99,48 kg

2.3 Umsetzung der Aufgabe im Rahmen einer Doppelstunde Mathematik

Wie bereits im Rahmen der Aufgabenvorstellung dargestellt, lässt sich der grobe Unterrichtsentwurf (Tab. 1) in eine Einstiegs-, Erarbeitungs- und Diskussionsphase einteilen, die ungefähr auf eine Doppelstunde (90 min) Mathematik aufgeteilt werden können.

Diese Einteilung dient hier der groben Übersicht. Ein ausführlicher Verlaufsplan für die Doppelstunde findet sich im elektronischen Anhang.

Einstiegsphase Zum Einstieg in das Stundenthema kann zunächst eine generelle Motivation zum Thema CO_2-Ausstoß

Tab. 1 Grober Unterrichtsverlaufsplan

Zeit (circa)	Phase und Inhalt	Modellierungsschritte
20 min	**Einstieg** Generelle Motivation zum Thema CO_2-Ausstoß im Kontext Klimawandel, Erarbeitung des spezifischen Bezugs auf Lebensmittel und des ersten Treibhausgas-Ausstoß-Modells.	1. Analysieren/Verstehen/Konstruieren 2. Vereinfachen/Strukturieren 3. Mathematisieren
40 min	**Erarbeitung** Erarbeitung der anderen beiden Modellierungen in Kleingruppen auf Arbeitsblättern, Vergleich der Lösungen	4. Mathematisch arbeiten 5. Interpretieren 6. Alternativen erwägen
30 min	**Diskussion** Diskussion der Ergebnisse, Erweiterung der Diskussion entlang verschiedener Kriterien, abschließende Urteilsbildung	7. (Politische) Möglichkeiten abwägen 8. Urteilsbildung 9. Angenommene Wirkung

im Kontext des Klimawandels und anschließend der gezielte Bezug auf den CO_2-Ausstoß verschiedener Lebensmittel erarbeitet werden. Diese Erarbeitung stellt *Schritt 1: Analysieren, Konstruieren, Verstehen* dar. Dazu können verschiedene Einstiegsmaterialien genutzt werden, die im Anhang aufgeführt sind. Diese sensibilisieren dafür, dass Lebensmittel in ihrem Anbau/ihrer Produktion einen CO_2-Ausstoß verursachen und insgesamt sogar 25–30 % des Treibhausgas-Ausstoßes in Deutschland auf den Lebensmittelverbrauch zurückzuführen sind (Schmidt und Wellbrock 2021). Ebenso wird aufgezeigt, dass die Grundlage für diese Aussagen mathematische Modelle sind. Es wird erläutert, dass im Kontext des Klimawandels daher die Besteuerung einiger besonders schädlicher Lebensmittel im Gespräch ist. Diese Idee einer Besteuerung wird als Motivation für eine notwendige Bewertung verschiedener Lebensmittel aufgegriffen, damit diese vergleichbar werden. Thema der Stunde ist also die Frage, wie man mathematisch ausdrücken kann, wie schädlich ein Lebensmittel für die Umwelt ist.

Der nächste Schritt im Sinne des Modellierens ist dann das Erarbeiten eines Realmodells (*Schritt 2: Vereinfachen/Strukturieren*). Dazu werden ausgewählte Lebensmittel (Kartoffeln, Rindfleisch, Schokolade, Tomaten, Bananen) gezeigt, und es wird offen gefragt, welche davon wohl am klimaschädlichsten sind und warum. Alternativ oder ergänzend kann auch, wie oben erläutert, gefragt werden, welche der Lebensmittel man am ehesten besteuern würde. Die Schüler:innen sollen Punkte nennen, die gemeinsam gesammelt werden.

Argumentationen der Schüler:innen könnten sich beziehen auf:

- Entstehung (Produktion, Verpackung, Transport, geänderte Landnutzung – z. B. Rodung des Regenwaldes für Schokoladen-/Bananenanbau), Ausstoß von Treibhausgasen wie Methan bei der Aufzucht von Tieren)
- Lebensmittel, die man gerne isst, häufig isst, die gesund sind und die satt machen

Mögliche Impulse für die Klasse könnten sein:

- Wovon wird wie viel gegessen? Wenn Schokolade einen hohen Ausstoß hat, ist das auch dann wirklich schlimm, wenn man davon nur wenig isst?
- Wie viel muss ich von einem Lebensmittel essen, um satt zu werden? Wenn ein Lebensmittel einen hohen Ausstoß hat, aber sehr satt macht, ist das dann schlimmer als eines mit geringem Ausstoß, von dem ich ganz viel essen muss?
- Wie kann ich den CO_2-Ausstoß vergleichen, wenn ich 3 kg Kartoffeln esse, aber nur 200 g Schokolade?

Erarbeitungsphase Entlang dieser Sammlung soll erarbeitet werden, dass der CO_2-Ausstoß unterschiedlich mo-

delliert werden kann: Es erfolgt der Schritt zum Realmodell. Alle Formen der Entstehung werden in Durchschnittswerten berücksichtigt. Diese Werte sind auf dem anschließenden Arbeitsblatt angegeben, um die Annahmen für das grundlegende Modell transparent und später diskutierbar zu machen. Mehr vom gleichen Lebensmittel bewirkt auch einen höheren CO_2-Ausstoß. Dieses „Mehr" muss genauer ausgedrückt werden, nämlich in Kilogramm, Kilokalorien oder durchschnittlichem Verbrauch. Das Verhältnis des CO_2-Ausstoßes zu diesen Größen ist eine Möglichkeit, die Klimaschädlichkeit zu modellieren. Damit ist der Schritt des *Mathematisierens (Schritt 3)* im Wesentlichen durch das Arbeitsblatt und die dort vorgegebenen Modelle vorgegeben. In Kleingruppen oder Partnerarbeit bearbeiten die Schüler:innen anschließend das Arbeitsblatt, wobei sie im ersten Schritt vor allem innermathematisch arbeiten und den CO_2-Ausstoß der Lebensmittel pro Kilokalorien und pro Jahresdurchschnittskonsum berechnen. Um diese mathematischen Ergebnisse in Hinblick auf das reale Ergebnis besser interpretieren und vergleichen zu können, werden die mathematischen Ergebnisse als Balkendiagramme dargestellt und im nächsten Arbeitsauftrag explizit auf Veränderungen und Unterschiede untersucht.

Dabei kann zu der übereinstimmenden Erkenntnis gelangt werden, dass Rindfleisch in allen Modellierungen mit Abstand am klimaschädlichsten zu sein scheint, was für die Glaubwürdigkeit des Ergebnisses, unabhängig vom gewählten Modell, spricht. Nicht übereinstimmend hingegen sind die Ergebnisse für die anderen Lebensmittel: Tomaten und Schokolade sind im Vergleich je nach Modell weniger oder mehr klimaschädlich, ebenso Bananen und Kartoffeln. Hier müssen also die gewählten Grundlagen der Modellierungen (hier: die Bezugsgrößen) den Unterschied machen. Damit kann je nach Interesse das anscheinend günstigere Modell gewählt werden. Um diesen *Schritt 7 – (Politische) Möglichkeiten abwägen* – im Modellierungskreislauf auch konkret zu erarbeiten, nehmen die Schüler:innen in der weiteren Arbeitsblattaufgabe verschiedene Perspektiven und Interessen ein und wählen dementsprechend das für sie günstigste Modell. Wir haben hier die Perspektive staatlichen Handelns in den Mittelpunkt gestellt. Denkbar wäre gleichermaßen eine Diskussion individueller Handlungsoptionen, insbesondere alltäglicher Konsumentscheidungen.

Diskussionsphase Nach dem Vergleich der Ergebnisse der Arbeitsblattbearbeitungen kann als erstes Stundenziel festgehalten werden, dass verschiedene Modelle in politischen Diskussionen zu unterschiedlichen Schlussfolgerungen führen können. Dadurch wird deutlich, dass die Auswahl oder Konstruktion von mathematischen Modellen in politischen Diskussionen wichtig ist und mehr oder weniger explizite Wertungen beinhaltet. Konkret zeigt sich dies entlang der wahrscheinlich unterschiedlichen Bearbeitungen der Schüler:innen zur Besteuerung der Lebensmittel (als eine politische Entscheidungsmöglichkeit), die entlang der unterschiedlichen Modellierungen wahrscheinlich unterschiedlich ausfallen würde.

Die Landkarte der Möglichkeiten kann im Plenum anschließend noch erweitert werden, indem weitere Kriterien und Werte identifiziert werden, die bei der Modellierung des CO_2-Ausstoßes verschiedener Lebensmittel berücksichtigt werden sollten. Dazu wird die Diskussion schrittweise geöffnet: Beispielsweise können hier ergänzend der Vitamin- und/oder Nährstoffgehalt, das Tierwohl und die Unterscheidung zwischen notwendigen und Genusslebensmitteln herangezogen werden.

Mögliche Aufforderungen an die Klasse in diesem Schritt könnten sein:

- Wir haben jetzt zwei Möglichkeiten untersucht, mit denen man ausdrücken kann, wie schädlich ein Lebensmittel für die Umwelt ist. Fallen euch noch weitere Möglichkeiten ein?
- Was sollte außerdem bei einer solchen Entscheidung berücksichtigt werden?
- Welche weiteren Kriterien könnten in Bezug auf eine Lebensmittelsteuer noch einbezogen werden?

Dabei kann identifiziert und deutlich gemacht werden, entlang welcher Werte ein Urteil begründet werden kann. Mit dem Urteilen wird der erste Durchlauf durch den normativen Modellierungskreislauf abgeschlossen. Entlang der identifizierten Kriterien und Ergebnisse der Modellierungen erstellen die Schüler:innen ein abschließendes Werturteil darüber, welche Lebensmittel sie wie stark besteuern würden. Dabei machen sie deutlich, entlang welcher sachlichen Argumente (den Ergebnissen der Modellierungen) und welcher Werte (z. B. Genusslebensmittel müssen möglich sein, alle müssen satt werden, es gibt ein Recht auf Fleisch etc.) sie ihr Urteil begründen. Dies bietet sich auch als schriftliche Hausaufgabe an.

Innerhalb der Diskussion kann und sollte auch immer wieder die mögliche (mathematische) Umsetzung neu identifizierter Kriterien und Werte thematisiert werden, z. B. indem konkret gefragt wird: Wie/Nach welchen Kriterien würde man denn entscheiden, ob ein Lebensmittel notwendig ist oder dem Genuss dient? Wie könnte man gesunde Lebensmittel von ungesunden trennen, und wann wäre eine Kuh glücklich oder nicht? Die Umsetzung bzw. Integration dieser Kriterien in ein neues mathematisches Modell entspräche dann einem erneuten Durchgehen des Kreislaufs.

Konkrete Unterrichtsentwürfe zur Lernumgebung finden sich in drei leicht veränderten Versionen im elektronischen Anhang. Die Unterschiede in den drei Versionen werden im folgenden Abschnitt kurz skizziert. Neben der hier hauptsächlich dargestellten Version bezieht Version 2 eine Erweiterung zur konkreten Modellierung einer Fleischsteuer mit ein, Version 3 ist mit vereinfachten Zahlen und Beschreibungen für den Einsatz in niedrigeren Klassenstufen ohne Taschenrechner geeignet.

2.4   Reflexion zum erprobten Unterrichtsverlauf

Im Folgenden werden Erfahrungen zur Erprobung der Lernumgebung in verschiedenen Klassenstufen sowie allgemeine Reflexionen und Varianten zur Lernumgebung vorgestellt und diskutiert. Erprobungen erfolgten in der 10. Klasse eines Gymnasiums in Baden-Württemberg kurz vor den Sommerferien sowie in einer 9. Klasse eines Gymnasiums in Nordrhein-Westfalen und in einer 7. Klasse eines Gymnasiums in Niedersachsen jeweils kurz vor den Herbstferien. In allen diesen Settings zeigte sich deutlich das Potential normativen Modellierens im Kontext des Klimawandels: Der Themenkomplex wurde von allen Schüler:innen als sehr relevant und interessant empfunden und führte zu intensiven Diskussionen zwischen den Schüler:innen. Das Feedback der Schüler:innen wie auch der Lehrpersonen fiel insgesamt sehr positiv aus.

Erfahrungen in Klasse 10 In der hier dargestellten Form wurde die Lernumgebung in der 10. Klasse erprobt. Die Durchführung gelang insgesamt sehr gut, mit einer intensiven Diskussion in der letzten Unterrichtsphase. Hierbei ist jedoch auch als erster Befund festzuhalten, dass ein interdisziplinäres Setting, wie es hier erarbeitet wurde, veränderte Anforderungen an die betroffenen Lehrpersonen stellt. Die offene Diskussion stellte eine ungewohnte und herausfordernde Situation für die Mathematiklehrkräfte dar. Während die Leitung solcher Diskussionen beispielsweise in der Ausbildung von Politiklehrer:innen eine wesentliche Rolle spielt, wird diese in der MINT-bezogenen Lehramtsausbildung in der Regel weniger stark thematisiert. An dieser Stelle haben wir deshalb vorgesehen, mit den vorgeschlagenen Impulsen zur Diskussionsphase (siehe Abschn. 2.3) die Diskussion zu entlasten. Hier lässt sich außerdem ein Bedarf an Kompetenzerweiterungen, z. B. zum Umgang mit der eigenen Meinung und zum Setzen genereller Leitlinien für die Gesamtdiskussion, identifizieren. Auch ein verstärkter Austausch mit Kolleg:innen der anderen Fächer scheint wünschenswert und ist zumindest an dieser Schule wenig vorhanden.

Weiterhin zeigte sich sowohl im Feedback der Schüler:innen als auch der Lehrpersonen, dass mit der gewählten Interdisziplinarität soziale Normen des Mathematikunter richts sichtbar und diskutierbar werden: So ergänzten auch die Schüler:innen, dass sie für Mathematikunterricht ungewohnt offen und viel diskutiert hätten. Im Vergleich zu den sonst gewohnten Diskussionspraktiken, wie beispielsweise im Politikunterricht, wurde in dieser Klasse der Bezug zu nachvollziehbaren, realistischen Zahlen und Werten als Rahmen für die Diskussion als sehr positiv hervorgehoben. Diese offene Diskussion führte außerdem zu veränderten Partizipationsmustern der Schüler:innen. Die Lehrperson berichtete beispielsweise, dass in der Mathematik sonst leistungsschwächere Schüler:innen in dieser Unterrichtsstunde stärker partizipiert hätten:

> „Ich habe richtig gemerkt, dass meine Mathematiker-Schüler, also die, die immer super sind in Mathe, die waren heute gar nicht so präsent wie normalerweise, die haben schon mitgemacht und alles, aber die waren nicht so dominant im Unterrichtsgespräch. Das waren eher so die Schüler, die normalerweise in Mathe nicht ganz so viel machen können. Und das, finde ich, birgt auf jeden Fall Potential, um eben solche Schüler mehr zu packen. Und ich glaube, die fanden das auch mal interessant, so ein bisschen mal darüber zu diskutieren" (Lehrperson 1).

In Hinblick auf heterogene Lerngruppen und bestehende Partizipationsmuster zeigt sich hier also zumindest explorativ ein besonderes Potential normativer Modellierungen.

Um auch die Perspektiven der Schüler:innen in die Reflexion und Evaluation der Lernumgebung einzubeziehen, bearbeiteten diese in Vorbereitung auf die Stunde eine kurze Hausaufgabe dazu, welche Rolle die Mathematik für die Politik spielen könnte. Hier gaben die Schüler:innen mehrheitlich das „Ausrechnen von Wahlergebnissen" und „Verwalten und Berechnen der Finanzen" als mögliche Bedeutung von Mathematik für die Politik an. Nur zwei Bearbeitungen gaben „die Erstellung von Statistik, z. B. Arbeitslosenstatistik" als weitere Dimension an. Im Anschluss an die durchgeführte Unterrichtsstunde bearbeiteten sie die gleiche Fragestellung erneut als Hausaufgabe. Hier zeigte sich dominant das „Modellieren von Steuern", was in Bezug auf die bearbeitete Aufgabe und Diskussion einer Fleischsteuer wenig überraschend ist. Knapp die Hälfte der Schüler:innen machte jedoch zudem deutlich, dass mathematische Modelle eine wichtige Grundlage für politische Willensbildungs- und Entscheidungsprozesse spielen können, und zeigte damit ein reflektierteres Bewusstsein als vor der Unterrichtsstunde. Damit zeigt sich nochmals das Potential der normativen Modellierungen im schulischen Kontext, mathematische Modelle im politischen Willensbildungs- und Entscheidungsprozess zu reflektieren. Dieses wurde abschließend auch von der unterrichtenden Lehrkraft zusammengefasst:

> „Da kamen wirklich unglaublich viele Ideen, (…) was ihnen noch so alles einfällt. Tatsächlich sind aber einige dieser Ideen auch schon während der Bearbeitung des Arbeitsblattes entstan-

den. Also, da habe ich Schüler diskutieren hören, so: ‚Ja, aber man muss ja noch bedenken, äh in Schokolade ist viel Zucker und so weiter, vielleicht sollten wir noch eine Zuckersteuer machen' (…) dann auch, als es nochmal darum ging zu überlegen, auf was würde man persönlich denn achten, welche Kriterien sind einem persönlich denn besonders wichtig. Da kam dann auch nochmal die ein oder andere Sichtweise, und man hat richtig gemerkt, wie es in den Schülerköpfen rattert" (Lehrperson 1).

Erfahrungen in Klasse 9 In der 9. Klasse wurde die Lernumgebung in einer leicht veränderten Version erprobt, um hier stärker innermathematisches Arbeiten mit einzubeziehen. Dazu wurde in einer weiteren Aufgabe konkret die Wirkung einer möglichen Fleischsteuer als lineare Funktion dargestellt und von den Schüler:innen in Bezug auf die Passbarkeit diskutiert. Die angepasste Variante dieses Arbeitsblattes findet sich ebenfalls im Anhang. Auch hier konnte die Lernumgebung innerhalb einer Doppelstunde sehr gut durchgeführt werden. Bei der Betrachtung der Bearbeitungen der Schüler:innen und beim Feedback der Lehrperson zeigte sich jedoch, dass die Effekte zur veränderten Partizipation und vermehrten Diskussion der Schüler:innen nur in geringerem Maße auftraten. Die Bearbeitungen der Schüler:innen beziehen sich vor allem auf die rechnerische Auseinandersetzung und folgen der bekannten Formulierung eines richtigen Ergebnisses: Die schriftliche Ausarbeitung zu Aufgabe 2b), welche Personen welche Modelle bevorzugen würden, wird ohne Reflexion oder kritische Anmerkungen beantwortet. Das zusätzliche mathematische Arbeiten entlang der Wirkung einer Steuer ging hier also durchaus zu Lasten der Reflexion und Diskussion durch die Schüler:innen. Dennoch waren Diskussionen deutlich präsenter als im regulären Unterricht und zeigten auch Potential, mathematikbezogene Motivation zu fördern: Die Darstellung der Wirkung einer Steuer als lineare Funktion wurde von vielen Schüler:innen als unbefriedigend empfunden, und es wurden alternative Modellierungen entlang anderer mathematischer Funktionen gefordert, wie beispielsweise in der folgenden Bearbeitung der Schülerin deutlich wird (Abb. 4):

Hier besteht für eine länger geplante Unterrichtsreihe sicherlich noch mehr Potential, verschiedene Wirkungen eigenständig zu modellieren und zu diskutieren.

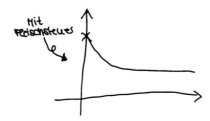

Abb. 4 Schülerinnenbearbeitung

Erfahrungen in Klasse 7 Weiterhin wurde der Entwurf auch in einer 7. Klasse erprobt. Hier gelang die Durchführung jedoch nur in Teilen gut. Den Schüler:innen stand zum Erprobungszeitpunkt noch kein Taschenrechner zur Verfügung, weshalb die angegebenen Daten zu ganzen Zahlen gerundet wurden, um Rechnungen zu vereinfachen. Die dafür modifizierten Arbeitsblätter finden sich ebenfalls im Anhang. Es wurde jedoch deutlich, dass es den Schüler:innen bereits zu Beginn schwerer fiel, in der Einstiegsphase einen konkreten Fokus auf die Lebensmittel zu finden. Hier wurde von vornherein breiter entlang von Tierwohl, Gesundheit etc. diskutiert. Auch stellten viele der Begriffe auf den Arbeitsblättern (Brennwert, Kilokalorien) große Herausforderungen dar, weshalb hier didaktisch zu Kalorien reduziert wurde. Auch eingesetzte Tippkarten zur Entlastung in der Gruppenarbeit konnten die Schüler:innen zwar bei den konkreten Rechnungen unterstützen, weniger jedoch bei deren Einordnung im Gesamtkontext.

Übergreifende Bemerkungen In allen Unterrichtsentwürfen wurden die Balkendiagramme für den Vergleich didaktisch stark vorentlastet, da Skalierungen vorgegeben wurden. Aufgrund der besonderen Wichtigkeit der Vergleichbarkeit der Ergebnisse und der insgesamt knappen Planung innerhalb einer Doppelstunde war dies in diesem Setting zu befürworten. Bei längeren Zeitfenstern könnten hier die Schüler:innen auch eigenständiger arbeiten. Weiterhin lässt sich die Lernumgebung eigenständig variieren, nicht nur entlang der hier vorgestellten Möglichkeiten. Die ausgewählten Lebensmittel und berücksichtigten Kategorien zur Ermittlung des CO_2-Ausstoßes können unter https://ourworldindata.org/environmental-impacts-of-food?country=#carbon-footprint-of-food-products abgerufen und variiert werden. Die Auswahl der hier vorgestellten Lebensmittel erfolgte aufgrund der Veränderung in der Rangfolge bei Vergleich des CO_2-Ausstoßes auf Basis zweier unterschiedlicher Modellierungen.

3   Zusammenfassung und Ausblick

Ziel dieses Beitrags war es, eine Lernumgebung darzustellen, die aufzeigt, wie verschiedene normative Modellierungen zu unterschiedlichen Ergebnissen und damit verbundenen Konsequenzen führen können. Im Sinne einer demokratischen Teilhabe könnten Schüler:innen hier bezüglich einer kritischen Urteilskompetenz in Bezug auf normative Modellierungen gefördert werden.

Im Kontext des Klimawandels wurde dazu eine Lernumgebung vorgestellt, die erläutert, wie man im Unterricht die Klimaschädlichkeit von Lebensmitteln verschieden mo-

dellieren und die Ansätze dann diskutieren kann. Kernstück der Aufgabe ist die Modellierung zum Treibhausgas-Ausstoß durch den Konsum von Lebensmitteln entlang dreier verschiedener Bezugsgrößen, die zu unterschiedlichen Ergebnissen und damit zu unterschiedlichen Bewertungen bezüglich der Klimaschädlichkeit der verschiedenen Lebensmittel kommen. Dadurch wird deutlich, dass die Auswahl oder Konstruktion von mathematischen Modellen in politischen Diskussionen wichtig ist und mehr oder weniger explizite Wertungen beinhaltet. Zur didaktischen Rahmung und Analyse wurde eine Erweiterung des Modellierungskreislaufs für normative Modellierungen aus interdisziplinärer Perspektive eingeführt, die insbesondere die kritische Urteilsbildung in Form einer Landkarte der Möglichkeiten und ein Werturteil mitberücksichtigt. Während dieser erweiterte Modellierungskreislauf hier vor allem für die Entwicklung und Einordnung der Lernumgebung genutzt wurde, sind weitere Anwendungen z. B. zur Analyse vorhandener Aufgaben (Vajen et al., 2024) und Lernenden-Bearbeitungen (Liebendörfer et al. 2023) denkbar.

In der didaktischen Analyse ist deutlich geworden, dass der Schwerpunkt hier stärker auf der realweltlichen Diskussion als auf dem innermathematischen Modellierungsprozess liegt. Dies erscheint vor dem Hintergrund einer ersten Einführung in normatives Modellieren legitim. Mit den möglichen genannten Erweiterungen in Bezug auf das Modellieren einer Steuer oder auch eine differenziertere Berücksichtigung von weiteren Treibhausgasen wie Methan (Fleischmann et al. 2021) könnten hier auch innermathematische Prozesse stärker eingebunden werden.

Insgesamt erwies sich der Kontext des Klimawandels als höchst motivierender Realweltbezug für die Schüler:innen und insbesondere die Diskussion als wichtiger und relevanter Reflexionsanlass, bei dem nicht nur das Bewerten und Vergleichen von Modellen, sondern auch das kritische Urteilen in Bezug auf die Nutzung und den Einsatz von Modellierungen in Bezug auf politische Entscheidungen im Mittelpunkt standen. Aufbauend darauf zeigt sich hier auch die Anschlussfähigkeit an den Bildungsrahmen für nachhaltige Entwicklung (KMK/BMZ/EG 2015; Vajen et al., 2024) mit einem besonderen Fokus auf das Erkennen und Bewerten.

Literatur

Barwell, R.: The mathematical formatting of climate change: Critical mathematics education and post-normal science. Res. Math. Edu. **15**(1), 1–16 (2013)

Blum, W.: Modellierungsaufgaben im Mathematikunterricht. Herausforderung für Schüler und Lehrer. Prax. Math. **34**(52), 42–48 (2010)

Blum, W., Leiß, D.: Filling up – In the problem of independence-preserving teacher interventions in lessons with demanding modelling tasks. In: Bosch, M. (Hrsg.) CERME-4-Proceedings of the

Fourth Conference of the European Society for Research in Mathematics Education, S. 1623–1633. Sant Feliu de Guixols, Spain (2006)

Fleischmann, Y., Rønning, F., Strømskag, H., Berger, C., Mogiani, M.: Methane emissions causing climate change: An interdisciplinary inquiry. https://www.researchgate.net/publication/353403407_Methane_emissions_causing_climate_change_An_interdisciplinary_inquiry (2021). Zugegriffen am 06.12.2024

Gildehaus, L., Liebendörfer, M.: CiviMatics – Mathematical modelling meets civic education. In: Kollosche, D. (Hrsg.) Exploring New Ways to Connect: Proceedings of the Eleventh International Mathematics Education and Society Conference, 1. Aufl., S. 167–171. Tredition, Ahrensburg (2021)

Greefrath, G., Kaiser, G., Blum, W., Borromeo Ferri, R.: Mathematisches Modellieren – Eine Einführung in theoretische und didaktische Grundlagen. In: Borromeo Ferri, R., Greefrath, G., Kaiser, G (Hrsg.) Mathematisches Modellieren für Schule und Hochschule, S. 11–38. Springer, Wiesbaden (2013)

Henkenborg, P.: Politische Urteilsfähigkeit als politische Kompetenz in der Demokratie. Der Dreiklang von Analysieren, Urteilen, Handeln. Z. Didakt. Gesellschaftswiss. 2, 28–50 (2012)

KMK – Sekretariat der Ständigen Konferenz der Kultusminister der Länder in der Bundesrepublik Deutschland: Bildungsstandards im Fach Mathematik für die Allgemeine Hochschulreife: Beschluss der Kultusministerkonferenz vom 18.10.2012. Wolters Kluwer, Köln (2012)

KMK – Sekretariat der Ständigen Konferenz der Kultusminister der Länder in der Bundesrepublik Deutschland: Bildungsstandards im Fach Mathematik. Erster Schulabschluss und Mittlerer Schulabschluss: Beschluss der Kultusministerkonferenz vom 23.06.2022. Wolters Kluwer, Köln (2022)

KMK/BMZ/EG – Ständige Konferenz der Kultusminister der Länder in der Bundesrepublik Deutschland/Bundesministerium für wirtschaftliche Zusammenarbeit und Entwicklung/Engagement Global (Hrsg.) Orientierungsrahmen für den Lernbereich Globale Entwicklung im Rahmen einer Bildung für nachhaltige Entwicklung (zusammengestellt und bearbeitet von Hannes Siege und Jörg-Robert Schreiber). Bonn (2015)

Liebendörfer, M., Gildehaus, L., Vajen, B.: Mathematik ist politisch – Ansätze interdisziplinären Lernens zum Thema Klimawandel im Mathematik- und Politikunterricht. In: Hamann, T., Helmerich, M.,

Kollosche, D., Lengnink K., Pohlkamp, S. (Hrsg.) Mathematische Bildung neu denken: Andreas Vohns erinnern und weiterdenken, S. 133–148. WTM-Verlag, Münster (2023)

Marxer, M., Wittmann, G.: Normative Modellierungen: Mit Mathematik Realität(en) gestalten. mathematik lehren. **153**, 10–15 (2009)

Marxer, M., Prediger, S., Schnell, S.: Wie verteilen wir die Müllgebühren? – Bildungswirksame Erfahrungen beim Entwickeln und Diskutieren normativer Modellierungen. Prax. Math. **52**, 19–25 (2011)

Massing, P./Weißeno, G. (Hrsg.): Politik als Kern der politischen Bildung. Wege zur Überwindung unpolitischen Politikunterricht. Leske + Budrich, Opladen (1995). https://doi.org/10.1007/978-3-322-97299-6

Niss, M.: Prescriptive Modelling – Challenges and Opportunities. In: Stillman, G. A., Blum, W., Salett Biembengut, M. (Hrsg.) Mathematical Modelling in Education, Research and Practice, S. 67–80. Springer, Cham (2015)

Pohlkamp, S.: Normative Modellierung im Mathematikunterricht: Bildungspotenzial, exemplarische Sachkontexte und Lernumgebungen. Dissertation, RWTH Aachen (2022)

Reinhardt, S.: Politik Didaktik. Handbuch für die Sekundarstufe I und II. (Fachdidaktik), Cornelsen, Berlin (2018)

Schmidt, S., Wellbrock, W.: Alltäglicher nachhaltiger Konsum–Bewusster Umgang mit Lebensmitteln vs. skandalträchtige Verschwendung. In: Wellbrock, W., Ludin, D. (Hrsg.) Nachhaltiger Konsum: Best Practices aus Wissenschaft, Unternehmenspraxis, Gesellschaft, Verwaltung und Politik, S. 719–741. Springer, Wiesbaden (2021)

Vajen, B., Gildehaus, L., Liebendörfer, M., Wolf, C.: Mathematisierung als Herausforderung für die politische Bildung. In: Kenner, S., Oeftering, T. (Hrsg.) Schriftenreihe der DVPB. Standortbestimmung Politische Bildung: Gesellschaftspolitische Herausforderungen, Zivilgesellschaft und das vermeintliche Neutralitätsgebot, S. 188–123. Wochenschau Verlag, Frankfurt am Main (2021)

Vajen, B., Voss-Jähn, T., Gildehaus, L.: Der interdisziplinäre Blick: Wie ein mathematischer Blick auf die Gesellschaftsmodelle politische Urteilsbildungskompetenz stärken kann. In: Bildung für nachhaltige Entwicklung – Sonderausgabe des Wochenschau Verlag. S. 64–67, Wochenschau Verlag, Frankfurt am Main (2024)

Von Waffeln, Kegeln und der Modellierung: mit einem Sachproblem den mathematischen Modellierungsprozess erschließen und reflektieren

Corinna Hankeln ⓘ und Gilbert Greefrath ⓘ

Zusammenfassung

In diesem Beitrag wird eine Unterrichtseinheit für die 9. Klasse im Bereich der Berechnung des Oberflächeninhalts von Körpern und des Flächeninhalts von Figuren vorgestellt. Aus atomistischer Modellierungsperspektive werden in dieser Einheit besonders die Teilschritte des Modellierens als einzelne Tätigkeit herausgegriffen und bewusst geübt. Mithilfe der Adaptation eines vielen Lehrkräften bekannten Sachproblems wird dabei der Fokus besonders auf die Schritte des Interpretierens und Validierens gelegt. Die detaillierte Präsentation der Durchführung und der Aktivitäten der Lernenden sollen eine Adaptation für den eigenen Unterricht leicht ermöglichen.

1 Motivation der Lernumgebung

1.1 Mathematisches Modellieren als Lernziel

Mit Einführung der nationalen Bildungsstandards (KMK 2004) hat auch das mathematische Modellieren seinen festen Platz unter den zu erreichenden Kernkompetenzen des Mathematikunterrichts erhalten. Dies bestärkt auch die Anforderungen, den Lernenden die erste Wintersche Grunderfahrung (Winter 1995) zu ermöglichen, nämlich die Mathematik in der Welt, die uns umgibt, zu erfahren.

C. Hankeln (✉)
Institut für Entwicklung und Erforschung des Mathematikunterrichts, Technische Universität Dortmund, Dortmund, Deutschland
E-Mail: corinna.hankeln@math.tu-dortmund.de

G. Greefrath
Institut für Didaktik der Mathematik und der Informatik, Universität Münster, Münster, Deutschland
E-Mail: greefrath@uni-muenster.de

Nichtsdestotrotz ist das Modellieren schwierig, sowohl für Lernende bei der Ausführung als auch für Lehrkräfte in der unterrichtlichen Gestaltung (Blum 2007). Der vorliegende Beitrag illustriert, wie auch abseits von ebenso wichtigen Modellierungsprojekten bereits bekannte Sachprobleme so adaptiert verwendet werden können, dass die Teilschritte des Modellierens thematisiert und geübt werden können. Die Hoffnung dabei ist, dass die so gezielt trainierten Teilschritte auch bei der Bearbeitung komplexerer Modellierungsprobleme helfen können. Da insbesondere die Teilschritte des Modellierens, die nach der Berechnung eines numerischen Ergebnisses erfolgen sollten, von den Lernenden häufig nicht ausgeführt werden (Hankeln 2020b), geht dieser Beitrag immer wieder auf diese Teilschritte ein. Um den Lernenden die Zerlegung und Vereinfachung der eigentlich so komplexen Modellierungsaktivität zugänglich zu machen, wurde für die präsentierte Einheit ein Lösungsplan genutzt, der auf den theoretischen Überlegungen zum Modellieren bzw. den Modellierungskreisläufen basiert.

Mathematische Modellierungsprozesse werden häufig mithilfe eines Modellierungskreislaufs (vgl. z. B. Blum und Leiß 2005) veranschaulicht und umfassen als wichtigen Teilschritte „das Strukturieren und Vereinfachen gegebener Realsituationen, das Übersetzen realer Gegebenheiten in mathematische Modelle, das Arbeiten im mathematischen Modell, das Interpretieren mathematischer Ergebnisse in Bezug auf Realsituationen und das Überprüfen von Ergebnissen sowie des Modells im Hinblick auf Stimmigkeit und Angemessenheit bezogen auf die Realsituation" (KMK 2022, S. 11). Der folgende Modellierungskreislauf (s. Abb. 1) beschreibt den gesamten Modellierungsprozess einschließlich fünf verschiedener Teilprozesse des mathematischen Modellierens.

Die Fähigkeit, einen Teilprozess im Modellierungskreislauf durchzuführen, kann als eine spezifische Teilkompetenz des mathematischen Modellierens angesehen werden (vgl. Kaiser 2007). Aus dem Modellierungskreislauf in Abb. 1

M. Besser et al. (Hrsg.), *Neue Materialien für einen realitätsbezogenen Mathematikunterricht 10*, Realitätsbezüge im Mathematikunterricht, https://doi.org/10.1007/978-3-662-69989-8_7

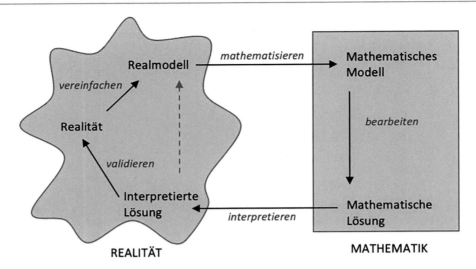

Abb. 1 Modellierungskreislauf. (Kaiser und Stender 2013, S. 279; Maaß 2005, S. 117)

können die folgenden Teilkompetenzen abgeleitet werden (Greefrath et al. 2013, S. 19):

- Vereinfachen: Schülerinnen und Schüler machen auf die Situation bezogen Annahmen, erkennen beeinflussende Größen, stellen Beziehungen zwischen den Größen her und suchen nach relevanten Informationen.
- Mathematisieren: Schülerinnen und Schüler übertragen die relevanten Größen und Beziehungen ggf. vereinfacht in ein mathematisches Modell und wählen dazu eine geeignete mathematische Darstellungsform.
- Mathematisch arbeiten: Schülerinnen und Schüler wenden heuristische Strategien und mathematisches Wissen zur Lösung des mathematischen Problems an.
- Interpretieren: Schülerinnen und Schüler übersetzen die mathematischen Resultate in außermathematische Situationen, verallgemeinern für spezielle Situationen entwickelte Lösungen und stellen Problemlösungen angemessen sprachlich dar.
- Validieren: Schülerinnen und Schüler überprüfen und reflektieren gefundene Lösungen, revidieren ggf. Teile des Modells, falls Lösungen der Situationen nicht angemessen sind, und überlegen, ob andere Lösungen oder Modelle möglich sind.

Nimmt man andere Modellierungskreisläufe als Ausgangspunkt, erhält man ggf. auch unterschiedlich akzentuierte Teilkompetenzen. In jedem Fall sind das Interpretieren und Validieren für einen erfolgreichen Abschluss eines Modellierungsprozesses von zentraler Bedeutung, denn sie stellen das Bindeglied zwischen der innermathematischen Perspektive auf das Problem und der Bedeutung in der realweltlichen Sichtweise her. Gerade das Validieren als Bereitschaft, sich nach erfolgten Lösungsschritten noch einmal kritisch mit der eigenen Arbeit zu befassen, erfordert einige An-

strengungen seitens der Lernenden. Insbesondere muss für diesen Schritt oft erst eine Sinnstiftung erfolgen, da die Lernenden häufig die Notwendigkeit dieser Reflexion nicht wahrnehmen (Hankeln 2020b).

1.2 Fokussierung auf Teilprozesse und Modellieren mit einem Lösungsplan

„Echte" Modellierungsprobleme, wie sie auch in diesem Band für den unterrichtlichen Einsatz präsentiert werden, sind oftmals sehr offene Probleme, die gerade schwache Lernende erst einmal überfordern können, da diese meist nur auf wenige Strategien für den Lösungsprozess zurückgreifen können, und auch die geltenden Normen (Busse 2013), wann eine Modellierung als gut befunden werden kann, erst vermittelt oder ausgehandelt werden müssen.

Das bewusste Fokussieren auf Teilprozesse des Modellierens ist ein möglicher Weg, um die Komplexität des Modellierungsprozesses für Lernende zu reduzieren und Strategien einzuüben, die anschließend auch in offenen Problemen genutzt werden können. Insbesondere die Bewusstmachung der verschiedenen Schritte (oder auch Phasen der Bearbeitung) kann den Lernenden eine Orientierung bieten, welche Fragen sie sich bei der Bearbeitung eines Problems stellen sollten, mit anderen Worten, wie sie die unterschiedlichen Herausforderungen des Modellierens angehen können. Wie diese Hilfestellungen konkret aussehen können, zeigt der im DISUM-Projekt (Blum und Schukajlow 2018) verwendete Lösungsplan (Tab. 1), der die vier Schritte *Aufgabe verstehen*, *Mathematik suchen*, *Mathematik benutzen* und *Ergebnis erklären* benennt. Jeder Schritt wird für die Schülerinnen und Schüler mit einer Frage und einigen erklärenden Punkten erläutert. Dieser Lösungsplan lässt sich somit als indirekte allgemein-strategische Hilfe klassifizieren, da

Tab. 1 Lösungsplan für Modellierungsaufgaben. (Blum und Schukajlow 2018, S. 64)

1	Aufgabe verstehen	Lies den Aufgabentext (noch einmal) genau durch! Stell dir die Situation konkret vor! Mache eine Skizze und beschrifte sie!
2	Mathematik suchen	Suche die wichtigen Angaben und ergänze, falls nötig, fehlende Angaben! Beschreibe den mathematischen Zusammenhang zwischen den Angaben (z. B. mit einer Gleichung oder einer geometrischen Formel)!
3	Mathematik benutzen	Was weißt du zu diesem mathematischen Thema? Wende es hier an (z. B. Gleichung lösen, Formel umrechnen, Graph zeichnen)! Falls das nicht geklappt hat: Kannst du noch ein anderes mathematisches Verfahren anwenden?
4	Ergebnis erklären	Runde dein Ergebnis sinnvoll! Überschlage, ob dein Ergebnis als Lösung ungefähr passt! Schreibe einen Antwortsatz auf!

er zwar auf allgemeine fachliche Modellierungsschritte oder -strategien hinweist, aber prinzipiell keine konkreten und auf den Inhalt der Aufgabe bezogenen Hilfestellungen gibt (Zech 2002). Dass sich der Einsatz dieses Plans förderlich auf den Aufbau der entsprechenden Modellierungsfähigkeiten auswirken kann, konnte empirisch belegt werden (Schukajlow et al. 2015).

So wie auch die Modellierungskreisläufe je nach Zielsetzung eine unterschiedliche Anzahl an Teilschritten unterscheiden (Borromeo Ferri 2011), so wurden auch unterschiedlich komplexe Lösungspläne erprobt. Für den vorliegenden Beitrag besonders von Interesse ist die Aufteilung des letzten Schrittes des Lösungsplans in die zwei eigenständige Schritte des Interpretierens und Validierens, wie sie im Projekt LIMo (Beckschulte 2019) vorgenommen wurde. Auch dort wurden die einzelnen Schritte durch allgemeinstrategische Hinweise ergänzt, anstatt nur die reine Schrittfolge zu vermitteln.

Eine berechtigte Kritik am Einsatz eines Lösungsplans ist dessen Nähe zu Strukturschemata, wie sie in den 1960er- und 1970er-Jahren zur Bearbeitung von Sachaufgaben als vermeintliche Hilfe angeboten wurden und sich als zusätzlicher Lernstoff herausstellten (Meyer und Voigt 2010). Und tatsächlich zeigt auch der vorliegende Beitrag, dass ein nicht unerheblicher Teil der Lernzeit in der präsentierten Unterrichtsreihe auf das Verstehen und Anwenden der Lösungshilfe verwendet wurde. Der zusätzliche Aufwand, die Schritte des Modellierungskreislaufs zu verstehen und sich zunutze zu machen, kann sich jedoch durchaus in einer angemessenen Überwachung und Selbstregulierung im Modellierungsprozess auszahlen, und Lernende selbst emp-

finden das neu erworbene Wissen über den Modellierungsprozess und die Kreislaufdarstellung als Orientierungshilfe (Maaß 2004). Dies spricht dafür, dass ein Lösungsplan durchaus dabei helfen kann, mögliche Überforderungen ob der Offenheit eines Problems abzuschwächen.

Weiterhin bringt die durch den Lösungsplan eingeforderte Schrittfolge die Lernenden dazu, sich aktiv mit den Schritten des Interpretierens und Validierens auseinanderzusetzen, wenn sie eigentlich die Arbeit schon beenden wollen, weil sie ja ein (numerisches) Ergebnis gefunden haben. In diesem Moment fordert der Lösungsplan die Lernenden dazu auf, im Schritt des Interpretierens den Rückbezug zum Sachkontext herzustellen. Lernende haben dabei oft nur den Eindruck, sie sollten den traditionell bei Textaufgaben geforderten Antwortsatz schreiben. Diese Aufforderung gewinnt erst dadurch an Sinn, wenn klar wird, dass diese im Kontext formulierte Antwort die Basis bietet, um beim Validieren zu überprüfen, wie gut das gefundene Ergebnis bereits zu werten ist. Für die Validierung selbst gibt es dann unterschiedliche Perspektiven, wie und was validiert wird (vgl. Greefrath et al. 2013). Das Überprüfen der Größenordnung oder der Einheit des gefundenen Ergebnisses sowie das Überprüfen der Fehlerlosigkeit der Rechenwege sind Tätigkeiten, die nicht auf Modellierungsaufgaben beschränkt sind, sondern deren Training sich auch für andere Aufgaben lohnen kann. So wäre das kritische Beleuchten einer Antwort in vielen, auch innermathematischen Aufgaben eine Strategie für Lernende, um offensichtlich unpassende Ergebnisse selbst zu erkennen, um so die Möglichkeit für eine Selbstkorrektur zu haben. Der Vergleich verschiedener möglicher Modelle oder deren zugrunde liegender Annahmen hingegen ist etwas Spezifisches für offene Modellierungsaufgaben, bei denen es nicht nur einen vorgeschriebenen Lösungsweg gibt. An dieser Stelle ermöglicht der Einsatz eines Lösungsplans die Reflexion der Rolle von Modellen und auch durch den Vergleich verschiedener Modelle die Diskussion über die Sinnhaftigkeit unterschiedlicher Modellannahmen. Gleichzeitig bietet die Validierung eines eigenen oder auch eines fremden Ergebnisses die Gelegenheit, das mathematische Kommunizieren zu üben, indem eigene Annahmen und Lösungswege verständlich dargestellt und fremde Prozesse nachvollzogen werden müssen.

2   Die Aufgabe „Waffel"

2.1   Vorbereitung der Aufgabe durch die vorangegangene Unterrichtseinheit

Die in diesem Beitrag vorgestellte Aufgabe mit dem Schwerpunkt auf Interpretieren und Validieren ist Bestandteil einer Unterrichtseinheit zum Thema „Modellieren mit geometrischen Körpern" in der Klasse 9 (Gymnasium NRW,

G8), in der die Lernenden in unterschiedlichen realen Situationen verschiedene geometrische Körper zur Modellierung nutzten. Da sowohl die noch unbekannten Berechnungen bei den geometrischen Körpern als auch die Modellierung komplexe Anforderungen an die Lernenden stellen (Blum 2007), wurden zu Beginn der Unterrichtseinheit vier Unterrichtsstunden auf das Kennenlernen des Modellierungsprozesses und die Etablierung des strategischen Instruments Lösungsplan (s. Abb. 2). verwendet. Dabei umfasste die erste Unterrichtsstunde ein Modellierungsproblem, das als zu ergänzendes heuristisches Lösungsbeispiel (Zöttl et al. 2010) präsentiert wurde, in dem bereits eine prototypische Lösung der Modellierungsaufgabe vorgegeben war. In der zweiten Unterrichtsstunde wurde ein Lösungspuzzle genutzt, in dem die vorgegebenen Lösungsschritte einer Modellierungsaufgabe begründet in die richtige Reihenfolge gebracht werden mussten. In der dritten und vierten Unterrichtsstunde fand dann in einer ersten „freien" Anwendung die Nutzung des Lösungsplans statt. Anders als beispielsweise bei Beckschulte (2019) wurden in dem verwendeten Lösungsplan nur vier Schritte unterschieden, um den Ablauf möglichst einprägsam und schnell zugänglich zu machen. Die einzelnen Schritte wurden durch illustrierende Fragen ergänzt. Mit den Lernenden wurde vereinbart, dass zur Ausführung eines Schrittes eben diese Fragen durchdacht werden müssen. Gleichzeitig wurde festgelegt, dass die Antworten auf die Fragen auch verschriftlicht werden müssen, weil Unterschiede in den Modellierungen und Antworten häufig auf Unterschiede in diesem Bereich zurückgeführt werden können. Zu Beginn der Unterrichtseinheit erlebten die Lernenden dabei zunächst vor allem den Umgang mit komplexen realen Situationen, bei denen sie Situationen verstehen, Informationen beschaffen und Komplexität reduzieren mussten. Diese Übungen waren häufig mit der Anwendung neu erlernter Formeln zur Berechnung von Oberflächeninhalten geometrischer Körper gekoppelt. In der in diesem Beitrag vorgestellten Aufgabe „Waffel" hingegen wird der Fokus verstärkt auf das Interpretieren, Validieren und damit, wie oben angedeutet, das Kommunizieren gelegt.

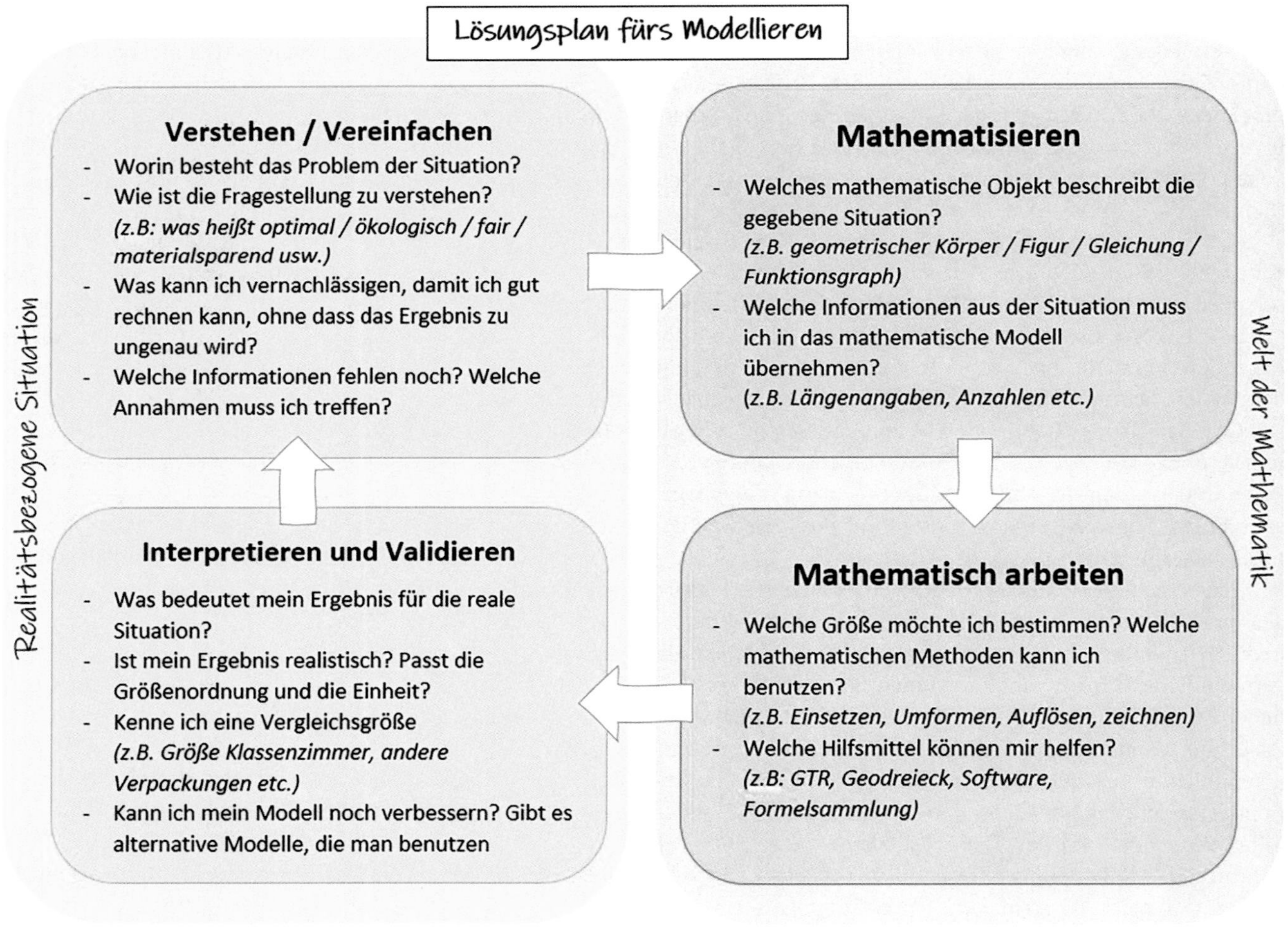

Abb. 2 In der Unterrichtseinheit verwendeter Lösungsplan inklusive anleitender Impulsfragen

2.2 Beschreibung der Aufgabe „Waffel"

In der Aufgabe „Waffel" wird den Lernenden ein Sachkontext, vermittelt durch einen Comic, präsentiert (Abb. 3). Durch den Comic (selbst erstellt auf der Website storyboardthat.org) wird die Situation den Lernenden schneller zugänglich als durch die reine Präsentation eines Dialogtextes. In dem Bild unterhalten sich zwei Jugendliche in einer Eisdiele, wobei einer der beiden erzählt, er sei auf Diät und habe deshalb bei seiner Bestellung auf das Waffelhörnchen verzichtet. Daraufhin entgegnet ihm seine Freundin, dass er dafür aber bereits drei kleine Waffelkekse gegessen habe. Die Problemfrage, wer mehr Waffel gegessen hat, wird ebenfalls bereits durch die präsentierten Personen gestellt.

Die Deutung der Frage, was „mehr Waffel" eigentlich konkret bedeutet, obliegt aber noch den Lernenden. Der Einfachheit halber und aus Zeitgründen wurden in diesem Fall bereits Maßangaben für die beiden Waffeln vorgegeben. Auch wenn die Aufgabe theoretisch auf verschiedenen Wegen bearbeitet werden könnte, so führt die Angabe genau dieser Maßangaben dazu, dass die Lernenden in der Regel die Mantelfläche eines Kegels und die Kreisfläche als mathematische Modelle auswählen. Dabei wären auch Modelle, welche die Dicke der Waffel berücksichtigen und Volumina von Körpern nutzen, denkbar, genauso wie die Näherung an den gesuchten Flächeninhalt durch den Oberflächeninhalt anderer Körper, etwa eines Zylinders. Diese nicht auf den ersten Blick ins Auge springenden Ideen können im Anschluss an den ersten Bearbeitungsprozess der Lernenden genutzt werden, um deren mathematische Modelle infrage zu stellen. So soll eine Art „Aha-Effekt" bewirkt werden, dass die richtige Modellwahl aus dem Durchdenken der

Situation und nicht vorschnell anhand von Oberflächenmerkmalen der Aufgabe erfolgen sollte.

Die Arbeitsanweisung ist in zwei Teile zergliedert. Der erste Teil fordert die Lernenden auf, die Problemfrage zu beantworten, und verweist erneut auf die Notwendigkeit, alle vier Schritte im Lösungsplan auszuführen. Da die Lernenden inzwischen ausreichend mit dem Hilfsmittel Lösungsplan vertraut sind, ist keine weitere Präzisierung mehr nötig. Der zweite Teil fordert die Lernenden zu einer Vermittlung ihres Vorgehens und ihrer Ergebnisse auf, nämlich einer Versprachlichung der Lösung und zentraler Aspekte der Modellierung in Form eines Messenger-Chats. Die Rahmung des Kommunizierens der Lösung in einer außermathematischen Situation erfordert dabei die Interpretation der durchgeführten Berechnung im Sachkontext und das abschließende Fällen eines Urteils. Dies hat den Vorteil, dass die Qualität des Schrittes Interpretieren in diesem Moment daran festgemacht werden kann, ob die Kommunikation als Chat-Nachricht gelingt oder ob einfach ein bezugsloses Ergebnis genannt wird. Damit löst man sich vom traditionellen Formulieren eines Antwortsatzes, mit dem Ziel, dass Lernende diesem Schritt mit mehr Aufmerksamkeit begegnen. Gleichzeitig wirkt die geforderte Reflexion des Vorgehens schon als Vorbereitung, verschiedene Lösungswege im Anschluss in der gesamten Gruppe zu vergleichen und zu validieren.

2.3 Fachliche und fachdidaktische Analyse der Aufgabe

Die Aufgabe „Eiswaffel" hat auf den ersten Blick wenig mit den komplexen, authentischen Modellierungsaufgaben zu

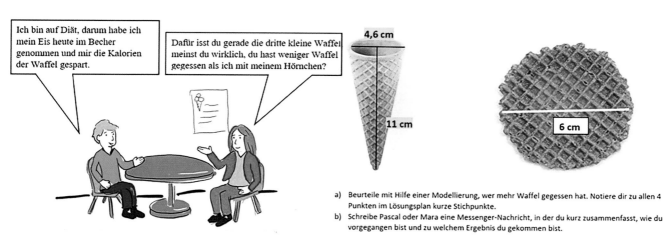

a) Beurteile mit Hilfe einer Modellierung, wer mehr Waffel gegessen hat. Notiere dir zu allen 4 Punkten im Lösungsplan kurze Stichpunkte.
b) Schreibe Pascal oder Mara eine Messenger-Nachricht, in der du kurz zusammenfasst, wie du vorgegangen bist und zu welchem Ergebnis du gekommen bist.

Abb. 3 Aufgabe „Waffel"

tun, die in verschiedenen ISTRON-Bänden beschrieben werden. Den Lernenden wird ein Aufgabenkontext präsentiert, der so auch im Schulbuch zu finden sein könnte. Das Ziel dabei ist, die Berechnung der Größe einer Kreisfläche und der Mantelfläche eines Kegels zu üben. Rein rechnerisch wird von den Lernenden erwartet, dass sie die Größe der Mantelfläche des Kegels bestimmen. Dazu müssen sie zunächst mithilfe des Satzes des Pythagoras die Länge der Mantellinie s berechnen $\left(s = \sqrt{2,3^\dagger + 11^\dagger} \approx 11,24 \right)$. Daraus ergibt sich der Mantelflächeninhalt des Kegels ($A_{Mantel} \approx 2,3 \cdot \pi \cdot 11,24 = 25,852\pi \approx 81,22 \ [cm^2]$). Der Kreisflächeninhalt ($A_{Kreis} = \pi \cdot 3^2 = 9\pi \approx 28,27 \ [cm^2]$) muss noch verdreifacht werden, sodass letztlich geschlossen werden kann, dass drei der Waffelkekse über eine größere Fläche verfügen als ein Waffelhörnchen ($3 \cdot 9\pi = 27\pi \approx 84,82 \ [cm^2] > 81,22 \ [cm^2]$).

Die Aufgabe ist somit aus mathematischer Perspektive eine vertiefte Anwendung der Formeln zur Flächeninhaltsberechnung. Sie stellt erhöhte Anforderungen an die Lernenden, da keine direkte Lösung möglich ist, sondern in einem ersten Schritt mit dem Satz des Pythagoras zunächst eine Hilfslänge bestimmt werden muss, bevor die gesuchte Größe ermittelt werden kann.

Betrachten wir jetzt, wie durch eine passende Rahmung und entsprechende Handlungsaufforderungen aus dieser Rechenaufgabe eine gehaltvolle Modellierungsaufgabe werden kann, bei der besonders das Interpretieren und Validieren in den Fokus genommen werden:

Die geometrische Modellierung des Waffelhörnchens als Kegel und des Kekses als Kreis ist relativ naheliegend, gerade wenn sich die bisherige Unterrichtseinheit ebenfalls in diesem Themenfeld bewegte. Doch gerade deshalb ist es gewinnbringend, die Voraussetzungen und impliziten Annahmen dieses Modells zu diskutieren: Eine grundlegende Annahme, die bei der obigen Rechnung stillschweigend vorausgesetzt wurde, ist die gleiche Dicke der Waffeln. Ohne diese Annahme ist die Modellierung durch eine Flächenberechnung gar nicht sinnvoll zu benutzen, sondern das Volumen müsste betrachtet werden. Damit bietet die Aufgabe die Gelegenheit, mit den Lernenden zu reflektieren, wie sie eigentlich das Modell auswählen, das sie benutzen wollen. In dieser Aufgabe beeinflussen die gegebenen Maße die Modellwahl enorm, da alle Maße für das Modell „Flächeninhalt" gegeben sind, die Dicke für das Modell „Volumen" aber selbst bestimmt werden müsste. Je nachdem, ob die Lernenden unterbestimmte Aufgaben (Greefrath 2018), also Aufgaben mit fehlenden Informationen, kennen oder nicht, schließen sie diese Möglichkeit eventuell von vornherein aus. Sind die Lernenden mit unterbestimmten Aufgaben vertraut und kennen sie Strategien zur Beschaffung von Informationen, könnten sie die Dicke auch anhand des Bildes abschätzen. Möchte man diese Fähigkeiten fördern, sollten ggf.

alle Maße entfernt und die Bilder so angepasst werden, dass Vergleichsgrößen sichtbar sind.

Die Lernenden in der Erprobung hatten bereits in Vorstunden den Umgang mit unterbestimmten Aufgaben kennengelernt, und der Fokus der präsentierten Stunde sollte mehr auf das gesamte Vorgehen mit besonderem Blick auf das Interpretieren und Validieren gelegt werden. Wie schon in der Präsentation der Aufgabe angedeutet, wurde das Interpretieren in einer separaten Teilaufgabe angeregt, die das Kommunizieren der Lösung im Sachkontext einforderte. Im Schritt des Validierens galt es hingegen dafür Sorge zu tragen, dass der Schritt der Validierung überhaupt durchgeführt wird, und zum anderen abzuklären, was es eigentlich bedeutet, ein Ergebnis zu validieren.

Die relativ komplexe Berechnung der Flächeninhalte in dieser Aufgabe provoziert durch ihre Mehrschrittigkeit und die pseudoexakten Werte bei den Lernenden oft, dass sie das Ergebnis nur interpretieren („Pascal isst mit seinen drei Keksen mehr Waffel als Mara mit ihrem Eishörnchen") und dann die Bearbeitung beenden. An dieser Stelle lohnt sich eine Routinisierung der Validierung bzw. ein Einfordern der Überprüfung des Ergebnisses. Kennen die Lernenden Kriterien zur Überprüfung ihres Ergebnisses, kann eine Diskussion über die Qualität des Ergebnisses angestoßen werden. Dies kann u. a. mithilfe der Strukturierungsfragen im Lösungsplan geschehen. Dort werden die Kriterien Passung der Größenordnung des Ergebnisses und der Einheit, Plausibilität des Modells/des Rechenweges und Plausibilität des Ergebnisses im Kontext angeboten. Die konkreten Ergebnisse (84,82 cm² und 81,22 cm²) sind nicht sehr weit voneinander entfernt, die Einheit cm² erscheint aufgrund der gegebenen Maße plausibel, ebenso wie die Größenordnung des Ergebnisses an sich. Es scheint also kein Rechenfehler vorzuliegen, und auch das Modell ist vor der Annahme der gleichen Waffeldicke schlüssig. Die Interpretation, dass die drei Waffeln 3,6 cm² mehr Teigfläche enthalten, erscheint also logisch korrekt hergeleitet. Bedenkt man allerdings die gesamte Situation mit, sieht die Interpretation des Ergebnisses anders aus: Pascal meint zu Beginn, er sei auf Diät. Daher kann man annehmen, dass er Kalorien sparen möchte. Es stellt sich daher die Frage, ob 3,6 cm² wirklich einen merklichen Unterschied machen. Eine kurze Internetrecherche bringt schnell die Information, dass eine durchschnittliche Eiswaffel 55 kcal enthält. Heruntergerechnet auf 3,6 cm² entspricht das 2,44 kcal, was wohl angesichts der gesamten Kalorienmenge des Eises keinen relevanten Unterschied ausmacht.

Da auf diese Art das mathematische Ergebnis vor dem realen Kontext anders bewertet wird als nach dem Schritt des mathematischen Arbeitens, wird die Relevanz des Interpretierens und des Validierens für die Lernenden transparent. Der Rückbezug des Ergebnisses ist kein bloßer Antwortsatz, der ohne Nachdenken einfach notiert werden kann, sondern das berechnete Ergebnis muss im Kontext der gesamten Situation durchdacht werden. Dabei können auch weitere Größen, wie die Kalorienzahl, erforderlich sein, die aber eigenständig recherchiert werden müssen. Diese wiederum könnten zum Hinterfragen des gewählten Modells führen.

3 Umsetzung der Aufgabe (Stundenverlaufsplan)

Aufgrund der Pandemie wurde die Unterrichtseinheit im Schuljahr 2020/2021, in der die Aufgabe eingebettet ist, zunächst in halber Klassenstärke in Präsenz und anschließend mit der gesamten Gruppe als Videokonferenz durchgeführt. Im Folgenden wird daher die erprobte digitale Durchführung beschrieben, und es werden Anmerkungen zur möglichen Umsetzung im regulären Unterricht gegeben.

A Ausgangslage

Die Aufgabe „Eiswaffel" wurde von Schülerinnen und Schülern einer lebhaften 9. Klasse eines nordrhein-westfälischen Gymnasiums bearbeitet. Die Klasse war es gewohnt, eigenständig und kooperativ zu arbeiten. Besonderer Wert wurde auf einen wertschätzenden Umgang insbesondere bei der Diskussion von Fehlern gelegt, vor allem in der Diskussion der Lernenden untereinander.

Während des Unterrichts erarbeiteten sich die Lernenden den Begriff des Modells sowie die Schrittfolge des Lösungsplans zunächst anhand eines Lösungsbeispiels, dann als Zuordnungspuzzle und schließlich in eigenständiger Anwendung. Da wegen der Schulschließungen im Vorjahr weder die Kreisberechnung noch die Berechnung von Oberflächeninhalten und Volumina von Zylindern und Prismen thematisiert werden konnten, wurden diese Inhalte in die eigentlich für die Klasse vorgesehene Unterrichtseinheit zur Berechnung von Oberflächeninhalten und Volumen von Kegel, Kugel und Pyramide integriert. Die für die Aufgabe „Eiswaffel" benötigte Berechnung des Flächeninhalts eines Kreises war den Lernenden wie die Berechnung des Mantelflächeninhalts eines Kegels noch nicht lange bekannt und sollte durch die Bearbeitung der Aufgabe weiter gefestigt werden. In der Stunde vor der hier erläuterten Doppelstunde haben sich die Lernenden, ausgehend von einem Lernvideo, die Berechnung der Größe der Oberfläche eines Kegels erarbeitet. Die Eiswaffel-Aufgabe stellt somit eine erste kontextualisierte Anwendung dieser Formeln da.

Da die Lernenden in der gesamten Unterrichtseinheit immer wieder mit Modellierungsaufgaben konfrontiert wurden und oft eingefordert wurde, beim Lösen solcher Aufgaben alle Schritte des Lösungsplans zu beachten, war zum Zeitpunkt der präsentierten Aufgabe schon eine deutliche Gewöhnung der Lernenden an den Prozess des Modellierens

erkennbar. Insbesondere haben die Lernenden, anders als zu Beginn der Unterrichtseinheit, mehr Sicherheit im Treffen von Annahmen und im Umgang mit Unsicherheit im Sinne von nichtexakten Daten gewonnen. Es zeigten sich aber die bekannten Schwierigkeiten (Blum 2007; Galbraith und Stillman 2006), dass die berechneten Ergebnisse selten hinterfragt wurden und eine Validierung häufig nur sehr oberflächlich stattfand.

Daher lautete das Ziel der Stunde: *Die Lernenden modellieren die gegebene Realsituation „Wer hat mehr Waffel gegessen?" mithilfe der neu erarbeiteten Formeln zur Berechnung des Mantelflächeninhalts eines Kegels sowie zur Berechnung des Flächeninhalts eines Kreises, beantworten die Problemfrage im Sachkontext und validieren ihr Vorgehen.*

B Verlauf der Stunde

Die Erprobung der Stunde fand digital als Konferenz in BigBlueButton statt. Zum Einstieg wurde den Lernenden die Situation der Aufgabe als Comic präsentiert. Ein Schüler las die Sprechblasen vor, und es wurden spontane Verständnisfragen wie z. B. „Was ist mit ‚kleiner Waffel' gemeint?" geklärt. Im regulären Unterricht hätte sich eine kurze Murmelphase zu zweit über den ersten Schritt des Lösungsplans angeschlossen, in dem die Lernenden über mögliche Annahmen und Vereinfachungen diskutierten. Im Anschluss erhielten die Lernenden den Auftrag, den ersten Schritt des Lösungsplans auszuführen, d. h., sich über ihr Verständnis des Problems auszutauschen, sinnvolle Annahmen zu treffen und ggf. noch fehlende Informationen zu recherchieren. Außerdem sollten sie erste Ideen für mögliche mathematische Modelle sammeln, ohne bereits zu rechnen. Ziel dieser Arbeitsphase war es, eine Routine aufzubauen, bei der zunächst das Verstehen und Vereinfachen eines Kontextes im Vordergrund steht und in dem die Lernenden nicht dem sofortigen Drang, eine mathematische Rechnung zu notieren, nachgeben.

Während dieser ersten circa 10-minütigen Arbeitsphase notierte jede Gruppe ihre Ideen auf dem digitalen Whiteboard der Seite flinga.fi. Durch Nutzung der Funktion flinga.discover konnten die Lernenden dabei die Antworten der übrigen Gruppen zunächst nicht einsehen. Mit Beendigung der Arbeitsphase und Rückkehr in den Hauptraum wurde die Aktivität geschlossen, und alle Lernenden sahen die entstandene Sammlung am digitalen Whiteboard (siehe Abb. 4)

Sie erhielten einige Minuten, um die abgegebenen Antworten zu lesen und zu sortieren. Im Anschluss wurden die Ergebnisse kurz zusammengefasst und mögliche Vorgehensweisen besprochen. Diese relativ umfangreiche Zwischensicherung war auch der digitalen Situation geschuldet, bei der auf auftretende Probleme in der Arbeitsphase nicht so flexibel reagiert werden konnte wie im Klassenraum. Gleichzeitig gab sie den Lernenden mehr Sicherheit in ihrer

Abb. 4 Ergebnis der digitalen Gruppenarbeit am Online-Whiteboard (bereinigt um doppelte Antworten)

eigenständigen Arbeit, da die Lehrkraft nicht in jedem Gruppenraum anwesend sein konnte. Im regulären Unterricht sollte an dieser Stelle analog flexibel auf die Lernenden eingegangen und die hier präsentierte Zwischensicherung ggf. gekürzt oder ganz ausgelassen werden.

Im Anschluss erhielten die Lernenden den Auftrag, die Frage durch eine Modellierung zu beantworten. Dabei wurde erneut explizit darauf hingewiesen, alle Schritte des Lösungsplans auszuführen und auch dazu etwas aufzuschreiben. Als Hilfen standen den Lernenden Taschenrechner, die in der Unterrichtseinheit entstandene Formelsammlung und der noch in Präsenz ausgegebene laminierte Lösungsplan zur Verfügung. Außerdem war es den Lernenden jederzeit erlaubt, nach Informationen im Internet zu suchen. Als Arbeitszeit wurden 30 min angesetzt, da erfahrungsgemäß die digitale Gruppenarbeit deutlich mehr Zeit in Anspruch nahm, als es im Präsenzunterricht der Fall gewesen wäre, und auch immer wieder Verbindungsabbrüche behoben werden mussten. Bei Problemen konnten die Lernenden um Rat fragen, ansonsten wurde möglichst wenig von der Lehrkraft interveniert. Wenn eingegriffen wurde, dann möglichst mit strategischen (z. B. zur Planung des Lernprozesses) oder motivationalen (z. B. zum Mutmachen) Hilfen (Tropper et al. 2015). Um eine Verbindlichkeit zu schaffen und die zweite Teilaufgabe des Verfassens der Chat-Nachricht vorzubereiten, sollte jede Schülerin und jeder Schüler die gemeinsam erarbeitete Lösung der Gruppe protokollieren.

Diese Protokolle bildeten die Basis für die anschließende Präsentation in Kleingruppen, bei der die Lernenden ihren Bildschirm teilen konnten. In einer Art Gruppenpuzzle tauschten sich die Mitglieder unterschiedlicher Arbeitsgruppen über ihr Vorgehen und ihr Ergebnis aus. In der anschließenden Besprechung im Plenum fassten dann einige Lernende das Vorgehen zusammen und benannten aufgefallene Unterschiede und mögliche Fehlerquellen bei der Rechnung. Dieses Vorgehen war möglich, weil die Lernenden in der Kleingruppenarbeit relativ sicher mit den Formeln und dem mehrschrittigen Vorgehen umgehen konnten, sodass eine ausführliche Besprechung der Rechnung im Plenum nicht zwingend nötig war. Diese Phase lässt sich leicht auf den regulären Unterricht übertragen, es sollte lediglich für ein geeignetes Präsentationsmedium wie die Dokumentenkamera oder Ähnliches gesorgt werden.

Nachdem Unklarheiten bei den Rechnungen geklärt worden waren, wurden die Lernenden dazu aufgefordert, sich im Lösungsplan zu verorten. Dies führte schnell zu der Einsicht, dass der letzte Schritt, das Interpretieren und Validieren, noch nicht besprochen worden war. Durch die Nutzung des Umfrage-Tools schätzten die Lernenden spontan ein, wie viel sie in ihrer Gruppe bereits über diesen Schritt diskutiert hatten (gar nicht diskutiert/kurz angesprochen/noch nicht zu Ende diskutiert/ausführlich besprochen und notiert). Da keine Gruppe diesen Schritt beendet hatte, wurden die Lernenden erneut in ihre Arbeitsgruppen geschickt – mit der Aufforderung, sich die Situation wirklich vorzustellen und kritisch Argumente für und gegen ihr berechnetes Ergebnis zu suchen. Auch wenn das Vorliegen einer spontanen kleinen Statistik den Lernenden in dem Moment die Notwendigkeit des „Nacharbeitens" schnell glaubhaft machte, reicht im regulären Unterricht an der Stelle auch eine einfache Rückfrage an die Gruppen aus.

In der anschließenden Besprechung im Plenum trugen die Lernenden ihre Idee vor. Die Lehrkraft notierte die genannten Argumente und klassifizierte sie in unterschiedliche Kategorien, um die verschiedenen Arten der Validierung noch einmal hervorzuheben (vgl. Tab. 2). Am Ende wurden die Lernenden dazu aufgefordert, ein Fazit aus ihren Überlegungen zu formulieren.

Als Hausaufgabe zur nächsten Stunde erhielten die Lernenden den Auftrag, ihre Modellierung per simuliertem Messenger-Chat an eine der Personen aus der Situation zu vermitteln (Teilaufgabe b). Diese Aufgabe forderte im Sinne eines sprachsensiblen Unterrichts aktiv die Sprachproduktion ein (Prediger 2020). Gleichzeitig setzten sich so alle Lernenden erneut mit ihrem Vorgehen auseinander. Die entstandenen Gespräche dienten der Lehrkraft auch als Diagnoseinstrument, um die von den Lernenden in der Aufgabenbearbeitung gesetzten Schwerpunkte zu erkennen. Das Verfassen einer Chat-Nachricht ist dabei nah an der Lebenswelt der Lernenden und wurde als „unübliches" Format mit Interesse angenommen und auch kreativ bearbeitet.

3.1 Reflexion der Aufgabe mithilfe ausgewählter Lösungen

3.1.1 Reflexion der ersten Arbeitsphase zum Vereinfachen und Mathematisieren

Die erste Arbeitsphase und die Strukturierung der Antworten im Plenum führten zu einem gemeinsamen Lernprodukt der gesamten Klasse, das um doppelte Antworten bereinigt worden war (siehe Abb. 4). Durch die unterschiedlichen Farben lassen sich die Antworten gut klassifizieren. Da im Einstieg die Situation bereits kurz besprochen wurde, gaben alle Lernenden dort ähnliche Antworten auf die Frage, worum es in der Aufgabe geht (zu sehen anhand der grünen Kärtchen, die sich alle auf den Vergleich der beiden Waffelformen bezogen). Interessanter sind die spontan getroffenen Annahmen (zu sehen anhand der gelben Kärtchen). Diese lassen sich grob klassifizieren in Annahmen bezüglich des Materials, der äußeren Form und der Oberflächenstruktur. Diese Ideen zeigen, dass sich die Lernenden bereits bewusst sind, dass die betrachteten Objekte nicht mit den zur Modellierung benutzten geometrischen Körpern identisch sind. Sie achten auf Details, wie etwa die Riffelung oder den unebenen Rand, und verbalisieren diese, anstatt die Modellpassung einfach stillschweigend vorauszusetzen. Damit bilden diese Überlegungen, insbesondere die Annahme des

Tab. 2 Kategorisierte Argumente der Lernenden beim Validieren

Kategorie der Validierung	Genanntes Argument beim Validieren
Passung der Größenordnung	„Wir haben in den Stunden vorher ja mal ausgerechnet, dass ein Standarduntersetzer (Bierdeckel) 89,92 cm^2 hat. Wenn man sich den zusammengerollt vorstellt, entspricht das ja in etwa der Eistüte bzw. dem Waffelkeks. Das scheint von der Größenordnung also zu stimmen."
Passung der verwendeten Einheit	„Wir haben ja die Oberfläche, also eine Fläche, ausgerechnet, also brauchen wir auch eine Flächeneinheit, sowas wie cm^2 oder mm^2 und nicht cm oder cm^3. Das passt also."
Plausibilität der Annahmen	„Ich finde schon, dass das Hörnchen und der Keks gleich dick aussehen. Wenn das nicht stimmen sollte, müssten wir das auch noch beachten." „Der Keks ist am Rand ja etwas uneben, fast fransig. Da haben wir angenommen, dass er perfekt rund ist. In echt ist er also vielleicht ein ganz klein wenig kleiner." „Beide Waffeln haben ja eigentlich noch so eine Struktur, wo die Waffel manchmal etwas dicker ist. Also haben die Waffeln vielleicht eigentlich etwas mehr Teig. Aber das haben ja beide, darum ist das für den Unterschied wahrscheinlich nicht so wichtig."
Plausibilität des Modells	„Die Eiswaffel sieht ja aus wie ein Kegel, oben ist sie aber offen, damit man Eis reintun kann, also brauchen wir nur die Mantelfläche. Der Keks ist ziemlich rund, da passt der Kreis am besten."
Plausibilität des Rechenweges	„Wir hatten nur die Höhe, nicht die Mantellinie gegeben, also mussten wir die mit dem Satz des Pythagoras ausrechnen. Die Formel für die Mantelfläche passt auch und die Kreisformel auch."
Plausibilität der Antwort in der realen Situation	„Der Unterschied zwischen den beiden ist ja ziemlich klein, 3,6 cm^2. Wir haben eben mal gegoogelt und ausgerechnet, dass das nur etwas mehr als 2 kcal sind. Das macht ja quasi keinen Unterschied. Also eigentlich würde ich sagen, die haben praktisch gleich viel gegessen."

gleichen Gewichts, später eine Ausgangsbasis, um Validierungen anzuregen.

Bei der Sammlung der Ideen für das mathematische Modell zeigte sich, dass durch die Einbettung der Aufgabe in der Unterrichtseinheit und auch die Formulierung der Aufgabe keine große Modellvielfalt angeregt wurde. Es wurde darauf verzichtet, bereits an dieser Stelle auf andere Modelle (etwa Vergleich der Volumina) zu verweisen, um der Modellvalidierung nicht vorwegzugreifen. Die Verschriftlichung der Modellideen bot die Möglichkeit, über neues Fachvokabular zu reflektieren. So reflektierten die Lernenden durch die Sortierung der Karten, dass die Mantelfläche eines Kegels der Oberfläche ohne Grundfläche entspricht. Für sprachlich schwächere Lernende wirkte die digitale Kartensammlung damit auch wie eine Art Wortspeicher, in dem das nötige Fachvokabular zur Benennung der mathematischen Objekte aufgeführt war.

3.1.2 Reflexion ausgewählter Modellierungsprodukte

Betrachtet man die entstandenen Protokolle der Gruppenarbeit, fällt die unterschiedliche Qualität der von den Lernenden vorgenommenen Modellierungen auf. Beispielhaft werden drei Lösungen präsentiert, bevor ein Blick auf ein im Rahmen der Hausaufgabe anzufertigendes Chat-Gespräch geworfen wird.

Beispiel 1: Sven Bei Sven handelt es sich um einen guten Schüler, der auch komplexe Sachverhalte schnell durchschaut, sich aber gerne den Weg mit möglichst geringem Aufwand aussucht. Sein Fokus lag bei den bisherigen Modellierungen häufig stark auf dem mathematischen Aspekt. Seine in der Gruppenarbeitsphase (Erarbeitung II) entstandene Lösung ist in Abb. 5 zu sehen.

Auf den ersten Blick fällt auf, dass Sven die Schrittfolge des Lösungsplans mit 1) – 4) kennzeichnet. Dabei kenn-

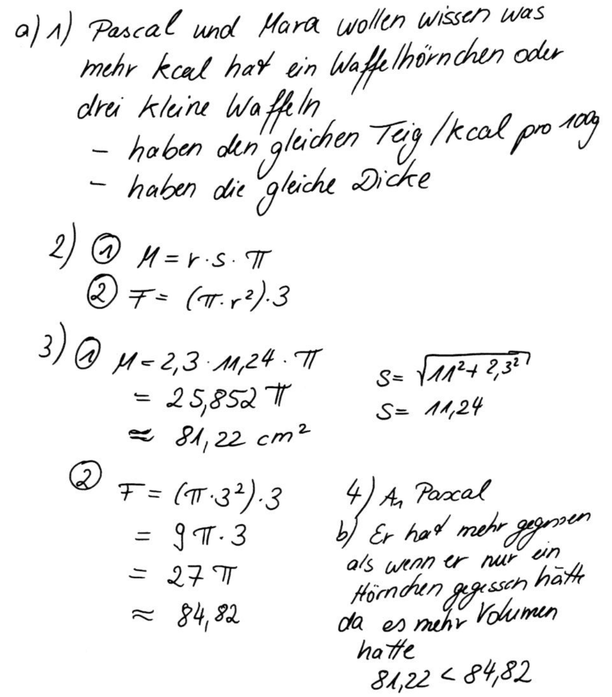

Abb. 5 Svens Lösung (Schrittfolge eingehalten, aber fehlende Validierung)

zeichnet er den 4. Schritt, also das Interpretieren und Validieren, zusätzlich mit dem Buchstaben b. Sven setzt also das Vermitteln der Lösung mit dem Rückbeziehen und Überprüfen der Lösung gleich. Er resümiert aus seiner Rechnung, dass drei Waffeln mehr sind als ein Hörnchen. Er scheint das Gefühl zu haben, diese Antwort noch zusätzlich belegen zu müssen, und notiert eine unkommentierte Ungleichung (81,22 < 84,82). Anstatt seinen Befund vor dem Hintergrund der realen Situation zu reflektieren, geht Sven wieder zurück in die Mathematik und möchte seiner Antwort durch das Ergänzen der Ungleichung Nachdruck verleihen.

Interessant ist weiterhin, dass sich die Antwort von Sven auf das unterschiedliche Volumen bezieht. Seinem Verständnis der Situation folgend fragt er nach dem Unterschied der Kalorien der beiden Waffelvarianten. Die Notizen legen nahe, dass er eine logische Kette der Vereinfachungen aufbaut: Er interessiert sich für den Unterschied der Kalorienzahl. Er nimmt an, dass beide Waffeln pro 100 g die gleiche Kalorienzahl haben und dass beide Waffeln den gleichen Teig und die gleiche Dicke haben. Diese Annahmen rechtfertigen dann die Wahl des Flächeninhalts als Vergleichsmaß. Dieser Schluss wird allerdings nicht explizit ausformuliert und auch am Ende der Bearbeitung nicht mehr reflektiert. Dennoch zeigen die Überlegungen ein hohes Maß an Fähigkeiten im Bereich des Vereinfachens, da die Situation gezielt so vereinfacht wird, dass sie mit den vorhandenen Maßangaben bearbeitet werden kann. Die Übersetzung von der realen Situation in die Mathematik gelingt also, jedoch bleibt die Rückübersetzung auf dem Niveau eingekleideter Aufgaben stehen (Greefrath 2018). Sven gelingt es (noch) nicht, sein berechnetes Resultat wirklich auf die reale Situation zurückzubeziehen und das Ergebnis vor diesem Hintergrund zu bewerten. An dieser Stelle können gewohnte Routinen greifen, da Sven bislang noch nie die Notwendigkeit der Bewertung eines korrekt berechneten Ergebnisses erlebt hat. Gleichzeitig zeigt dieses Beispiel sehr deutlich, dass die Nutzung eines strategischen Instruments wie des verwendeten Lösungsplans nicht zwingend auch zu einer Ausübung der gewünschten Schritte führt. Zwar führt die Verwendung des Plans in dem konkreten Beispiel dazu, dass Sven überhaupt diese realweltlichen Überlegungen anstellt und auch die Antwort notiert. Jedoch entspricht die Bearbeitung des vierten Schritts nicht dem intendierten Vorgehen und das, obwohl der Lösungsplan bereits an Beispielen eingeübt und angewendet wurde. Es braucht aber die überzeugende Einsicht in die Bedeutung und die Relevanz der einzelnen Schritte, damit diese auch wirklich von den Lernenden selbst ausgeführt werden. Dies entspricht den Befunden bei Beckschulte (2019) sowie Hankeln und Greefrath (2021), dass die Verwendung eines Lösungsplans nicht zwangsläufig zu besseren Ergebnissen führt.

Beispiel 2: Rico Rico ist ein sehr guter Schüler, der sich sehr engagiert am Unterricht beteiligt und auch komplexe Themen schnell durchschaut. Dementsprechend ist seine Lösung auch

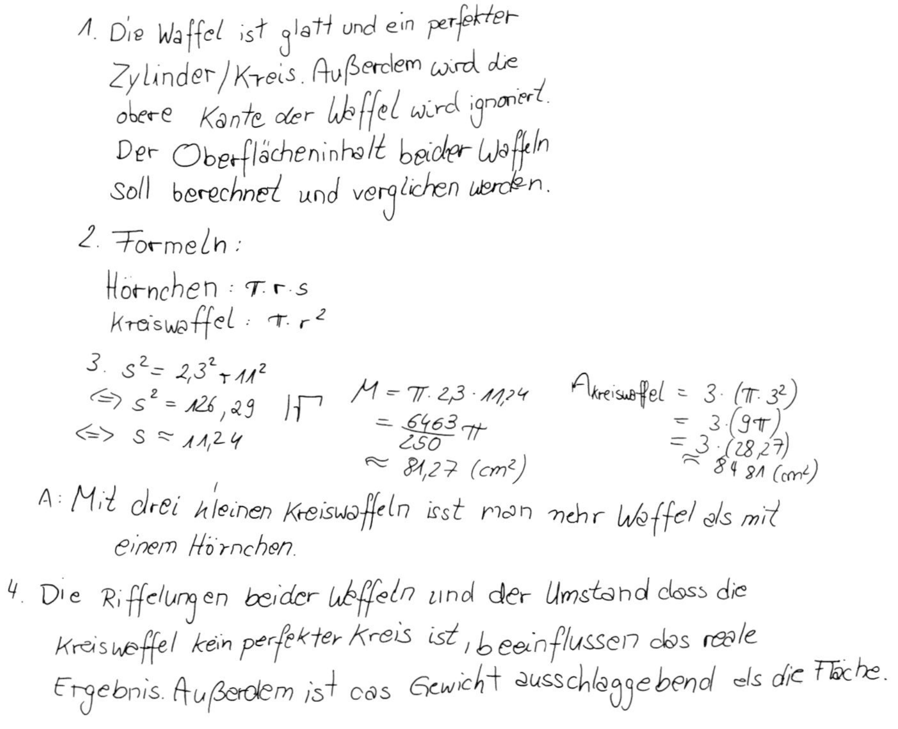

Abb. 6 Ricos Lösung (Validierung findet statt, aber es werden keine Konsequenzen aus den Feststellungen gezogen)

1. Die Waffel ist glatt und ein perfekter Zylinder/Kreis. Außerdem wird die obere Kante der Waffel wird ignoriert. Der Oberflächeninhalt beider Waffeln soll berechnet und verglichen werden.

2. Formeln:
   Hörnchen: $\pi \cdot r \cdot s$
   Kreiswaffel: $\pi \cdot r^2$

3. $s^2 = 2{,}3^2 + 11^2$
   $\Leftrightarrow s^2 = 126{,}29$
   $\Leftrightarrow s \approx 11{,}24$

$M = \pi \cdot 2{,}3 \cdot 11{,}24$
$= \frac{6463}{250}\pi$
$\approx 81{,}27 \ (cm^2)$

$A_{Kreiswaffel} = 3 \cdot (\pi \cdot 3^2)$
$= 3 \cdot (9\pi)$
$= 3 \cdot (28{,}27)$
$\approx 84{,}81 \ (cm^2)$

A: Mit drei kleinen Kreiswaffeln isst man mehr Waffel als mit einem Hörnchen.

4. Die Riffelungen beider Waffeln und der Umstand dass die Kreiswaffel kein perfekter Kreis ist, beeinflussen das reale Ergebnis. Außerdem ist das Gewicht ausschlaggebend als die Fläche.

vollständig und die Rechnung fehlerfrei (s. Abb. 6). Er fasst die Validierung als gesonderten Punkt auf und reflektiert treffend, welche Annahmen das Ergebnis beeinflusst haben. Er schlägt außerdem ein alternatives Modell vor. Auffällig ist jedoch, dass er aus diesen Beobachtungen keinerlei Konsequenzen zieht. Auf Nachfrage, wie denn das Ergebnis durch die Annahmen beeinflusst wird, ist Rico in der Lage einzuschätzen, wie sich z. B. die Idealisierung der Waffelform auf die Größe des Ergebnisses auswirkt und dass man das Ergebnis vermutlich etwas nach unten korrigieren müsste. Der Satz „Außerdem ist das Gewicht ausschlaggebend[er] als die Fläche" impliziert, dass Rico ein anderes Modell für angemessener hält. Jedoch ist nicht zu erkennen, dass er dieser Überlegung nachgeht. Dementsprechend findet ebenfalls keine Reflexion der Lösung vor dem realen Hintergrund statt, da Rico stark die Übersetzungshandlungen fokussiert und auch nur diese reflektiert.

Damit ist Ricos Lösung ein anschauliches Beispiel für in Ansätzen gezeigte Validierungen, aus denen aber keine Konsequenzen gezogen werden. Vermutlich auch bedingt durch die Schwerpunktsetzung der vorangegangenen Unterrichtseinheiten, fokussiert Rico vor allem die Übersetzung in die Mathematik und validiert diese eigenständig. Er zieht allerdings aus diesen Überlegungen keine Konsequenzen und ändert sein Ergebnis nicht ab. In ersten Ansätzen äußert Rico auch bereits eine Modellkritik, ohne diesen Ansatz weiterzuverfolgen. Ihm scheint bewusst zu sein, dass seine Lösung

die bestmögliche ist, erkennt auch Ansatzpunkte zur Optimierung, nichtsdestotrotz führt er keinen erneuten Durchlauf des Modellierungskreislaufs durch. An dieser Stelle ist es möglich, dass hier die geltenden Normen und Erwartungen an seine Arbeit ihm noch nicht bewusst sind. Bei vielen Textaufgaben liegt der Fokus fast ausschließlich auf der Berechnung, und der Kontext muss nicht ernst genommen werden. Insofern ist es für Rico ungewohnt, wenn er aufgrund der realen Situation sein eigentlich korrekt berechnetes Ergebnis adaptieren soll. Insbesondere das Abändern von exakt berechneten Werten im Hinblick auf ihre Gültigkeit für die reale Situation, etwa weil sie schon auf mit Fehlern behafteten Größen basieren, widerspricht häufig den Gewohnheiten der Lernenden (Hankeln 2020a).

In Bezug auf den Lösungsplan zeigt diese Lösung, dass die Ausübung der Schritte allein nicht ausreicht, damit die Modellierung vollständig gelingt. Es ist auch das Wissen nötig, dass aus den angestellten Überlegungen Konsequenzen in Bezug auf das Ergebnis gezogen werden müssen und das Ergebnis durch eine veränderte Modellierung angepasst oder eben vor dem Hintergrund der realen Situation bewertet werden muss.

Beispiel 3: Paula Paula ist eine Schülerin mit eher mittelmäßigen Noten in Mathematik, die sich aber offen gegenüber neuen Ansätzen zeigt und dann auch engagiert mitarbeitet. Ihre Lösungen zur Eiswaffel-Aufgabe ist in Bezug auf die Schritte des Lösungsplans fast vollständig (s. Abb. 7). Sehr

Abb. 7 Paulas Lösung (fast vollständige Notation, gelungene Validierung)

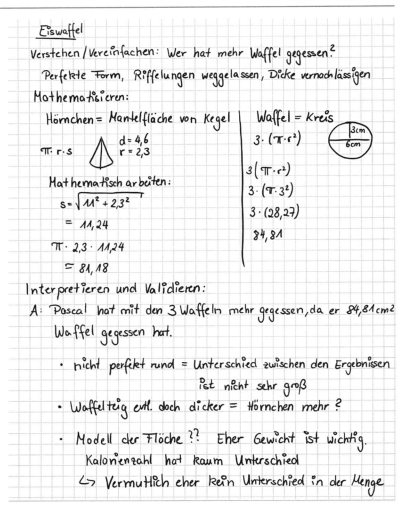

deutlich sind in ihrer Lösung die Übersetzungen in mathematische Modelle (auch wenn „Kreisfläche" treffender gewesen wäre). Sie notiert die nötigen Formeln und macht eine kurze Skizze der mathematischen Modelle, arbeitet dann rein innermathematisch. Zwar ist die Notation ihrer Lösung nicht immer sehr sauber, aber sie gelangt zu richtigen Resultaten.

Interessant sind ihre Notizen zur Validierung, die teilweise erst in der dritten Arbeitsphase während der Diskussion in der Kleingruppe entstanden sind. Anders als Rico zieht sie auch Konsequenzen aus den überprüften Annahmen, etwa dass die runde Waffel in der Realität wohl etwas kleiner ist als berechnet, weil sie nicht perfekt rund ist. Damit würde der berechnete Unterschied zwischen den Waffeln noch kleiner werden, als er sowieso schon ist. Auch reflektiert sie die Annahme, die Waffeln seien gleich dick. Da das auf dem gegebenen Bild nicht gut zu erkennen ist, zieht sie dazu ihr Weltwissen heran. Die Validierung des Modells führt letztlich dazu, dass sie den berechneten Unterschied als nicht relevant betrachtet. Sie hat demnach ihre Idee, dass es zwar

einen rechnerischen Unterschied gibt, dieser aber in der Realität kaum spürbar ist, auf unterschiedliche Arten untermauert. Durch ihre Beiträge war es in der Sicherungsphase auch gut möglich, eine allgemeinere Übersicht zu schaffen, auf welche Aspekte sich eine Validierung beziehen kann. Damit ist Paulas Lösung ein Beispiel dafür, dass Lernende durchaus dazu in der Lage sind, tiefer gehende Validierungen anzustellen.

Diskussion in der Klasse Insgesamt war in der Klasse nach der Besprechung der Validierungen und der gezogenen Konsequenzen ein Umdenken in der Diskussion festzustellen. Nachdem die Lernenden erkannt hatten, dass von ihnen ein echtes Eindenken in den Kontext gefordert wurde, begannen sie auch die Situation der Aufgabe zu hinterfragen. So stellten die Lernenden beispielsweise in Frage, ob man in einer Eisdiele überhaupt drei runde Waffeln beim Kauf eines Eisbechers bekäme. Auch wenn diese Einwände eher scherzhaft gemeint waren, zeigen sie doch, dass die Lernenden anfingen, sich die Situation wirklich vorzustellen und auch

Unterschiede zwischen der realen Situation und der typischen, oft unglaubwürdigen „Textaufgabensituation" nicht als gegeben hinzunehmen. Dies führte in der präsentierten Stunde zu einem kurzen, aber fruchtbaren Gespräch darüber, warum im Unterricht überhaupt Textaufgaben zum Einsatz kommen und welche mathematischen Aufgaben beispielsweise in Ingenieurberufen auftreten.

Verfassen einer Chat-Nachricht als Hausaufgabe Nichtsdestotrotz sollte der nachhaltige Ertrag nach nur einer Doppelstunde nicht überschätzt werden, wie die folgende Lösung der Hausaufgabe, also die Vermittlung der Lösung in Chat-Form, zeigt (vgl. Abb. 8).

Die Schülerin Sofia war Teil der Gruppe, in der auch Paula mitarbeitete. Sie hat sich in der Arbeitsphase durchaus intensiv mit ihrer Arbeitsgruppe über die Plausibilität des Ergebnisses ausgetauscht. Ihre Lösung ist klar entlang der Lösungsplanschritte strukturiert, und ihre Schilderungen lassen den Leser oder die Leserin den Lösungsprozess förmlich miterleben. Zwar verwechselt sie zwischenzeitlich Fachbegriffe, beispielsweise Zylinder mit Kegel, aber sie stellt den mathematischen Lösungsprozess sehr detailliert dar. Anhand dieser Darstellung lassen sich etwaige prozedurale Fehler sehr gut diagnostizieren. Allerdings führt sie die Rechnung nicht zu Ende und gibt damit letztlich keine Antwort auf die gestellte Frage. Auch für diese Schülerin liegt

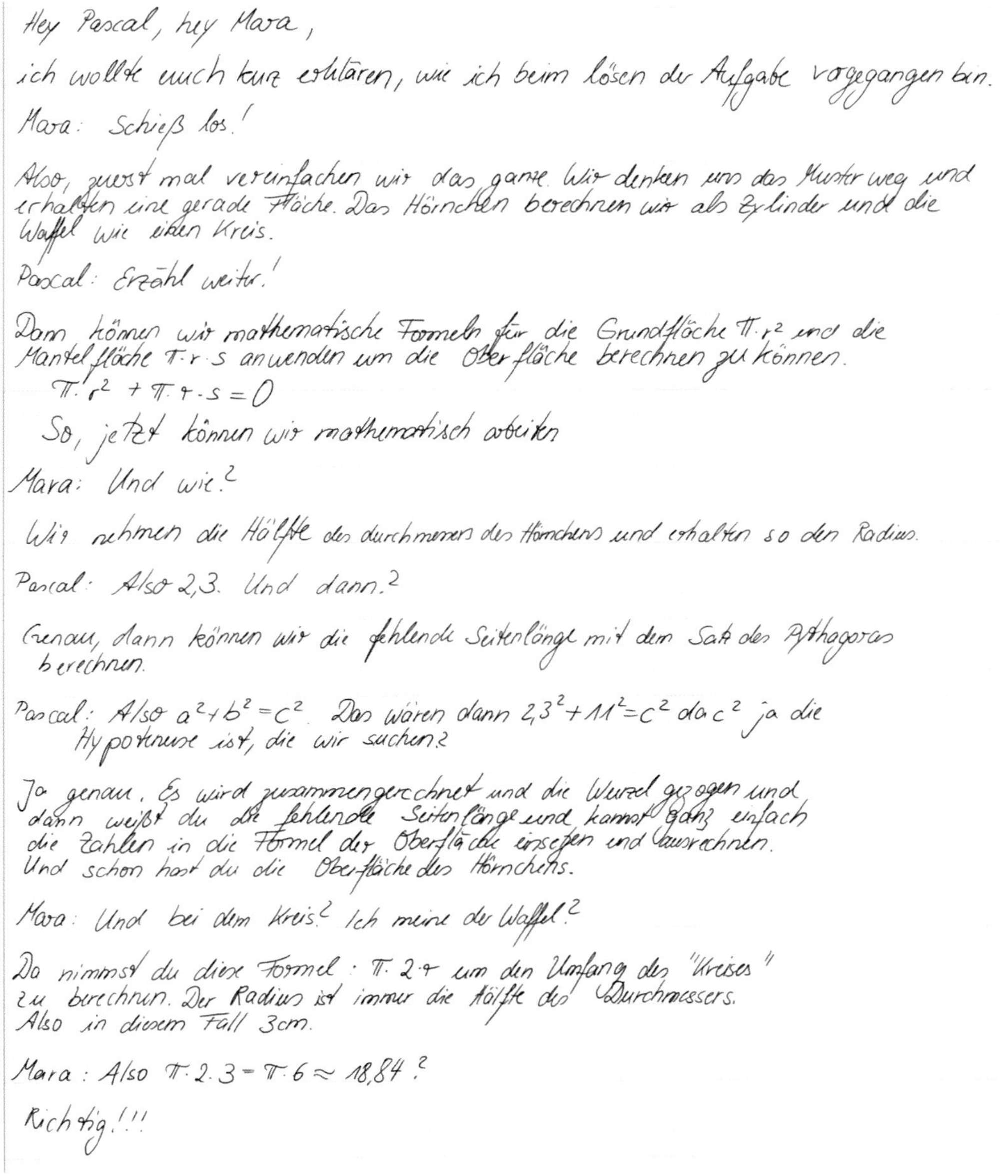

Abb. 8 Lösung zur Hausaufgabe (Darstellung der Lösung als Chat-Gespräch): bleibende Fokussierung auf den Rechenweg

Hey Pascal, hey Mara,
ich wollte euch kurz erklären, wie ich beim lösen der Aufgabe vorgegangen bin.
Mara: Schieß los!

Also, zuerst mal vereinfachen wir das ganze. Wir denken uns das Muster weg und erhalten eine gerade Fläche. Das Hörnchen berechnen wir als Zylinder und die Waffel wie einen Kreis.

Pascal: Erzähl weiter!

Dann können wir mathematische Formeln für die Grundfläche $\pi \cdot r^2$ und die Mantelfläche $\pi \cdot r \cdot s$ anwenden um die Oberfläche berechnen zu können.
$\pi \cdot r^2 + \pi \cdot r \cdot s = 0$
So, jetzt können wir mathematisch arbeiten

Mara: Und wie?

Wir nehmen die Hälfte des durchmessers des Hörnchens und erhalten so den Radius.

Pascal: Also 2,3. Und dann?

Genau, dann können wir die fehlende Seitenlänge mit dem Satz des Pythagoras berechnen.

Pascal: Also $a^2 + b^2 = c^2$. Das wären dann $2,3^2 + 11^2 = c^2$ da c^2 ja die Hypotenuse ist, die wir suchen?

Ja genau. Es wird zusammengerechnet und die Wurzel gezogen und dann weißt du die fehlende Seitenlänge und kannst ganz einfach die Zahlen in die Formel der Oberfläche einsetzen und ausrechnen. Und schon hast du die Oberfläche des Hörnchens.

Mara: Und bei dem Kreis? Ich meine der Waffel?

Da nimmst du diese Formel: $\pi \cdot 2 \cdot r$ um den Umfang des "Kreises" zu berechnen. Der Radius ist immer die Hälfte des Durchmessers. Also in diesem Fall 3cm.

Mara: Also $\pi \cdot 2 \cdot 3 = \pi \cdot 6 \approx 18,84$?

Richtig!!!

damit der Fokus immer noch stark auf der Rechnung, und man hat den Eindruck, dass sie die Qualität der Lösung vor allem an der Korrektheit des Rechenweges misst und weniger an den getroffenen Annahmen oder der Wertung im Kontext. Eine solche Lösung kann wertschätzend genutzt werden, um die Strukturiertheit des Vorgehens zu loben und gleichzeitig zu erarbeiten, an welchen Stellen noch Optimierungspotential besteht.

3.2   Reflexion der Lernumgebung

Das Ziel der Unterrichtsstunde im Hinblick auf die Modellierungsschritte lag auf der bewussten Durchführung der Teilschritte des Interpretierens und des Validierens. Dabei sollte vor allem die Kommunikation angeregt werden und die Lernenden in einen Gedankenaustausch miteinander treten. Insgesamt zeigte sich, dass die gewählte Aufgabe sich für die Lerngruppe gut eignete und insbesondere beim Validieren den Lernenden deutlich wurde, was für Tätigkeiten von ihnen erwartet werden, wenn sie validieren sollen. Dies gelang vor allem durch die Phasierung der zunächst eigenständigen Lösung des Problems, der darauffolgenden Phase des Nachdenkens über den Schritt des Validierens und der anschließenden Diskussion. Die Hausaufgabe des Verfassens einer Chat-Nachricht war so gedacht, dass sie die Lernenden von der Rahmung der Aufgabe her zu einer Interpretation anregt – schließlich soll ja eine konkrete außermathematische Frage beantwortet werden. Die Lösungen der Lernenden zeigen jedoch (wie im Beispiel von Sofia s. Abb. 8), dass für die Lernenden dennoch das Präsentieren der innermathematischen Lösungsschritte hohe Priorität hat. An diesen Stellen besteht dementsprechend noch Adaptionsbedarf, der auch der gekünstelten Situation der Aufgabe geschuldet ist, bei der die Fragestellung fiktiv und damit für Lernende nicht zwingend ernst zu nehmen ist. An dieser Stelle bieten echte Modellierungsprobleme deutlich höheres Potential als die verwendete Sachaufgabe.

Auf methodischer Seite ist besonders die Arbeit am digitalen Whiteboard zu erwähnen. Durch die von der Website vorgegebene Zergliederung in eine Arbeits- und eine Präsentationsphase ist es gut gelungen, dass zunächst jede Gruppe für sich arbeitete, dann aber direkt Zugang zu allen Ergebnissen der Mitschülerinnen und Mitschüler erhielt. Dabei konnten die Lernenden selbst die eingetragenen Antworten clustern und deren Position auf dem Whiteboard verändern. Auf diese Art arbeiteten die Lernenden aktiv mit ihren Ergebnissen weiter und übernahmen die Strukturierung der Präsentation selbst. Allerdings ist dabei einschränkend zu beachten, dass in der Realität nur wenige Lernende die Karten bewegten. Zeitgleich diskutierten die übrigen Lernenden jedoch mit ihren Nachbarn diese Bewegungen, die sie in Echtzeit nachverfolgen konnten. Sie

waren also ebenfalls kognitiv aktiv. Es ist allerdings auch gut denkbar, dort entsprechende Rollen zu vergeben, damit nicht immer die gleichen Lernenden für die Sortierung zuständig sind.

4   Zusammenfassung und Diskussion

Die präsentierte Aufgabe zeigt anschaulich, wie sich die sorgfältige Einführung eines strategischen Instruments (hier des Lösungsplans) auch auf die Bearbeitung von Textaufgaben mit Modellierungszügen auswirkt und die Ausübung von genuin modellierenden Tätigkeiten wie die des Interpretierens und Validierens fördern kann. Zentraler Aspekt, der für viele Lernende eine neue Erfahrung darstellte, war der, dass ein wirkliches Nachdenken über den Kontext und auch das Infragestellen der realen Situation erwünscht war. Dabei war eine Progression von einer starken Fokussierung der Rechnung hin zum eigenständigen Nachdenken und, wie oben geschildert, der Suche nach weiteren Informationen wie etwa der Kalorienzahl der Waffel zu erkennen. Dieses eigenständige Suchen nach weiteren Informationen ist eine Tätigkeit, wie sie untrennbar zum Modellieren, nicht aber zu den üblichen Sachaufgaben gehört. Durch die Vorgabe der Schritte des Lösungsplans und der Gestaltung der Unterrichtsstunde konnte diese Tätigkeit aber auch bei der Sachaufgabe angeregt werden. Dabei resultierten diese Schritte aus dem Interpretieren des berechneten Ergebnisses im Sachkontext und der anschließenden Validierung, ob der berechnete Unterschied auch im alltagssprachlichen Sinne im Hinblick auf die zugeführte Kalorienzahl „einen Unterschied macht". Ob diese Erfahrung auch in zukünftigen Aufgaben für eigenständig vorgenommene Validierungen sorgen wird, bleibt abzuwarten.

Insbesondere ist zu betonen, dass die Modellierungsaktivitäten nicht auf eine reine Beschäftigung mit Sachaufgaben beschränkt werden sollten. Auch in den übrigen Aufgaben der präsentierten Unterrichtsreihe waren wirkliche Modellierungsaufgaben zu finden (etwa wie in Hankeln 2019), da nur solche Probleme authentisch den gesamten Prozess des Modellierens ermöglichen können. Aber der vorliegende Beitrag argumentiert, dass die Denkweise und auch die innere Haltung, wie sie beim Modellieren von Lernenden verlangt werden, keine Einzelprojektanforderung für spezifische Modellierungsprojekte sein muss, sondern auch auf in Schulbüchern verbreitete Sachkontexte ausgeweitet werden kann. Dies betrifft insbesondere die Schritte des Interpretierens und Validierens, die auch an einer bereits sehr vereinfachten Situation geübt werden können. Werden Lernende dazu hingeführt, bei jeder bearbeiteten Aufgabe nach Ausführung der Rechnung eine Rückschau zu halten, wie sie auch Pólya (2004) für das Problemlösen schon benannte, so ist zu vermuten, dass diese Grundhaltung und Routine der

Tab. 3 Tabellarischer Stundenverlaufsplan

Unterrichtsphase	Sach- und Verhaltensaspekt	Sozialform	Medien
Begrüßung und Einstieg (Ankommen im Lernkontext)	L begrüßt die SuS und präsentiert die Situation der Aufgabe als Comic. SuS lesen die Sprechblasen vor und stellen Verständnisfragen.	UG	Comic
Einstieg (Schaffung eines Problembewusstseins)	SuS tauschen sich in einer kurzen Murmelphase über den ersten Schritt des Lösungsplans (Verstehen und Vereinfachen) in Bezug auf die gegebene Situation aus. SuS klären das Verständnis der Situation kurz im Plenum.	PA UG	AB LP
Erarbeitung I (Lernmaterial bearbeiten)	SuS tauschen sich in 4er-Gruppen über sinnvolle Annahmen und mögliche mathematische Modelle aus. Sie notieren ihre Antworten auf einem flinga-Whiteboard. (10 min)	GA	AB LP Flinga
Zwischensicherung (Lernprodukt diskutieren)	L schließt die Gruppenarbeitsphase in flinga, und die SuS lesen und sortieren die von allen Gruppen gegebenen Antworten. L stellt ggf. weitere Fragen zur Vervollständigung der Annahmen.	UG	Flinga
Erarbeitung II (Lernmaterial bearbeiten)	SuS berechnen eine Antwort auf die Frage der Problemsituation, interpretieren und validieren ihr Ergebnis (Schritt 3 und 4 im Lösungsplan). (30 min)	GA	AB
Präsentation (Lernprodukt diskutieren)	SuS setzen sich in neuen Gruppen zusammen und präsentieren und vergleichen ihre Rechenwege und Ergebnisse, ggf. diskutieren sie auch über die Validität ihrer Lösung.	GA	
Reflexion	SuS blicken auf ihren Arbeitsprozess zurück und verorten ihre Tätigkeit in der schrittweisen Abfolge des Lösungsplans; ggf. stellen die SuS ergänzende Überlegungen an. (Je nach Bearbeitungsstand kann auch eine zusätzliche Murmelphase eingesetzt werden, um alle SuS bei der ergänzenden Validierung zu aktivieren). SuS ziehen ein Fazit in Bezug auf die Fragestellung.	UG	LP
Hausaufgabe	Die SuS formulieren ein Chat-Gespräch, in dem sie den Protagonisten der Problemsituation ihren Lösungsweg und ihr Fazit vorstellen.	EA	

[UG = Unterrichtsgespräch; PA = Partnerarbeit; GA = Gruppenarbeit; EA = Einzelarbeit; AB = Arbeitsblatt Waffel; LP = Lösungsplan; L = Lehrkraft; SuS = Schülerinnen und Schüler]

Selbstreflexion auch die Ausführung der Validierung in einem Modellierungsprozess begünstigen.

Die Überlegungen zur Waffel-Aufgabe haben gezeigt, dass das Validieren ganz unterschiedlich ausgestaltet werden kann. Während es zu Beginn schon als Erfolg zu werten ist, wenn Lernende von sich aus eine der Validierungstätigkeiten wie in Tab. 3 ausführen, so sollte mit fortschreitender Erfahrung auch herausgearbeitet werden, dass die Validierung stets zielgerichtet sein muss und nicht beliebig erfolgen darf. Gerade schwächeren Lernenden kann es aber helfen, erst einmal zu verstehen, was mit dem letzten Schritt im Modellierungskreislauf oder im Lösungsplan gemeint ist. Denn auch wenn statt „Validieren" das meist leichter verständliche Wort „Prüfen" benutzt wird, ist keinesfalls garantiert, dass Lernende wirklich konkret wissen, wie man eigentlich ein Ergebnis oder eine Rechnung prüfen kann und welche Kriterien es zu erfüllen gilt. Die Lernenden in dieser Stunde haben gezeigt, dass sie durchaus in der Lage sind zu validieren. Möglicherweise war ihnen jedoch vorher nicht bewusst, dass sie diesen Schritt ausführen sollten und wie konkret diese Ausführung aussehen sollte. Wenn wir diesen Schwierigkeiten im regulären Unterricht immer wieder entgegenwirken, indem wir auch scheinbar triviale Sachprobleme „durch die Modellierungsbrille" wahrnehmen und ggf. entsprechend in Lernsituationen einbetten, können wir auf eine nachhaltige Stärkung der Modellierungsfähigkeit unserer Lernenden hoffen. Zudem ermöglicht diese Vorgehensweise eine nachhaltige Verankerung des Modellierens im unterrichtlichen Alltag. Die präsentierte Stunde zeigte nämlich, wie trotz des Ziels, Modellierungskompetenzen aufzubauen, auch die inhaltlichen Kompetenzen im Bereich „Raum und Form" nicht vernachlässigt wurden. Weiterhin wurden auch die prozessbezogenen Kompetenzen des Modellierens und des Kommunizierens simultan gefestigt, indem das Interpretieren als Kommunizieren eines Ergebnisses an die reale Welt aufgefasst und in konkreten Aufgabenimpulsen umgesetzt wurde. Insgesamt lässt sich also festhalten, dass die atomistische Sicht auf Modellierungskompetenzen und das gezielte Herausgreifen von Teilschritten es ermöglicht, diese mit anderen, ebenfalls wichtigen Kompetenzen simultan einzuüben. Dass dies möglich ist, haben die Lernenden dieser Unterrichtsstunde gezeigt, die im Übrigen auch in den nachfolgenden Themenreihen die Frage „Kann das sein?" immer wieder zur Diskussion stellten.

Literatur

Beckschulte, C.: Mathematisches Modellieren mit Lösungsplan: Eine empirische Untersuchung zur Entwicklung von Modellierungskompetenzen. Springer Fachmedien, Wiesbaden. (2019). https://doi.org/10.1007/978-3-658-27832-8

Blum, W.: Mathematisches Modellieren – zu schwer für Schüler und Lehrer? Beiträge zum Mathematikunterricht. **2007**, 3–12 (2007). https://doi.org/10.17877/DE290R-6149

Blum, W., Leiß, D.: Modellieren im Unterricht mit der „Tanken"-Aufgabe. mathematik lehren. **128**, 18–21 (2005)

Blum, W., Schukajlow, S.: Selbständiges Lernen mit Modellierungsaufgaben – Untersuchung von Lernumgebungen zum Modellieren im Projekt DISUM. In: Schukajlow S., Blum, W. (Hrsg.) Evaluierte Lernumgebungen zum Modellieren, S. 51–72. Springer Spektrum, Wiesbaden (2018). https://doi.org/10.1007/978-3-658-20325-2_4

Borromeo Ferri, R.: Wege zur Innenwelt des mathematischen Modellierens. Vieweg+Teubner, Wiesbaden (2011). https://doi.org/10.1007/978-3-8348-9784-8

Busse, A.: Umgang mit realitätsbezogenen Kontexten in der Sekundarstufe II. In: Borromeo Ferri, R., Greefrath, G., Kaiser, G. (Hrsg.) Mathematisches Modellieren für Schule und Hochschule, S. 57–70. Springer, Wiesbaden (2013). https://doi.org/10.1007/978-3-658-01580-0_3

Galbraith, P.L., Stillman, G.A.: A framework for identifying student blockages during transitions in the modelling process. ZDM – Mathematics Education. **38**(2), 143–162 (2006). https://doi.org/10.1007/BF02655886

Greefrath, G.: Anwendungen und Modellieren im Mathematikunterricht: Didaktische Perspektiven zum Sachrechnen in der Sekundarstufe. Springer Spektrum, Wiesbaden (2018). https://doi.org/10.1007/978-3-662-57680-9

Greefrath, G., Kaiser, G., Blum, W., Borromeo Ferri, R.: Mathematisches Modellieren – Eine Einführung in theoretische und didaktische Hintergründe. In: Borromeo Ferri, R., Greefrath, G., Kaiser, G. (Hrsg.) Mathematisches Modellieren für Schule und Hochschule, S. 11–37. Springer Fachmedien, Wiesbaden (2013). https://doi.org/10.1007/978-3-658-01580-0_1

Hankeln, C.: Mathematisches Modellieren mit dynamischer Geometrie-Software: Ergebnisse einer Interventionsstudie. Springer Fachmedien, Wiesbaden (2019). https://doi.org/10.1007/978-3-658-23339-6

Hankeln, C.: Mathematical modeling in Germany and France: A comparison of students' modeling processes. Educ. Stud. Math. **103**(2), 209–229 (2020a). https://doi.org/10.1007/s10649-019-09931-5

Hankeln, C.: Validating with the use of dynamic geometry software. In: Stillman, G.A., Kaiser, G., Lampen, C.E. (Hrsg.) Mathematical Modelling Education and Sense-making., S. 277–286. Springer International Publishing, Cham (2020b). https://doi.org/10.1007/978-3-030-37673-4_24

Hankeln, C., Greefrath, G.: Mathematische Modellierungskompetenz fördern durch Lösungsplan oder Dynamische Geometrie-Software? Empirische Ergebnisse aus dem LIMo-Projekt. J. Math. Didakt. **42**(2), 367–394 (2021). https://doi.org/10.1007/s13138-020-00178-9

Kaiser, G.: Modelling and modelling competencies in school. In: Haines, C.R., Galbraith, P.L., Blum, W., Khan, S. (Hrsg.) Mathematical Modelling (ICMTA 12): Education, Engineering and Economics, S. 110–119. Horwood, Chichester (2007). https://doi.org/10.1533/9780857099419.3.110

Kaiser, G., Stender, P.: Complex modelling problems in co-operative, self-directed learning environments. In: Stillman, G.A., Kaiser, G., Blum, W., Brown, J.P. (Hrsg.) Teaching Mathematical Modelling: Connecting to Research and Practice, S. 277–293. Springer, Dordrecht (2013). https://doi.org/10.1007/978-94-007-6540-5_23

KMK (Hrsg.): Bildungsstandards im Fach Mathematik für den Mittleren Schulabschluss. Beschluss vom 04.12.2003. Luchterhand, München (2004)

KMK (Hrsg.): Bildungsstandards für das Fach Mathematik. Erster Schulabschluss (ESA) und Mittlerer Schulabschluss (MSA) (Beschluss der Kultusministerkonferenz vom 15.10.2004 und vom 04.12.2003, i.d.F. vom 23.06.2022). Sekretariat der Ständigen Konferenz der Kultusminister der Länder in der Bundesrepublik Deutschland. https://www.kmk.org/fileadmin/Dateien/veroeffentlichungen_beschluesse/2022/2022_06_23-Bista-ESA-MSA-Mathe.pdf (2022). Zugegriffen am 23.12.2024

Maaß, K.: Mathematisches Modellieren im Unterricht. Ergebnisse einer empirischen Studie, Franzbecker, Hildesheim (2004)

Maaß, K.: Modellieren im Mathematikunterricht der Sekundarstufe I. J. Math. Didakt. **26**(2), 114–142 (2005). https://doi.org/10.1007/BF03339013

Meyer, M., Voigt, J.: Rationale Modellierungsprozesse. In: Brandt, B., Fetzer, M., Schütte, M. (Hrsg.) Auf den Spuren interpretativer Unterrichtsforschung in der Mathematikdidaktik: Götz Krummheuer zum 60. Geburtstag, S. 117–148. Waxmann, Münster (2010)

Pólya, G.: How to solve it. A new aspect of mathematical method (Expanded Princeton Science Library ed). Princeton University Press, Princeton, NJ (2004)

Prediger, S. (Hrsg.): Sprachbildender Mathematikunterricht in der Sekundarstufe: Ein forschungsbasiertes Praxisbuch. Cornelsen, Berlin (2020)

Schukajlow, S., Kolter, J., Blum, W.: Scaffolding mathematical modelling with a solution plan. ZDM – Mathematics Education 47(7), 1241–1254 (2015). https://doi.org/10.1007/s11858-015-0707-2

Tropper, N., Leiss, D., Hänze, M.: Teachers' temporary support and worked-out examples as elements of scaffolding in mathematical modeling. ZDM – Mathematics Education 47(7), 1225–1240 (2015). https://doi.org/10.1007/s11858-015-0718-z

Winter, H.: Mathematikunterricht und Allgemeinbildung. Mitt. Ges. Didakt. Math. 61, 37–46 (1995)

Zech, F.: Grundkurs Mathematikdidaktik: Theoretische und praktische Anleitungen für das Lehren und Lernen von Mathematik, 10. Aufl. Beltz, Weinheim (2002)

Zöttl, L., Ufer, S., Reiss, K.: Modelling with heuristic worked examples in the KOMMA learning environment. J. Math. Didakt. 31(1), 143–165 (2010). https://doi.org/10.1007/s13138-010-0008-9

„T-Shirts aus Bangladesch" – Modellieren im Kontext Bildung für nachhaltige Entwicklung

André Krug, Marina Wagener, Anne Christin Pummer
und Stanislaw Schukajlow

Zusammenfassung

Die globale Textilindustrie ist entlang der Lieferkette mit ökologischen und sozialen Missständen verbunden. Insbesondere in den oftmals in Ländern des Globalen Südens verorteten Produktionsstätten, aber nicht nur dort herrschen schlechte Arbeitsbedingungen, u. a. eine weit unter dem existenzsichernden Mindestlohn liegende Entlohnung. Im Beitrag wird diese Thematik aufgegriffen und die Frage der Bezahlung von Näherinnen und Nähern in Bangladesch (als einem der größten Textilexporteure der Welt) ins Zentrum einer mathematischen Modellierung gestellt. Beschrieben wird ein Lernsetting zur Förderung von Modellierungskompetenzen, das im Sinne einer Bildung für nachhaltige Entwicklung gleichzeitig soziales Lernen in globaler Dimension (vgl. Scheunpflug 2001, 2016) ermöglichen soll. Die Ausführungen beinhalten neben Erläuterungen zur Konzeption der Modellierungsaufgabe „Wie lange muss ein*e Näher*in (z. B. pro Tag, pro Woche oder pro Monat) in Bangladesch arbeiten, um von der T-Shirt-Produktion leben zu können?" und zur unterrichtlichen Umsetzung in einer 10. Gymnasialklasse auch eine Analyse exemplarischer Lösungen von Schülerinnen und Schülern.

A. Krug (✉)
Studienseminar für Gymnasien Kassel, Kassel, Deutschland
E-Mail: andre.krug@schule.hessen.de

M. Wagener
Friedrichsgymnasium Kassel, Kassel, Deutschland

A. C. Pummer
Geschwister-Scholl-Schule, Melsungen, Deutschland

S. Schukajlow
Universität Münster, Münster, Deutschland
E-Mail: schukajlow@uni-muenster.de

1 Einleitung: Modellieren in Anwendungskontexten des Lernbereichs Globale Entwicklung[1]

Im Kontext gravierender sozialer Ungleichheiten, ökologischer Problemstellungen, globaler Krisen und Konflikte sowie zunehmender Migrations- und Fluchtbewegungen wird schulisches Lernen im Hinblick auf Nachhaltigkeits- und Gerechtigkeitsfragen gefordert und mit dem Orientierungsrahmen für den Lernbereich Globale Entwicklung (vgl. KMK und BMZ 2016) curricular verankert. Auch der Mathematikunterricht kann und muss einen Beitrag zu einer Bildung für nachhaltige Entwicklung leisten, indem er die Nutzung von Mathematik in „Anwendungskontext[en] mit ökologischer, ökonomischer, sozialer und politischer Bedeutung" (KMK und BMZ 2016, S. 300) umfasst. Es geht dabei zentral um die Auseinandersetzung mit realitätsnahen Kontexten, die durch mathematisches Arbeiten erschlossen werden können (vgl. KMK und BMZ 2016, S. 301).

Einen solchen realitätsnahen Kontext im Lernbereich Globale Entwicklung bieten globale Wertschöpfungsketten im Textilbereich, die an den verschiedenen Produktionsstätten oft mit sozialen wie ökologischen Missständen verbunden sind, z. B. mit unzureichenden Sicherheitsstandards in Nähereien, der Verwendung gesundheitsschädlicher Chemikalien in Färbereien oder mit unterhalb der Existenzsicherung liegenden Löhnen entlang der Produktionskette (vgl. Stamm et al. 2019). Gerade die Frage nach der Bezahlung von Textilarbeiter*innen bietet sich aufgrund des quantifizierbaren Charakters für eine Ausei-

---

[1] Es geht dabei um ein Lernen hinsichtlich der sozialen Dimension von Nachhaltigkeit und insbesondere sozialer Zusammenhänge im weltweiten Kontext (z. B. bezüglich der Verknüpfung von Menschen an verschiedenen Orten der Erde über globale Austauschbeziehungen im Rahmen der Textilindustrie) und damit verbundene soziale Fragen nach beispielsweise globalen Disparitäten, menschenwürdiger Arbeit oder gerechter Bezahlung im Kontext globaler Wertschöpfungs- und Konsumketten.

nandersetzung im Mathematikunterricht an. In der im vorliegenden Beitrag präsentierten Lernumgebung steht daher die Entlohnung von Näher*innen in Bangladesch als einem der größten Textilexporteure der Welt (vgl. FEMNET 2018) im Zentrum. Konkret geht es in der Lernumgebung um die Frage, wie lange Näher*innen in Bangladesch arbeiten müssen, um vom erwirtschafteten Gehalt ihren Lebensunterhalt bestreiten zu können. Aufgrund der mit dieser Fragestellung verbundenen Fülle an unscharfen Bedingungen handelt es sich um eine offene Problemstellung mit nicht eindeutigem Zielzustand und damit unterschiedlichen Lösungen (vgl. Greefrath 2004), die im Rahmen einer didaktisch aufbereiteten Lernumgebung für die Förderung der Kompetenz des mathematischen Modellierens (KMK 2022, S. 8) fruchtbar gemacht werden soll. In der Auseinandersetzung mit der Lernumgebung bewegen die Lernenden sich in einem gesellschaftlich bedeutenden Realkontext und nutzen Mathematik zu dessen Erschließung. Bei der unterrichtlichen Einbettung der im vorliegenden Beitrag präsentierten Lernumgebung handelt es sich um kompetenzorientierten Unterricht (Heymann 2004). Dabei weist die Aufgabe mit dem Fokus auf Kleidung einen Bezug zur Lebenswelt von Jugendlichen auf, der in der Gestaltung des Unterrichts in einer für die Förderung von Motivation günstigen Weise entfaltet werden kann (vgl. Schiefele und Streblow 2006).

2   Die Modellierungsaufgabe

2.1   Fragestellung und Rahmung

Bei der Modellierungsaufgabe sollen die Lernenden sich mit der Frage auseinandersetzen: **„Wie lange muss ein*e Näher*in (z. B. pro Tag, pro Woche oder pro Monat) in Bangladesch arbeiten, um von der T-Shirt-Produktion leben zu können?"** Während die Lernenden sich mit dem Thema Kleidung im persönlichen Leben vordergründig unter der Perspektive von Konsument*innen beschäftigen, eröffnet die Lernumgebung den Blick auf die Produktion von Textilien und insbesondere auf die dabei herrschenden Produktionsbedingungen. Die Auseinandersetzung mit der genannten Fragestellung wird wesentlich durch ein bereitgestelltes Padlet[2] unterstützt. Dieses enthält eine Kombination aus einem informativen Hintergrundtext und Illustrationen, in denen zentrale Informationen verdichtet präsentiert werden. Die im Padlet aufbereiteten Inhalte, wie z. B. der prozentuale Anteil des Arbeitslohnes am Kaufpreis eines T-Shirts oder die für die Produktion eines T-Shirts benötigte Arbeitszeit wurden im Vorfeld recherchiert. Die hierfür ge-

nutzten Quellen sind im Padlet angegeben. Die unterschiedlich stark aufbereiteten Informationen auf dem Padlet (z. B. Links zu Internetseiten, aber auch graphisch aufbereitete Kerninformationen) liefern die Grundlage für die Konstruktion des Realmodells, für das die Lernenden sich mit den zwei notwendigen Dimensionen der Auswahl relevanter Informationen und des Treffens von Annahmen (vgl. Humenberger 1995; Maaß 2006) auseinandersetzen müssen. Angesichts der Komplexität der Aufgabenstellung und der Fülle an erforderlichen Informationen ist es sinnvoll, eine derartige Vorstrukturierung des inhaltlichen Kontextes in Form des Padlets vorzunehmen und den Lernenden damit eine weitestgehend selbstständige und mit geringem Leseaufwand verbundene Auseinandersetzung mit dem Thema zu ermöglichen (vgl. Schiefele und Pekrun 1996). Ein reines „Durchforsten" des Internets wird so vermieden und wertvolle Unterrichtszeit gespart.

2.2   Lösungsprozess im Modellierungskreislauf

Wir haben uns grundsätzlich für eine offene Problemstellung entschieden, bei der Anfangszustand, Transformation und Zielzustand „unklar" sind (Blum und Wiegand 2000). Die positive Wirkung solcher Aufgaben auf Lernleistungen wurde in internationalen Vergleichsstudien aufgezeigt. So hat man in der TIMMS-Videostudie beobachtet, dass Lehrkräfte in Japan Lernende häufiger dazu auffordern, unterschiedliche Lösungswege zu entwickeln, im Klassenraum zu präsentieren und zu diskutieren. Auf der Seite der Lehrenden sind die mit dem Bearbeiten dieser offenen Aufgaben verbundenen Schwierigkeiten aus der Forschung bekannt (vgl. Becker und Shimada 1997; Galbraith und Stillman 2001; Silver 1995). Durch die Offenheit, auch hinsichtlich des Anfangszustands, haben die Lernenden die Möglichkeit, die Teilkompetenz des Vereinfachens/Strukturierens zu entwickeln. Diese Aktivitäten nehmen im Hinblick auf die Modellierungskompetenz eine wichtige Rolle ein (Böckmann und Schukajlow 2020) und ermöglichen die Entwicklung multipler Lösungen. Zur Förderung mathematischer Modellierungskompetenzen von Schülerinnen und Schülern ist die Erarbeitung multipler Lösungen ein möglicher Ansatz (Schukajlow und Blum 2011; Krug und Schukajlow, 2018), der zudem positive Effekte auf metakognitive Strategien und Selbstregulation der Lernenden (Krug und Schukajlow 2020) sowie auf Interesse und Kompetenzerleben (Schukajlow und Krug 2014) hat.

Beim Bearbeiten der Aufgabenstellung müssen die Lernenden den kompletten Modellierungskreislauf mit allen potentiellen kognitiven Hürden (vgl. Blum 2007) durchlaufen. Orientiert am Modellierungskreislauf (Blum und Leiß 2005) könnte dies folgendermaßen aussehen:

---

[2]Für die unterrichtliche Umsetzung des Padlets siehe: https://padlet.com/ironman51/i2c76tjwgcfeg7l4.

Verstehen Hier soll von den Lernenden erkannt werden, dass die für ein existenzsicherndes Einkommen zu leistende Arbeitszeit zentral von zwei Faktoren abhängt, nämlich von den Lebenshaltungskosten und von der Vergütung der Arbeit. Im Kontext der Aufgabe steckt hinter der Bezahlung der Arbeiter*innen der Akkordlohn, bei dem nicht die Höhe der aufgewendeten Arbeitszeit, sondern das erzielte Arbeitsergebnis – hier die Anzahl der produzierten T-Shirts – bemessen wird.[3]

Vereinfachen/Strukturieren Im Sinne einer stark vereinfachten, deskriptiven Modellbildung müssen die Lernenden Annahmen treffen. Diese Annahmen vereinfachen die Situation und müssen aus den beiden Bereichen a) Lebenshaltungskosten und b) Vergütung der Arbeit stammen. Für die Bestimmung der für ein existenzsicherndes Einkommen erforderlichen Arbeitszeit müssen die Lernenden, unterstützt durch das Padlet, unterschiedliche Annahmen zu beiden Bereichen selbstständig treffen, so zum Beispiel:

Vergütung der Arbeit
- Kosten für ein T-Shirt[4] (z. B. 6 €)
- Anteil der Lohnkosten der Näher*innen an einem T-Shirt (z. B. 0,6 %)
- Anzahl der Arbeitstage (z. B. 26 Tage)
- Anzahl der Arbeitsstunden (z. B. 10 h)
- Zeitaufwand zur Produktion eines T-Shirts

Lebenshaltungskosten
- Anzahl der zu versorgenden Familienmitglieder
- Wohnkosten
- Aufwendungen für Gesundheit und Bildung
- Kosten für Freizeitaktivitäten
- ...

Weitere für die Modellierung erforderliche Informationen (z. B. die Produktionsdauer eines T-Shirts) können ebenfalls dem Padlet entnommen werden, wobei für den Bereich der Lebenshaltungskosten die zur Lösung relevanten Angaben

identifiziert werden müssen (z. B. Mobilitätskosten für den Arbeitsweg). Für unsere Beispiellösung arbeitet die Näherin 26 Tage im Monat jeweils 10 h ohne Pause. Die Produktionsdauer pro T-Shirt beträgt 3,5 min. Der Verkaufspreis des T-Shirts liegt bei 6 €. Für die Lebenshaltungskosten werden die Miete eines kleinen Zimmers (78 € im Monat) und die hinzukommenden Kosten für Lebensmittel (50 €) und Transport (15 €) berücksichtigt.

Mathematisieren und mathematisch Arbeiten Die gemachten Angaben werden in formal-mathematische Sprache bzw. Terme übersetzt. Die drei Rechnungen können den beiden Bereichen (Lebenshaltungskosten und Vergütung der Arbeit) zugeordnet werden. Bei der zweiten Rechnung wird die Anzahl der produzierten T-Shirts pro Monat (T) ausgerechnet. Die nähende Person arbeitet dabei 10 h pro Tag und 26 Tage im Monat. Sie benötigt im Schnitt 3,5 min, um ein T-Shirt herzustellen.

$$Bereich\ a): Lebenhaltungskosten$$
$$= 78\ € + 50\ € + 15\ € = 143\ €$$

$$Bereich\ b): T = \frac{10 \cdot 60 \cdot 26}{3,5} \approx 4457$$

$$Bereich\ a): V_A = 0,6\ \% \cdot 6\ € \cdot 4457 \approx 160\ €$$

Interpretieren Der konkrete Lebensweltbezug und die Tatsache, dass es sich um eine Größe handelt, erleichtert die Interpretation des mathematischen Resultats. Der Betrag von 160 € entspricht der Vergütung der Arbeit und der Betrag von 143 € den Lebenshaltungskosten. Entsprechend wird im Vergleich deutlich, dass der Lohn höher ist als die Lebenshaltungskosten. Dies würde bedeuten, dass die Näherin (unter den getroffenen Annahmen) von der T-Shirt-Produktion leben könnte.

Validieren Hier gilt es zu prüfen, ob die erarbeitete Lösung plausibel ist. Dieser Schritt ist für die Aufgabe im internationalen Kontext und gerade mit Blick auf Arbeits- und Lebensbedingungen sowie Lebenshaltungskosten in einem Land des Globalen Südens herausfordernd. Der Verdienst liegt deutlich unter dem Mindestlohn oder den für Schülerinnen und Schüler bekannten 450-Euro-Jobs. Die erarbeitete Lösung kann im Unterricht daher unter der Perspektive thematisiert werden, was die Schülerinnen und Schüler selbst als „für ein gutes Leben ausreichendes" Gehalt empfinden würden. Hierbei kommen die getroffenen Annahmen und ihre Bedeutung für die Bewertung der mathematisch erarbeiteten Lösung in den Blick. Angestoßen werden kann dabei auch das ebenfalls mögliche Nachdenken über alternative Lösungswege und anders zu treffende Annahmen. So

---

[3] Die Bezahlung der Arbeiter*innen in der Textilindustrie gestaltet sich in der Realität unterschiedlich. Es gibt sowohl wöchentliche Gehälter mit Boni für Überstunden oder das Erreichen des Produktionssolls als auch eine an der Produktionsleistung gemessene Entlohnung. Im Kontext der T-Shirt-Produktion und diverser in der Presse ersichtlicher Schätzungen zum Anteil der Lohnkosten an einem T-Shirt (vgl. z. B. FEMNET 2021) bietet sich für die Modellierungsaufgabe die Annahme eines Akkordlohnes an.

[4] Theoretisch (Brand & Vorhölter 2018) wird angenommen und auch empirisch (Schukajlow und Krug 2014; Krawitz et al. 2018) wurde gezeigt, dass Lernende auf die Informationen zurückzugreifen, die schon gegeben sind. Insofern hängt es von der unterrichtlichen Umsetzung ab, ob die Lernenden tatsächlich eine Annahme treffen oder die im Kontext des Einstiegs durch die Lehrperson beispielhaft gegebene Information übernehmen.

ist es beispielsweise denkbar und im Padlet auch angelegt, die Modellierung für eine Familie mit Kindern durchzuführen oder die Kosten für Lebensmittel detaillierter in die eigenen Berechnungen einzubeziehen. Eine derartige Ausrichtung der Validierungsphase eröffnet Möglichkeiten zur Reflexion des Aufgabenkontextes und der eigenen Lösung in global-gesellschaftlicher Perspektive.

Darlegen Im letzten Schritt müssen der Lösungsprozess und die dahinterstehenden Überlegungen so dargelegt werden, dass sie für die Lehrkraft oder andere Lernende nachvollziehbar sind.

3   Unterrichtliche Durchführung

Die Lernumgebung lässt sich in fünf Phasen einteilen: den Einstieg bzw. die Problematisierung, die Hinführung zum Problem, die Erarbeitung, die Sicherung und die Reflexion.

Im *Einstieg* wird unter Entfaltung der Lebensnähe des Themas der Kontext der T-Shirt-Produktion aufgeworfen und damit gleichzeitig die Problemstellung deutlich. Zunächst untersuchen die Schülerinnen und Schüler ihre eigenen T-Shirts auf Angaben zum jeweiligen Produktionsland und notieren diese gemeinsam an der Tafel. Damit wird die Aufgabe zu Produktionsbedingungen im Textilsektor, die sich zunächst auf weit entfernte und auch medial wenig präsente Länder bezieht, im Alltag der Lernenden kontextualisiert sowie ein persönlicher Bezug zur Aufgabe hergestellt und damit eine motivierte Auseinandersetzung mit dem Unterrichtsgegenstand ermöglicht (vgl. Wagener 2019, S. 33). Gleichzeitig wird die Veränderung der Blickrichtung anvisiert: Von der Untersuchung der eigenen Kleidung ausgehend kommt die Produktion dieser Kleidung in den Fokus. Um den Klassendiskurs in einen globalen Zusammenhang zu setzen, werden die eigens erhobenen Daten der Herkunftsländer aufgegriffen und mit zu versorgende Familienmitglieder den Informationen aus einer Graphik für Kleidungsimporte in die EU (vgl. Padlet) verglichen.

Die zweite unterrichtliche Phase, die *Hinführung*, wird methodisch durch eine lehrerzentrierte Phase eingeleitet. Auch hier ist der Ausgangspunkt der Lebenskontext der Lernenden, indem zunächst ein billiges T-Shirt aus Bangladesch präsentiert wird, dessen Kaufpreis von den Schülerinnen und Schülern geschätzt werden soll. Erwartet werden an dieser Stelle Preisvorstellungen, die über dem tatsächlichen Preis (in der Erprobung ca. 2 €) liegen. Im Anschluss an die Information zum tatsächlichen Preis soll ein Perspektivwechsel angestrebt werden. Durch ein Foto von einem Streik von Textilarbeiter*innen in Bangladesch (vgl. Padlet) sollen die Lernenden angeregt werden, den Blick auf die Produktionsbedingungen von Textilien und insbesondere die Vergütung

der Arbeit von Näher*innen in Bangladesch zu richten. Das Foto des Streiks eröffnet die Perspektive auf die Unzufriedenheit der Arbeiter*innen und bietet daher die Möglichkeit, im Unterrichtsgespräch den Missstand ungerechter Arbeitsbedingungen bzw. ungenügender Bezahlung zu thematisieren. Dabei werden die betroffenen Arbeiter*innen nicht in einer in der Thematik gängigen Opferrolle präsentiert, sondern kommen vielmehr als Arbeitnehmer*innen, die (öffentlich und kämpferisch) für eine Verbesserung ihrer Arbeitsbedingungen eintreten, in den Blick.[5] Im Unterrichtsgespräch wird die Problemstellung des inhaltlichen Kontextes über Impulse zur Bildbetrachtung („Welche Personen sind auf dem Foto zu sehen?", „Was zeigt das Foto?") fragengeleitet herausgearbeitet und die Fragestellung „Wie lange muss ein*e Näher*in (z. B. pro Tag, pro Woche oder pro Monat) in Bangladesch arbeiten, um von der T-Shirt-Produktion leben zu können?" entwickelt.

Ist die Fragestellung geklärt, kann sich die *Erarbeitungsphase* anschließen, die kooperativ mittels Think-Pair-Share erfolgt (Brüning und Saum 2007). Die Schülerinnen und Schüler erarbeiten in Einzelarbeit ein Situationsmodell und können im Anschluss daran ihre Ideen mit anderen Schülerinnen und Schülern austauschen. Zusätzlich unterstützen sie sich gegenseitig und lösen die Aufgabe gemeinsam. Dabei bietet die Arbeit mit dem Padlet eine Differenzierungsmöglichkeit, da die Schülerinnen und Schüler selbst entscheiden, welche der gegebenen Informationen sie sinnvollerweise in ihr Modell integrieren wollen.

Die vierte Phase umfasst die *Sicherung*, in der die Gruppen der Schülerinnen und Schüler ihre Lösungen erläutern. Dabei sollte ein besonderer Fokus auf die Annahmen gelegt werden, welche die einzelnen Gruppen in der Modellierung getroffen und berücksichtigt haben (z. B. hinsichtlich der Lebenshaltungskosten). An dieser Stelle werden unterschiedliche Lösungen und insbesondere unterschiedliche Modelle sichtbar. Im Sinne einer Modellkritik geht es hier auch um den Austausch über sinnvollerweise in der Modellbildung zu berücksichtigende Aspekte (z. B. Mietkosten, Ausgaben für Lebensmittel). Es sollte – gerade mit Blick auf die Ermöglichung von Lernprozessen im Bereich Bildung für nachhaltige Entwicklung – nicht der Eindruck der Beliebigkeit entstehen, sondern eine situationsangemessene Verfeinerung der unterschiedlichen Modelle angestrebt werden.

Der abschließende Schritt ist die weiterführende *inhaltliche Reflexion*, die in dreifacher Weise von Relevanz ist: *Erstens* geht es um die Reflexion der errechneten Ergebnisse

---

[5] Eine solche Darstellung ist im Kontext der unterrichtlichen Thematisierung sozialer Disparitäten in der Welt gewinnbringend, um bestehende und vielfach empirisch nachgewiesene stereotype Perspektiven auf Menschen in Ländern des Globalen Südens zum einen nicht zu reproduzieren und ihnen zum anderen gezielt entgegenzuwirken (vgl. z. B. Fischer et al. 2016; Wagener 2018).

im Sachkontext der Arbeitsbedingungen in der Textilindustrie: Was bedeutet die berechnete Arbeitszeit für Näherinnen und Näher? Welche Konsequenzen ergeben sich für deren Lebensgestaltung? Während die Erarbeitungsphase im Kompetenzmodell des Orientierungsrahmens für den Lernbereich Globale Entwicklung (vgl. KMK und BMZ 2016) auf das Erkennen einer Problemlage ausgerichtet ist, führen diese Überlegungen zum Einnehmen einer bewertenden Perspektive hin. Dabei ist es *zweitens* von Bedeutung, die in der Auseinandersetzung aufkommenden Emotionen wie persönliche Betroffenheit selbst zum Gegenstand der Reflexion zu machen (vgl. Wagener 2019, S. 34). Gerade in der Auseinandersetzung mit der lebensnahen Thematik können – insbesondere angesichts eines Einstiegs, in dem die persönliche Involviertheit in die analysierte Situation aufgegriffen wird – Schuld- und Betroffenheitsgefühle ausgelöst werden. Es empfiehlt sich an dieser Stelle, diese Empfindungen im Gespräch explizit und damit der gemeinsamen Reflexion zugänglich zu machen. Je nach Vorerfahrungen der Lerngruppe kann die Reflexion daran anschließend in unterschiedlichem Umfang *drittens* das Nachdenken über Handlungsmöglichkeiten umfassen (vgl. KMK und BMZ 2016, S. 90 ff.). Dabei geht es sowohl um die Diskussion von Entscheidungen des individuellen Konsumverhaltens (ohne seitens der Lehrkraft bestimmte Verhaltensweisen normativ einzufordern, vgl. Kater-Wettstädt 2015; Wagener 2018b, S. 28) als auch um die Entwicklung eines systemischen Blicks auf die Thematik. Hier geht es z. B. darum zu ergründen, wer Akteure im Kontext der Textilindustrie sind und welche Möglichkeiten sowie Verantwortungen sie für die Sicherung guter Arbeitsbedingungen tragen (z. B. große Modeunternehmen, aber auch Staaten wie Deutschland oder Bangladesch). In welchem Umfang die weiterführende Reflexion im Mathematikunterricht realisiert werden soll, obliegt der Lehrkraft. Es kann sich im Sinne der Bildung für nachhaltige Entwicklung anbieten, fächerübergreifend zu arbeiten und die Reflexion in gesellschaftswissenschaftlichen Fächern aufzugreifen bzw. fortzusetzen.

4 Beispielhafte Schülerinnen und Schülerlösung

Im Folgenden werden drei Lösungen von Schülerinnen und Schülern aus einer unterrichtlichen Erprobung der zuvor geschilderten Lernumgebung in einer 10. Gymnasialklasse präsentiert und beschrieben. Die Lösungen der Schülerinnen und Schüler (Abb. 1–3) wurden am Ende der unterrichtlichen Durchführung eingesammelt und stellen das Produkt des kooperativen Arbeitsprozesses dar.

In der ersten Schülerinnen- und Schülerlösung (Abb. 1) erkennt man, dass sich die Lernenden nur mit dem Aspekt

der Lebenshaltungskosten beschäftigt haben und dass für eine Betrachtung der Vergütung der Arbeit scheinbar kein Raum war. Ohne explizite Aufforderung unterscheiden sie dabei verschiedene Fälle. Sie nutzen die im Padlet gegebenen Kontextinformationen zur Lebens- und Arbeitssituation von Näher*innen in Bangladesch sowie dortige Angaben zu Lebenshaltungskosten (z. B. 78 € für ein Apartment und Stromkosten in Höhe von 45 €).[6] Die Annahme zur Wohnungsgröße (Miete einer kleiner Wohnung bzw. Miete einer großen Wohnung) wird entsprechend des Familienstandes verändert, und auch die Kosten für Strom, Heizung und Wasser werden – nichtlinear – aufgrund der Informationen zu gängigen Familiengefügen im Padlet angepasst. Unklar ist die Aufstellung der Lebenshaltungskosten in der vorletzten Zeile (26 € und 92 €).

In der zweiten Schülerinnen- und Schülerlösung (Abb. 2) wird lediglich die Vergütung der Arbeit betrachtet. Es wird angenommen, dass die Arbeiter*innen gemeinsam an einem T-Shirt arbeiten und erst weiterarbeiten, wenn dieses T-Shirt fertig ist. Hier könnte das gewählte Modell noch optimiert werden, da die Arbeiter*innen vermutlich nicht warten werden. Die Annahmen werden zudem aus dem unterrichtlichen Kontext übernommen. Dazu gehören die 0,6 % des Verkaufspreises als reine Bezahlung der Arbeiter*innen ohne Berücksichtigung anderer Personalkosten (Verwaltung, Färber*innen, Zuschneider*innen) und der Kaufpreis des im Einstieg vorgestellten T-Shirts; siehe Abschn. 3). Diese 0,6 % werden im ersten Teil der Schülerinnen- und Schülerlösung berechnet. Es ergibt sich eine Vergütung von 1,2 Taka pro T-Shirt. Im zweiten Teil der Lösung wird die Gesamtarbeitszeit berechnet. Eine angenommene Gesamtarbeitszeit von 13 h an 30 Arbeitstagen ergibt den Lohn der Arbeiter*innen von 6228 Taka. Ein Zitat der Schülerin zeigt, dass Reflexionsprozesse im Hinblick auf soziale Fragen im Kontext der globalen Textilindustrie angestoßen wurden: „Ich finde sehr auffallend, dass für alle Arbeiter*innen zusammen am Ende nicht mal annähernd das rauskommt, was sie fordern, also wohl auch brauchen." Dabei bezieht sie sich auf eine Forderung der Textilarbeiter*innen, die in dem im Einstieg genutzten Foto eines Streiks (siehe Abschn. 3) sichtbar wird: Auf einem Banner der streikenden Textilarbeiter*innen fordern diese einen Mindestlohn von 16.000 Taka (vgl. Padlet). Damit ist es der Schülerin auch im Kontext einer knappen und sich ausschließlich auf die Vergütung der Arbeit beziehenden Modellierung gelungen, ihr mathematisches Ergebnis auf den Realkontext rückzubeziehen.

---

[6]Das Padlet ist über die Verlinkung relevanter Webseiten dynamisch angelegt, sodass die Informationen automatisch aktualisiert werden. Die in den Lösungen der Schülerinnen und Schüler verwendeten Angaben können daher von den aktuellen Informationen auf dem Padlet abweichen.

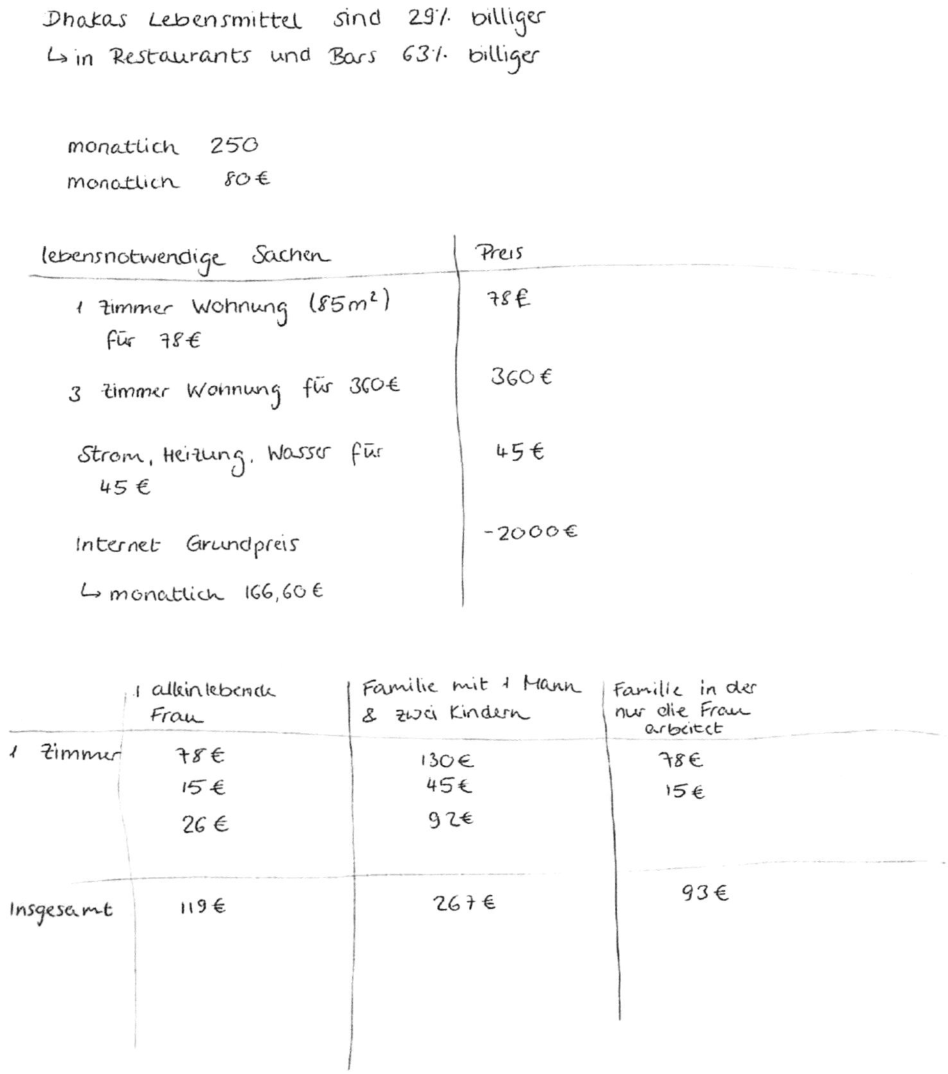

Abb. 1 Schülerinnen- und
Schülerlösung mit Fokus auf
Lebenshaltungskosten

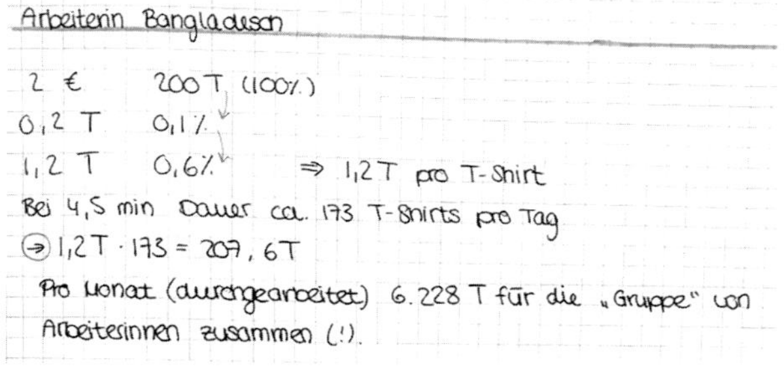

Dhakas Lebensmittel sind 29% billiger
↳ in Restaurants und Bars 63% billiger

monatlich   250
monatlich   80 €

lebensnotwendige Sachen	Preis
1 Zimmer Wohnung (85 m²) für 78 €	78 €
3 Zimmer Wohnung für 360 €	360 €
Strom, Heizung, Wasser für 45 €	45 €
Internet Grundpreis ↳ monatlich 166,60 €	−2000 €

	1 alleinlebende Frau	Familie mit 1 Mann & zwei Kindern	Familie in der nur die Frau arbeitet
1 Zimmer	78 €	130 €	78 €
	15 €	45 €	15 €
	26 €	92 €	
Insgesamt	119 €	267 €	93 €

Arbeiterin Bangladesch

2 €   200 T (100%)
0,2 T   0,1%
1,2 T   0,6%   ⇒ 1,2 T pro T-Shirt
Bei 4,5 min Dauer ca. 173 T-Shirts pro Tag
⊙ 1,2 T · 173 = 207,6 T
Pro Monat (durchgearbeitet) 6.228 T für die „Gruppe" von
Arbeiterinnen zusammen (!).

Abb. 2 Schülerinnen- und Schülerlösung mit Fokus auf die Vergütung
der Arbeit

Bei der letzten Schülerinnen- und Schülerlösung (Abb. 3[7])
wird ebenfalls nur die notwendige Vergütung der Arbeit
betrachtet. Der Lohnanteil an einem T-Shirt wird dabei auf
die sechs beteiligten Näher*innen aufgeteilt. Die 8000 Taka
(in der Lösung stehen Tage) sind der aktuelle Mindestlohn,
der dem Padlet entnommen wurde. Daraus resultiert, dass
ein*e Näher*in an 1665 T-Shirts beteiligt ist. An dieser Stelle
bricht die Lösung ab. Hinsichtlich der Validierungs- und
Reflexionsphase stellt sich hier – auch mit Blick auf Miss-

[7]Die Dokumentation der Ergebnisse erfolgt mit einem Tablet.

Abb. 3 Schülerinnen- und Schülerlösung mit Fokus auf die Vergütung der Arbeit

Preis per T-shirt 2€ Anteil Arbeiter: 0,6% = 0,012€. 6 Arbeiter das heißt 0,012€:6=0,002€=0,20 taka

13 Stunden Arbeit

100 T-shirts (im Laden 200€) würden Sie 0,20€ =20 Taka verdienen

24 Tage

8000 Tage: 24≈333 Taka am Tag

An einem Tag ist ein Arbeiter an circa 1665 T-shirts beteiligt

stände in der Textilindustrie – die Frage, ob dieses Produktionsvolumen schaffbar ist. Bei einer 60-sekündigen Produktionsdauer für ein T-Shirt würden die Näher*innen etwa 28 h pro Tag benötigen.

5 Reflexion der unterrichtlichen Umsetzung und Fazit

Die folgende Reflexion der Lernumgebung thematisiert nacheinander Perspektiven einer stärkeren Vorstrukturierung des Kontextes sowie weitere Anpassungsmöglichkeiten der Lernumgebung.

Es hat sich gezeigt, dass zur Beantwortung der Ausgangsfrage Modellierungen zu den zwei Bereichen a) Lebenshaltungskosten und b) Vergütung der Arbeit erforderlich sind, was zeitliche sowie inhaltliche Herausforderungen mit sich bringt. Zwei Schulstunden (à 45 min) zur Bearbeitung der Modellierungsaufgabe (wie in der Erprobung) reichen daher nicht aus, um die Aufgabe in der gegebenen Form vollständig zu bearbeiten. Die Erfahrungen aus der Erprobung weisen darauf hin, dass vier Unterrichtsstunden erforderlich sind, um der Komplexität der Aufgabe gerecht zu werden. Auf unterschiedliche Weise könnte die erforderliche Modellierung stärker vorstrukturiert werden:

- *Erstens* ist es angesichts der zentralen Rolle von zu treffenden Annahmen für die Bearbeitung der Fragestellung möglich, den Fokus zunächst auf den Teilschritt des Treffens von Annahmen zu legen. Hierdurch würde dieser Teilschritt, der im Hinblick auf die Modellierungskompetenz eine wichtige Rolle einnimmt (Böckmann und Schukajlow 2020), stärkere Aufmerksamkeit im Unterricht erhalten; ggf. folgende Erarbeitungsphasen würden so inhaltlich entlastet. Der Fokus dieser Arbeitsphase, die im Plenum gesichert werden könnte, läge hierbei darauf, welche Annahmen getroffen werden müssen, um die Ausgangsfrage angemessen beantworten zu können. Es ist zu

überlegen, prozessbezogene Unterstützungsmaßnahmen in Form von Hilfekarten bereitzuhalten und so die Komplexität dieses Teilschrittes zu reduzieren. Zudem könnten die Lernenden voneinander profitieren, indem sie ihre Annahmen und Lösungsansätze in einer kooperativen Lernumgebung diskutieren und teilen. Hierfür ist es erforderlich, diesen Raum des Austausches für die Lernenden bewusster und konkreter zu machen.

- *Zweitens* ist im Sinne einer stärkeren Vorstrukturierung zu überlegen, die Modellierungsprozesse zu den beiden Bereichen a) Lebenshaltungskosten und b) Vergütung der Arbeit sukzessiv durchzuführen. Dementsprechend würde zunächst an den Lebenshaltungskosten gearbeitet und auf dieser Basis (z. B. nach einer Zwischensicherung) die Vergütung bearbeitet. Dies hat u. a. den Vorteil, dass sich die Ergebnisse der beiden Modellierungen mithilfe einer Zwischensicherung leichter vergleichen ließen. Alternativ könnten in einem Unterrichtsgespräch beide Aspekte gemeinsam thematisiert werden, um sie anschließend arbeitsteilig in Gruppen bearbeiten zu lassen. Die stärkere Vorstrukturierung könnte auch durch ein Arbeitsblatt, im Vergleich zum komplexen Material des Padlets, erfolgen.

- *Drittens* ist es möglich, zwei zusätzliche Unterrichtsstunden dafür zu nutzen, Verbesserungen an den entworfenen Modellen vorzunehmen und die im Sachkontext getroffenen Annahmen zu hinterfragen. Dies erscheint sinnvoll insbesondere mit Blick auf die dargestellten Lösungen, die im Sinne einer Verfeinerung der Modelle um bislang nicht berücksichtigte Aspekte (Lebenshaltungskosten bzw. Vergütung der Arbeit) ergänzt werden könnten.

Methodisch erfolgte die Sicherung in der durchgeführten Stunde im Plenum, wobei die Ergebnisse im Nachgang als Ausgangspunkt für eine Weiterarbeit genommen werden sollten. Hier bietet sich im Sinne des kooperativen Lernens ein Gruppenpuzzle (Brüning und Saum 2007) an, in dem unterschiedliche Lösungsansätze ausgetauscht und ergänzt werden können. So bestünde die Möglichkeit, die in der Erprobung entstandenen unterschiedlichen Ansätze gemeinsam gewinnbringend weiterzuentwickeln.

Gerade die Nutzung echter Lernzeit als ein Aspekt effektiver Klassenführung (vgl. Helmke et al. 2002) erfordert ein geringes Ausmaß an Unterbrechungen und Störungen. Je nach WLAN-Verfügbarkeit und Stabilität des Internetzugangs empfiehlt es sich, das Padlet im Vorfeld als pdf-Datei zu exportieren und als Ausdruck zum Unterricht mitzubringen.

Im Hinblick auf die Modellierungstätigkeit kann das Mitbringen eines T-Shirts durch die Lehrkraft kritisch gesehen werden. In der Erprobung haben alle Lernenden den Preis des mitgebrachten T-Shirts als Ausgangslage für ihre Modellierung angenommen (siehe Schülerinnen- und Schülerlösungen 2 und 3). Die Lehrkraft könnte hier explizit dazu anregen, eigenständige Annahmen zu treffen. Auch könnte sie die Lernenden gezielter darauf aufmerksam machen, dass der Lohnanteil von 0,6 % sich auf mehrere an der Produktion beteiligte Personen bezieht, um die offensichtliche Unterbezahlung von Textilarbeiter*innen noch stärker herauszustellen. Als Alternative könnte die Lehrkraft mehrere T-Shirts mitbringen (Angebotsseiten aus dem Internet). Damit könnten die Schülerinnen und Schüler dazu angeregt werden, unterschiedliche T-Shirt-Preise in den Modellierungsprozess einfließen zu lassen.

Die letzte Phase des Unterrichts war der weiterführenden Reflexion der gewonnenen Ergebnisse im Sachkontext gewidmet, was in der Erprobung insbesondere einen kritischen Blick auf das Kaufverhalten hinsichtlich Kleidung beinhaltete. Die Lernenden zeigten in dieser Phase eine gewisse Hoffnungslosigkeit und stellten die Wirkkraft eines veränderten Kaufverhaltens (z. B. weniger oder gebrauchte Kleidung kaufen) infrage. Diese und ähnliche Gedankenmuster sind aus der empirischen Forschung zu Kontexten Globalen Lernens in der Schule (vgl. Wettstädt und Asbrand 2014; Wagener 2018a) bekannt, auch als Formen der reflexiven Legitimierung des eigenen Nichthandelns im Kontext moralisch geladener Kommunikation. Wichtiger als das Entwickeln konkreter Handlungsmöglichkeiten ist an dieser Stelle der offene Diskurs über Chancen und Grenzen von Handlungsoptionen und weiterführend die Frage, „warum ethisch verantwortungsvolles Handeln angesichts globaler Probleme so schwierig zu realisieren ist" (Wettstädt und Asbrand 2014, S. 12). Dabei empfiehlt es sich, Handlungsperspektiven nicht ausschließlich auf das eigene Alltagshandeln im Sinne individueller Kaufentscheidungen zu reduzieren, sondern beispielsweise auch (niedrigschwellige) Formen bürgerschaftlichen Engagements (z. B. Unterstützung von politischen Kampagnen[8]) zu betrachten. Hierzu

kann sich die Kooperation mit anderen (v. a. gesellschaftswissenschaftlichen) Fächern anbieten.

Literatur

Becker, J.P., Shimada, S.: The Open-ended Approach. A new proposal for teaching mathematics. NCTM, Reston (1997)

Blum, W.: Mathematisches Modellieren – zu schwer für Schüler und Lehrer. In: Beiträge zum Mathematikunterricht 2007, S. 3–12. Franzbecker, Hildesheim (2007)

Blum, W., Leiß, D.: Modellieren im Unterricht mit der „Tanken"-Aufgabe. mathematik lehren. **128**, 18–21 (2005)

Blum, W., Wiegand, B.: Offene Aufgaben – wie und wozu? mathematik lehren **100**, 52–55 (2000)

Böckmann, M., Schukajlow, S.: Bewertung der Teilkompetenzen Verstehen und Vereinfachen/Strukturieren und ihre Relevanz für das mathematische Modellieren. In: Greefrath, G., Maaß, K. (Hrsg.) Modellierungskompetenzen – Beurteilung und Bewertung, S. 113–131. Springer, Wiesbaden (2020)

Brand, S. & Vorhölter, K.: Holistische und atomistische Vorgehensweisen zum Erwerb von Modellierungskompetenzen im Mathematikunterricht. In S. Schukajlow & W. Blum (Hrsg.), Evaluierte Lernumgebungen zum Modellieren (S. 119–142). Springer Fachmedien Wiesbaden (2018)

Brüning, L., Saum, T.: Mit Kooperativem Lernen erfolgreich unterrichten. Pädagogik **59**(4), 10–15 (2007)

Galbraith, P.L., Stillman, G.: Assumptions and context: Pursuing their role in modelling activity. In: Matos, J., Blum, W., Houston, K., Carreira, S. (Hrsg.) Modelling and Mathematics Education, Ictma 9: Applications in Science and Technology, S. 300–310. Horwood, Chichester (2001)

FEMNET e.V. (Hrsg.): Fact Sheet zur Situation von Frauen. Frauen in der Bekleidungsindustrie Bangladeschs. https://femnet.de/images/downloads/publikationen/FEMNET-FactSheet-Bangladesh-2018.pdf (2018). Zugegriffen am 21.10.2021

FEMNET e.V.: INFOBOX – Was kostet mein T-Shirt? Die wahren Kosten der Mode. https://www.fairfashionguide.de/index.php/infoboxen/item/23-was-kostet-mein-t-shirt (2021). Zugegriffen am 27.10.2021

Fischer, S., Fischer, F., Kleinschmidt, M., Lange, D.: Globalisierung und Politische Bildung. Eine didaktische Untersuchung zur Wahrnehmung und Bewertung der Globalisierung. Springer VS, Wiesbaden (2016)

Greefrath, G.: Offene Aufgaben mit Realitätsbezug. Eine Übersicht mit Beispielen und erste Ergebnisse aus Fallstudien. Math. Didact. **27**(2), 16–38 (2004)

Helmke, A., Hosenfeld, I., Schrader, F.-W.: Unterricht, Mathematikleistung und Lernmotivation. In: Helmke A., Jäger, R.S. (Hrsg.) Das Projekt MARKUS – Mathematik-Gesamterhebung Rheinland-Pfalz: Kompetenzen, Unterrichtsmerkmale, Schulkontext, S. 413–480. Verlag Empirische Pädagogik, Landau (2002)

Heymann, H. W.: Besserer Unterricht durch Sicherung von „Standards"? Pädagogik **56**, 6–9 (2004)

Humenberger, H. : Über- und unterbestimmte Aufgaben im Mathematikunterricht. Prax. Math. **37**(1), 1–7 (1995)

Kater-Wettstädt, L.: Unterricht im Lernbereich globale Entwicklung. Der Kompetenzerwerb und seine Bedingungen. Waxmann, Münster/New York (2015)

KMK: Bildungsstandards im Fach Mathematik für die Sekundarstufe I (Beschlüsse der Kultusministerkonferenz). https://www.kmk.org/fileadmin/Dateien/veroeffentlichungen_beschluesse/2022/2022_06_23-Bista-ESA-MSA-Mathe.pdf (2022). Zugegriffen am 13.07.2023

KMK & BMZ (Hrsg.): Orientierungsrahmen für den Lernbereich Globale Entwicklung im Rahmen einer Bildung für nachhaltige Entwicklung. Cornelsen, Bonn (2016)

---

[8]Eine beispielhafte Kampagne im Themenbereich ist die Kampagne für saubere Kleidung/Clean Clothes Campaign; aber auch Nichtregierungsorganisationen engagieren sich für bessere Arbeitsbedingungen im Textilsektor und informieren zu dem Thema (z. B. FEMNET).

Krawitz, J., Schukajlow, S., Van Dooren, W.: Unrealistic responses to realistic problems with missing information: What are important barriers? Educ. Psychol. **38**, 1221–1238 (2018)

Krug, A., Schukajlow, S.: Multiple Lösungen beim mathematischen Modellieren – Konzeption und Evaluation einer Lernumgebung. In: Schukajlow, S., Blum, W. (Hrsg.) Evaluierte Lernumgebungen zum Modellieren. Realitätsbezüge im Mathematikunterricht. Springer Spektrum, Wiesbaden (2018)

Krug, A., Schukajlow, S.: Entwicklung prozeduraler Metakognition und Selbstregulation durch den Einsatz multipler Lösungen zu Modellierungsaufgaben. J. Math-Didakt. **41**, 423–458 (2020) https://doi.org/10.1007/s13138-019-00154-y

Maaß, K.: Mathematisches Modellieren. Aufgaben für die Sekundarstufe. Cornelsen Scriptor, Berlin (2006)

Scheunpflug, A.: Die globale Perspektive einer Bildung für nachhaltige Entwicklung. In: Herz, O., Seybold, H., Strobl, G. (Hrsg.) Bildung für nachhaltige Entwicklung. Globale Perspektiven und neue Kommunikationsmedien, S. 87–99. Leske und Budrich, Opladen (2001)

Scheunpflug, A.: Entwicklungspolitische Bildung und Globales Lernen – Ein Beitrag zur politischen Bildung. Außerschul. Bild. **2**, 30–37 (2016)

Schiefele, U., Pekrun, R.: Psychologische Modelle des fremdgesteuerten und selbstgesteuerten Lernens. In: Weinert, F. E., Mandl, H. (Hrsg.) Enzyklopädie der Psychologie: Themenbereich D Praxisgebiete, Serie I Pädagogische Psychologie, Band 2 Psychologie des Lernens und der Instruktion, S. 249–278. Hogrefe, Göttingen (1996)

Schiefele, U., Streblow, L.: Motivation aktivieren. In: Mandl, H., Friedrich, H.F. (Hrsg.) Handbuch Lernstrategien, S. 232–247. Hogrefe, Göttingen (2006)

Schukajlow, S. & Blum, W.: Zur Rolle von multiplen Lösungen in einem kompetenzorientierten Mathematikunterricht. In K. Eilerts, A. H. Hilligus, G. Kaiser & P. Bender (Hg.), Kompetenzorientierung in Schule und Lehrerbildung – Perspektiven der bildungspolitischen Diskussion, der empirischen Bildungsforschung und der Mathematik-Didaktik. Festschrift für Hans-Dieter Rinkens (S. 249–267). LIT, Münster (2011)

Schukajlow, S., Krug, A.: Do multiple solutions matter? Prompting multiple solutions, interest, competence, and autonomy. J. Res. Math. Educ. **45**(4), 497–533 (2014)

Silver, E.: A.: The nature and use of open problems in mathematics education: Mathematical and pedagogical perspectives. ZDM – Int. J. Math Educ. **27**(2), 67–72 (1995)

Stamm, A., Altenburg, T., Müngersdorff, M., Stoffel, T., Vrolijk, K.: Soziale und ökologische Herausforderungen in der globalen Textilwirtschaft. Lösungsbeiträge der deutschen Entwicklungszusammenarbeit. Hrsg. von Deutsches Institut für Entwicklungspolitik, Bonn (2019)

Wagener, M.: Globale Sozialität als Lernherausforderung. Eine rekonstruktive Studie zu Orientierungen von Jugendlichen in Kinderpatenschaften. Springer VS, Wiesbaden (2018a)

Wagener, M.: Globale Solidarität lernen? Kinderpatenschaft als Lernsetting. Schulmanage. Fachz. Schul- Unterrichtsentwickl. **49**(6), 25–28 (2018b)

Wagener, M.: Interessenförderung im Unterricht zum Lernbereich Globale Entwicklung. Z. Int. Bildungsforsch. Entwicklungspädag. **42**(1), 30–35 (2019)

Wettstädt, L., Asbrand, B.: Handeln in der Weltgesellschaft. Zum Umgang mit Handlungsaufforderungen im Unterricht zu Themen des Lernbereichs Globale Entwicklung. Z. Int. Bildungsforsch. Entwicklungspädag. **37**(1), 4–12 (2014)

Ein Schwimmbecken auf dem eigenen Schulhof

Diana Meerwaldt, Marcel Meier und Werner Blum

Zusammenfassung

Ein Schwimmbecken auf dem eigenen Schulhof – diese Modellierungsaufgabe hat das Ziel, Schülerinnen und Schüler zum mathematischen Modellieren zu motivieren. In Kleingruppen werden für den eigenen oder einen fremden Schulhof passend zur vorhandenen Fläche Schwimmbecken entworfen und deren Volumina berechnet, und die verschiedenen Lösungen werden dann anhand von Zeichnungen und Rechnungen präsentiert und miteinander verglichen. Die Lernchancen liegen nicht nur in Rechenfertigkeiten und -fähigkeiten in den Bereichen Raum und Form und Funktionaler Zusammenhang. Die Lernenden werden auch dazu angeregt, individuelle Größenvorstellungen zu validieren, Fachbegriffe zu wiederholen, kreativ zu denken und in verschiedenen Perspektiven zu zeichnen.

Im diesem Beitrag wird die Aufgabe, die in zwei unterschiedlichen Settings erprobt wurde, vorgestellt. Die Schilderung der Unterrichtserfahrungen macht deutlich, dass sowohl Klassen mit mehr als auch mit weniger Modellierungserfahrung an diesem Lerngegenstand gewinnbringend arbeiten können.

Ergänzende Information Die elektronische Version dieses Kapitels enthält Zusatzmaterial, auf das über folgenden Link zugegriffen werden kann [https://doi.org/10.1007/978-3-662-69989-8_9].

D. Meerwaldt (✉)
Stadtteilschule am Heidberg, Hamburg, Deutschland

M. Meier
Oberschule Salzhausen, Harburg, Deutschland

W. Blum
Fachbereich Mathematik, Universität Kassel, Kassel, Deutschland
E-Mail: blum@mathematik.uni-kassel.de

1 Einführung

„Ein Schwimmbecken auf dem eigenen Schulhof?" – dies ist wohl ein Traum vieler Schülerinnen und Schüler. An der Stadtteilschule (STS) Am Heidberg in Hamburg wurde dieser Traum beinahe zur Realität, so zumindest der Irrglaube vieler Schülerinnen und Schüler am 1. April 2021. Da wurde auf der Homepage dieser Schule verkündet, dass zeitnah ein Schwimmbad auf dem eigenen Schulhof errichtet würde. Zum Leidwesen der Schülerinnen und Schüler stellte sich jedoch noch am selben Tag heraus, dass dies nur ein gelungener Aprilscherz war.

Aus besagtem Aprilscherz erwuchs jedoch die Idee einer Modellierungsaufgabe: *„Ein Schwimmbecken auf dem eigenen Schulhof"*. So ließ sich aus der damaligen Situation mit pandemiebedingt geschlossenen Schwimmbädern ein glaubwürdiges Gedankenexperiment aus der Lebenswelt der Schülerinnen und Schüler mit Realitätsbezug für den Mathematikunterricht in einer 9. Klasse ableiten. Warum sollten die Schülerinnen und Schüler nicht ein Schwimmbad für den eigenen oder auch für einen fremden Schulhof entwerfen? Das Planen und Entwerfen sowie das gedankliche Befüllen eines Schwimmbeckens haben nicht nur einen hohen Aufforderungscharakter, sondern fordern und fördern auch mathematische Kompetenzen wie das Schätzen, Messen und Berechnen von Größen, das Zeichnen und Beschriften geometrischer Figuren sowie das In-Beziehung-Setzen funktionaler Größen (siehe für eine detaillierte fachliche und fachdidaktische Einordnung dieser Aufgabe Abschn. 2). Die Fragestellung *„Wie lange dauert es, das Schwimmbecken zu befüllen?"* mag für die Schülerinnen und Schüler auf den ersten Blick weniger interessant sein, ist aber zweckdienlich, da sie Volumenberechnungen einschließt.

Für die Aufgabendurchführung wurden zwei unterschiedliche Settings erprobt. Während die Schülerinnen und Schüler der STS Am Heidberg auf dem eigenen Schulhof modelliert haben, lösten die Schülerinnen und Schüler der Ober-

Abb. 1 Schwimmbecken-Aufgabe

Abb. 1 Schwimmbecken-Aufgabe

schule (OBS) Salzhausen die Modellierungsaufgabe mithilfe eines maßstabsgetreuen Lageplans (siehe Abb. 1). Die Errichtung des Schwimmbeckens betrifft in beiden Fällen denselben Standort, das Schulgelände der STS Am Heidberg.

Der Fokus dieses Beitrags liegt somit auf der Vorstellung einer Modellierungsaufgabe, die in zwei unterschiedlichen Lernumgebungen mit weitgehend identischen Lernzielen umgesetzt wurde (siehe Abschn. 3 und 4). Die mit dieser Aufgabe angestrebten fachlichen und überfachlichen Lernziele sowie die motivationalen Aspekte dieser Aufgabe werden reflektiert (Abschn. 5). Ein abschließendes Resümee liefert Anregungen und Vorschläge für eine Durchführung der Aufgabe an der eigenen Schule (Abschn. 6).

2 „Ein Schwimmbecken auf dem eigenen Schulhof" – fachliche und fachdidaktische Einordnung

Modellierungsaufgaben sind realitätsbezogene Aufgaben, die substantielle Anforderungen in Bezug auf die Übersetzungsprozesse zwischen Realität und Mathematik stellen (vgl. Blum 2006, S. 10). Trifft dies auf die Aufgabe „Ein Schwimmbecken auf dem eigenen Schulhof" (s. Abb. 1) zu?

An der STS Am Heidberg und der OBS Salzhausen wurde dieselbe realitätsbezogene Aufgabenstellung (siehe Abb. 1), die durch den Text und die Abbildung beschrieben und dargestellt wird, bearbeitet. Das Arbeitsblatt für die Schülerinnen und Schüler der OBS Salzhausen beinhaltet zusätzliche Angaben zum Maßstab des Schulgeländes der STS Am Heidberg (1:1000).[1] Bis auf das Lernmedium (reale Umgebung versus Bild) sind die an die Schülerinnen und Schüler gestellten Anforderungen somit identisch. Der Gegenstand dieser Aufgabe gehört zur direkten Lebenswelt der Schülerinnen und Schüler. Sicherlich verbindet nahezu jedes Kind persönliche Erfahrungen mit einem Schwimm- und/oder Freibad. Laut Aufgabe soll ein Schwimmbecken auf dem Pausengelände der STS Am Heidberg errichtet werden. Der Schulhof, also ein Ort, an dem die Lernenden einen Großteil ihres Tages verbringen, an dem sie soziale Kontakte knüpfen und gemeinsam spielen und „toben", wird somit zum Bestandteil des Mathematikunterrichts. Sowohl im Hamburger Bildungsplan für die Stadtteilschule (2011) als auch im Niedersächsischen Kerncurriculum der Real- und Haupt-

---

[1] Da die Schülerinnen und Schüler der STS Am Heidberg das mit einem Stern markierte Schulgelände selbst vermessen sollten, wäre diese Angabe hier nicht zielführend gewesen.

schule (2020, 2021) wird betont, dass Mathematikunterricht an die Lebenswelt der Schülerinnen und Schüler anknüpfen sollte:

> „Der Mathematikunterricht an der Stadtteilschule knüpft an mathematikhaltige Alltagserfahrungen sowie an individuelle Lernvoraussetzungen der Schülerinnen und Schüler an und inspiriert insbesondere eigenständige mathematische Aktivitäten" (Behörde für Schule und Berufsbildung 2011, S. 12).

> „Im Mathematikunterricht ist der Lebensweltbezug des Faches deutlich herauszustellen und die Relevanz mathematischer Modelle für die Beschreibung der Umwelt (…) aufzuzeigen" (Niedersächsisches Kultusministerium 2020 und 2021, S. 8).

Fachlich fördert die Bearbeitung der Aufgabe insbesondere eine Auseinandersetzung mit Größen und den Aufbau von Größenvorstellungen in den Größenbereichen Länge, Flächeninhalt und Volumen und umschließt vielfältige Prozesse mathematischen Arbeitens, d. h. prozessbezogene Kompetenzen. In Bezug auf den Hamburger Bildungsplan (2011) sowie das Niedersächsische Kerncurriculum (2020, 2021) kann die Aufgabe den Leitideen bzw. inhaltsbezogenen Kompetenzbereichen „Größen und Messen", „Raum und Form" sowie „Funktionaler Zusammenhang" zugeordnet werden. Die bei der Bearbeitung der Aufgabe idealtypisch zu durchlaufenden Teilschritte werden am Beispiel des Modellierungskreislaufs nach Blum und Leiß (siehe Abb. 2) konkretisiert:

Realsituation: Auf dem Schulgelände der STS Am Heidberg soll ein Schwimmbad errichtet und mit Wasser befüllt werden.

1. **Verstehen der Realsituation und Konstruieren eines mentalen Modells:** Die Lernenden betrachten den Lageplan, verorten das geplante Schwimmbecken anhand des Sterns auf dem Schulhof und entnehmen die erforderlichen Informationen zur Durchflussgeschwindigkeit (10 l in 25 s). In Abhängigkeit von den individuellen

(Vor-)Erfahrungen bzw. Vorstellungen stellen sich die Lernenden ein Schwimmbad (auf dem eigenen Schulhof) vor.

Situationsmodell: Dieses entsteht in einer ersten (gedanklichen) Auseinandersetzung mit der Aufgabenstellung und fokussiert die Errichtung sowie Befüllung eines Schwimmbeckens (auf dem eigenen oder abgebildeten Schulhof).

2. **Vereinfachen und Strukturieren der Realsituation:** Die Lernenden zeichnen (evtl. gedanklich) die Grundfläche des Schwimmbeckens auf dem Lageplan ein. Auf dieser Fläche befindliche Gegenstände (wie z. B. ein Klettergerüst) werden als irrelevant eingestuft bzw. „weggedacht". Die Schülerinnen und Schüler treffen Annahmen bezüglich der Ausmaße des Schwimmbeckens. Verschiedene Aspekte können an dieser Stelle Berücksichtigung finden (z. B. die Anzahl schwimmender Personen oder die Anzahl erforderlicher Schwimmbahnen). Das exemplarische Skizzieren eines quaderförmigen Schwimmbeckens auf dem Arbeitsblatt bzw. das Ausmessen auf dem Schulhof ergibt eine maximale Länge von ca. 30 m und eine maximale Breite von ca. 20 m. Diese Maße sind allerdings nicht umsetzbar, da eine Freifläche zwischen Schulgebäude und Schwimmbecken einzuplanen ist. Dieser Abstand kann ebenso wie die Tiefe des Pools individuell festgelegt werden; wünschenswert ist jeweils eine begründete Wahl der Lernenden. Eine Skizze des Beckens kann vereinfacht als Draufsicht festgehalten werden.

Reales Modell: Die zu bearbeitende Situation wird gezielt vereinfacht. Die zu bebauende Fläche, die Form des Schwimmbeckens (Quader, Zylinder oder ein aus Prismen zusammengesetzter Körper) sowie dessen Ausmaße werden bestimmt.

3. **Mathematisieren:** Das Realmodell wird durch Mathematisierung in ein mathematisches Modell überführt.

Abb. 2 Modellierungskreislauf nach Blum und Leiß. (In der Fassung von Blum 2006)

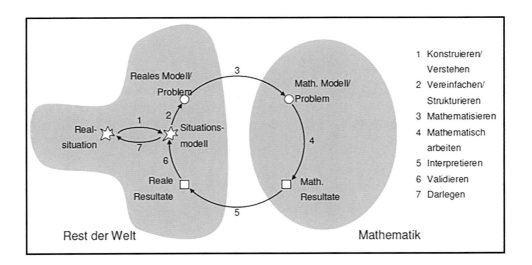

Dies bedingt das Aufstellen einer Formel, um das Volumen des Beckens und die Zeitspanne berechnen zu können, die benötigt wird, um das Becken mit Wasser zu befüllen. Die Berechnungen sind je nach gewählter Form des Beckens und der damit verbundenen Volumenformel unterschiedlich komplex. Die hierfür nötige Mathematisierung führt auf eine funktionale Abhängigkeit (proportionale Beziehung zwischen Zeit und Füllmenge).

Mathematisches Modell: Das mathematische Modell beinhaltet einen geometrischen Körper und die zugehörige Volumenformel sowie einen Term zur Berechnung des Wasserflusses.

4. **Mathematisch arbeiten:** Die mathematischen Berechnungen werden ausgeführt. Das berechnete Volumen muss in Liter umgerechnet werden und dient als Zwischenergebnis für die Berechnung der zum Füllen des Schwimmbeckens benötigten Zeit. Die Lernenden können hier auf vertraute Rechenwege wie z. B. den Dreisatz zurückgreifen (siehe für einen idealtypischen mathematischen Lösungsprozess Abb. 3).

Mathematisches Resultat: Etwa 7 Tage.

5. **Interpretieren des Resultats:** Das Befüllen eines Beckens mit den gewählten Maßen würde etwa 7 Tage dauern, wenn das Wasser ununterbrochen läuft.

Reales Resultat: Befülldauer ca. 7 Tage.

6. **Validieren:** Kann dieses Ergebnis stimmen? Ein Überschlag könnte so aussehen: Das Volumen dieses quaderförmigen Schwimmbeckens beträgt 240 m³. Ein Kubikmeter (m³) entspricht 1000 l. 1000 l einzufüllen dauert 2500 s, also etwa eine Dreiviertelstunde. Ein Tag hat 24 h

oder 32 Dreiviertelstunden. An einem Tag kann man also etwas mehr als 30 m³ einfüllen. Dann braucht man für 240 m³ knapp 8 Tage.

Für die Bearbeitung der Aufgabe „*Ein Schwimmbecken auf dem eigenen Schulhof*" ist das Treffen von Annahmen zwingend erforderlich. Entsprechend könnte das mathematische Modell aufgrund weiterer Annahmen, die z. B. die Auslastung, die Wassertiefe oder auch die Einführung einer Sprung- und Schwimmzone betreffen, angepasst werden.

7. **Darlegen:** Der Lösungsprozess wird insgesamt verständlich dargelegt und erklärt. Zur Präsentation von Ergebnissen können die Zeichnungen und Berechnungen auf Plakate übertragen werden. Dies schließt begründete Entscheidungen hinsichtlich der Eigenschaften des Schwimmbeckens mit ein, z. B.:

Unser Schwimmbad erscheint uns als gut geeignet, weil …

- … man in Bahnen schwimmen kann.
- … die Grundfläche so angelegt ist, dass um den Pool herumzugehen problemlos möglich ist.
- … bei einer Wassertiefe von fünf Metern Sprungtürme errichtet werden könnten.

Fazit: Da die Lösung der Aufgabe „*Ein Schwimmbecken auf dem eigenen Schulhof*" vielfältige, nicht triviale Übersetzungsprozesse zwischen Realsituation und Mathematik erfordert, ist sie als „echte" Modellierungsaufgabe anzusehen.

Skizze des Schwimmbeckens:

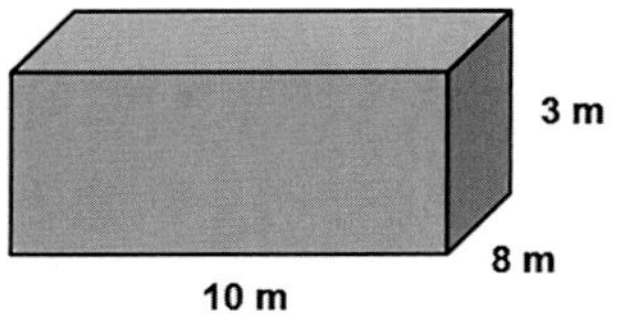

3 m
8 m
10 m

Volumenformel eines Quaders:
$V_Q = a \cdot b \cdot c$
$V_Q = 10\,m \cdot 8\,m \cdot 3\,m = 240\,m^3$

Wasserkapazität des Schwimmbeckens:
$1\,m^3 \triangleq 1.000\,l$
$240\,m^3 \triangleq 240.000\,l$

Dauer der Befüllung:
$10\,l \triangleq 25\,s$
$240.000\,l \triangleq 600.000\,s$

$600.000 : 3600 \approx 167$, also etwa 167 Stunden
$167 : 24 \approx 6,9$, also <u>etwa 7 Tage</u>

Abb. 3 Idealtypischer Lösungsweg

3 Unterrichtsvorbereitung

3.1 Allgemeine Daten

Die beiden Unterrichtsversuche wurden jeweils im Mathematikunterricht einer 9. Klasse im Sommer 2021 durchgeführt. Die Behandlung an der OBS Salzhausen erfolgte im Rahmen einer 80-minütigen Doppelstunde im Klassenraum. Offene Aufgaben in Form von Modellierungsaufgaben waren den Schülerinnen und Schülern bereits bekannt. An der STS Am Heidberg wurde in einer 90-minütigen Doppelstunde auf dem Schulhof modelliert. Die Schülerinnen und Schüler hatten bisher kaum Erfahrung mit Modellierungsaufgaben.

3.2 Verlaufsplanung

s. Tab. 1.

Ergänzt wird die Verlaufsplanung um einen methodisch-didaktischen Kommentar: Um eine hohe Schüleraktivität zu

Tab. 1 Tabellarische grobe Verlaufsplanung

Phase	Zeit	Methodik/Didaktik	Material
Begrüßung/ Einstieg	ca. 5 min	Ritualisiert Kennenlernen der Aufgabenstellung	Arbeitsblatt
Erarbeitung	30–40 min	Think-Pair-Share (Schüleraktivierung, Verbindlichkeit, gegenseitige Bereicherung, individuelle Schreibphase), beim Schwimmbecken für den eigenen Schulhof: Draußen-Phase	Arbeitsblatt, Taschenrechner Geodreieck/Lineal Outdoor: Zollstöcke/Maßbänder, ggf. Klemmbretter
Präsentation	20–30 min	Im Plenum, gemeinsame Würdigung und Bewertung unterschiedlicher Lösungsansätze	Plakate oder Folien an der digitalen Tafel
Reflexion	ca. 10 min	Rückmeldung zum Format einer offenen Aufgabe und zum Lernzuwachs	

erreichen sowie kommunikative Kompetenzen zu fördern, wird die Methode „*Think-Pair-Share*" (TPS[2]) gewählt. In einer ersten „*Jeder-für-sich-Phase*" („*Think*") befassen sich die Schülerinnen und Schüler individuell mit der Modellierungsaufgabe. Die Phasen der Partner- („*Pair*") und Gruppenarbeit („*Share*") ermöglichen eine vertiefte Auseinandersetzung mit der Aufgabe, in der die Schülerinnen und Schüler ihre individuellen Ideen zusammenführen. Die Gruppenergebnisse sollen in Einzelarbeit verschriftlicht werden. Durch das eigenständige Aufschreiben der Gruppenergebnisse (ein Abschreiben ist nicht zulässig) sollen diese noch einmal von jedem Schüler/jeder Schülerin nachvollzogen werden. Diese Verbindlichkeit ermöglicht außerdem eine hohe Schüleraktivität in Bezug auf den Unterrichtsgegenstand. Die Lehrkräfte nehmen dabei stets eine lernunterstützende Rolle ein, indem die Schülerinnen und Schüler individuelle Rückmeldungen erhalten, die zu einem selbstständigen Lernen animieren sollen. Um eine größtmögliche Eigenständigkeit im Bearbeitungsprozess der Aufgabe zu gewährleisten, befolgen die Lehrkräfte im gesamten Verlauf das Prinzip der minimalen Hilfe (vgl. Zech 2002, S. 315). In der Präsentationsphase wird erwartet, dass die Gruppen unterschiedliche Lösungswege entwickelt haben, sodass verschiedene Strategien zur Bearbeitung der Aufgabenstellung diskutiert und reflektiert werden können. Die vorgetragenen Ergebnisse werden in einer Diskussionsrunde miteinander verglichen. Das Vorgehen bei der Aufgabenbearbeitung wird reflektiert, insbesondere auch, um mit den Schülerinnen und Schülern wesentliche Schritte des Modellierungskreislaufs bewusst zu machen.

4 Unterrichtsversuche – tatsächlicher Verlauf

Unterrichtsplanung kann eine Unterrichtsstunde natürlich immer nur konzeptionell vorbereiten. Der tatsächliche Verlauf, im Folgenden beschrieben und reflektiert, ergibt sich

---

[2]Auch bekannt als DAB-Methode (Denken – Austauschen – Besprechen).

erst in der Stunde selbst. Nachfolgend werden die Stundenverläufe beider Schulen jeweils zusammengefasst dargestellt.

4.1 Verlaufsschilderung OBS Salzhausen: ein Schwimmbecken für einen fremden Schulhof

Begrüßung und Einstiegsphase (ca. 8 min): Die Modellierungsaufgabe „*Ein Schwimmbecken auf dem eigenen Schulhof*" wird von einer Schülerin im Plenum vorgelesen. Erste Nachfragen signalisieren ein aufgabenbezogenes Interesse: „*Möchte die Schule wirklich einen Pool bauen?*", „*Ist die Zeichnung erfunden?*" Beide Fragen verweisen auf einen Realitätsbezug der Aufgabe, der sich durch den maßstabsgetreuen Lageplan bestätigt. Der Lehrer berichtet den Schülerinnen und Schülern von dem Bauvorhaben der STS Am Heidberg. Dass dieses lediglich auf einem Aprilscherz beruht, bleibt an dieser Stelle noch unerwähnt (wird zum Stundenende mitgeteilt), um eine hohe Lernmotivation zu erzeugen. Der Lehrer führt aus, dass die STS Am Heidberg um Mithilfe hinsichtlich der (konzeptionellen) Umsetzung gebeten hat. Um auch die Vorstellungen der Schülerinnen und Schüler zu berücksichtigen, sollen diese aktiv in die Planung eingebunden werden. „*Also bin ich ein Architekt?*", erkundigt sich eine Schülerin. „*Heute seid ihr alle Architekten!*", bestätigt der Lehrer.

Organisationsphase (ca. 5 min): Zum methodischen Ablauf der Stunde (TPS) werden keine Rückfragen gestellt. Dafür erkundigt sich eine Schülerin danach, „*was (…) [direkt] neben dem gelben Stern zu sehen*" sei. Da die Position des gelben Sterns dem Standort des zu errichtenden Schwimmbeckens entspricht, ist diese Nachfrage wichtig. Der Lehrer erklärt, dass es sich um ein Klettergerüst handelt. „*Dürfen wir das Klettergerüst auch abreißen?*", fügt die Schülerin fragend an. Bedingt durch diese Nachfrage bietet es sich an, den Grundgedanken offener Aufgabenstellungen aufzuzeigen; die Schülerinnen und Schüler können folglich frei entscheiden, was mit dem Klettergerüst geschieht.

Erarbeitungsphase (ca. 22 min): Den Schülerinnen und Schülern wird in der *Einzelarbeitsphase* nahegelegt, die Aufgabenstellung zunächst nochmals genau durchzulesen, um ein Aufgabenverständnis zu sichern. Die Form des Schwimmbeckens rückt in den Fokus. Eine Schülerin entscheidet sich bewusst für einen Quader: *„Da kann man Bahnen schwimmen."* Dies wäre in einem zylinderförmigen Schwimmbecken nicht möglich. Größenangaben des Schwimmbeckens werden festgehalten. Die Angaben zur Länge des Beckens variieren von 20 bis 30 m, die Angaben zur Breite von 10 bis 16 Metern. *„Das Klettergerüst müsste [zugunsten eines größeren Schwimmbeckens] abgerissen werden"*, so mehrere Schüler. Dies bestätigt sich in der maßstabsgetreuen Skizze eines Schülers (siehe Abb. 4). Das Klettergerüst (durch einen Pfeil markiert) befindet sich eindeutig innerhalb des zu errichtenden Schwimmbeckens:

Auch die Tiefe des Pools, als eine weitere Größenangabe, findet Beachtung. Die Modellannahmen divergieren in dieser Phase zwischen 1,00 m und 3,50 m Wassertiefe. Die Wassertiefe von 3,50 m sei mit der An-

stellung eines Bademeisters verbunden; laut einem Schüler könne der Hausmeister die Qualifikationen eines Bademeisters erwerben. Ein Schüler zieht das Errichten von Startblöcken und/oder Sprungtürmen in Betracht. Schwimmabzeichen könnten so besser abgenommen werden, da das Springen vom Startblock, vom Ein- und vom Drei-Meter-Brett Bestandteile der praktischen Prüfungsleistung beim Deutschen Schwimmabzeichen sind. Ein Schüler möchte ein nach außen abflachendes Schwimmbecken errichten, um allen Körpergrößen gerecht zu werden. Einen anderen Ansatzpunkt wählt ein weiterer Schüler. Er möchte von der Durchflussmenge pro Minute (bzw. Stunde), die er auf 24 l (bzw. 1440 l) beziffert (siehe Abb. 5), auf die Größe des Pools schließen. Der Vorgang der Schwimmbeckenbefüllung müsse laut Schüler in einem realistischen Zeitrahmen liegen.

Insgesamt bestimmen konzeptionelle Gedanken die Phase der *Einzelarbeit*. In der folgenden *Partnerarbeitsphase* werden erste Berechnungen zur Wasserkapazität des Schwimmbeckens (in Liter) angestellt. Der Vergleich der Berechnungen zweier Schülerinnen zeigt, dass sich diese auf Größenangaben des Schwimmbeckens (Länge, Breite, Tiefe) einigen konnten (siehe Abb. 6). Die Formel zur Volumenberechnung ($V_Q = a \cdot b \cdot c$) wird korrekt angewandt, das Ergebnis von Kubikmeter in Liter umgewandelt. Einzig die Bezeichnung 1 qm (ein Quadratmeter) wird inkorrekt gebraucht und offensichtlich mit 1 m³ (ein Kubikmeter) verwechselt.

Abb. 4 Schülerskizze des Schwimmbeckens

Abb. 5 Schülerberechnungen zur Durchflussmenge des Wassers

Abb. 6 Berechnungen zweier Schülerinnen zur Wasserkapazität des Schwimmbeckens

„*Wie lange würde es wohl dauern, dieses Becken mit Wasser zu befüllen?*" Zu dieser Frage, als Bestandteil der Aufgabenstellung, werden erste Rechnungen angestellt (siehe Abb. 7).

Die Textinformation, dass die Durchflussmenge der schulischen Wasserhähne 10 l in 25 s beträgt, findet Beachtung. Um einen aussagekräftigen Wert zu erhalten, wird die Dauer von Sekunden (1.417.500 s) in Tage (ca. 16,4 Tage) umgerechnet. Zwei Schülern fällt auf, dass die Befüllung des Schwimmbeckens „*ewig dauert*". Also müssen Ideen zur schnelleren Befüllung her. So soll ein Laster mit Wassertank geordert werden. Auch die Feuerwehr könnte beim Befüllen eingebunden werden, und es könnten Hydranten zur Entnahme von Wasser genutzt werden.

In der anschließenden *Gruppenarbeitsphase* werden die mathematischen Berechnungen auf ihre Richtigkeit und Sinnhaftigkeit überprüft. In einer Gruppe wird die definierte Wassertiefe betrachtet. „*Ist das eine Grundschule?*", fragt eine Schülerin. Da es sich um eine weiterführende Schule handelt, wird die Wassertiefe vorerst von 1,00 m auf 1,20 m angepasst, schließlich seien die Schüler hier größer. Wassertiefe und Körpergröße werden also kausal in Beziehung gesetzt. In einer weiteren Gruppe werden rechtliche Aspekte bzw. Auflagen einbezogen. So sei aufgrund der Sicherheit eine maximale Wassertiefe von 1,50 m zu wählen, ansonsten könnte es rechtlich bedenklich werden.

„**Aufschreibphase**" (**ca. 5 min**): Nun werden die Gruppenergebnisse in *Einzelarbeit* verschriftlicht; in dieser Phase gibt es keine Nachfragen.

Gruppenergebnisse im Überblick:
s. Tab. 2.

Präsentationsphase (ca. 30 min): Die Gruppenergebnisse (siehe Tab. 2) werden im Plenum vorgetragen, parallel wird auf dem Whiteboard eine Skizze des Schwimmbeckens inkl. zugehöriger Größenangaben festgehalten. In allen vier Gruppen wird als Form des Schwimmbeckens ein Quader gewählt (siehe Tab. 2). „*Vom Bau her ist das einfacher*", so ein Schüler. Die Wahl des Quaders scheint sich, zumindest laut Aussage des Schülers, auf ein technisch einfaches Bau-

vorhaben zu stützen. Dass die Wahl des Quaders auch mit einfacheren Berechnungen einhergeht (bspw. im Vergleich zu Prismen oder Zylindern), sei nicht ursächlich. Da die Gruppenprodukte insgesamt recht ähnlich ausfallen, soll hier exemplarisch ein vorgetragenes Gruppenergebnis (siehe Tab. 2: Gruppe B) dargestellt werden (Abb. 8):

Die chronologische Betrachtung des verschriftlichten Gruppenergebnisses dieser Schülerin verdeutlicht die einzelnen Bearbeitungsschritte:

(1) Die **Größenangaben des Schwimmbeckens** werden festgelegt. Eine Skizze des Schwimmbeckens wird nicht angefertigt, erfolgt allerdings am Whiteboard.

(2) Es folgen **Volumenberechnungen zur Wasserkapazität des Schwimmbeckens**. Das Ergebnis wird fälschlicherweise in Kubikzentimetern (statt in Kubikmetern) angegeben; das in Liter umgewandelte Ergebnis wiederum ist korrekt.

(3) Die **Zeit zur Befüllung des Schwimmbeckens** wird mithilfe der Wasserkapazität (375.000 l) und der in der

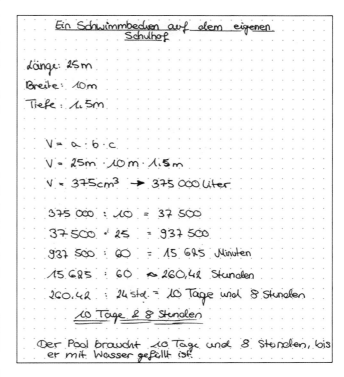

Abb. 8 Verschriftlichte Gruppenlösung einer Schülerin

$$567\,000\,L : 10 = 56\,700 \cdot 25 = 1\,417\,500 : 60 = 23\,625\,min : 60 =$$
$$393,\,75\,Std\,(h) : 24 = 16,\,40625\,days$$

Abb. 7 Berechnungen einer Schülerin zur Dauer der Befüllung des Schwimmbeckens

Tab. 2 Gruppenergebnisse im Vergleich

	Körper	Länge	Breite	Tiefe	Volumen	Dauer der Befüllung
Gruppe A	Quader	25 m	15 m	1,6 m	600.000 l	25.000 min
Gruppe B	Quader	25 m	10 m	1,5 m	375.000 l	10 d 8 h
Gruppe C	Quader	27 m	14 m	1,5 m	567.000 l	16,4 d
Gruppe D	Quader	30 m	15 m	2,0 m	900.000 l	26 d 4 h

Aufgabenstellung verfügbaren Informationen berechnet. Die Rechenschritte sind mathematisch korrekt; einzige Ausnahme ist die Angabe 10 Tage und 8 h. Einerseits wird bei der Rechnung (260,42 : 24 ≈ 10,85 d) falsch gerundet, andererseits werden 0,8 Tage fälschlich mit 8 h gleichgesetzt.

(4) Die **Fragestellung der Aufgabenstellung wird beantwortet**, aber nicht weitergehend interpretiert. Dies ist laut Aufgabe allerdings auch nicht gefordert.

Reflexionsphase (ca. 10 min): Die vorgetragenen Ergebnisse werden in einer Diskussionsrunde miteinander verglichen und potenzielle Probleme einer realen Umsetzung ausdiskutiert. So wird die Grundfläche eines Schwimmbades (Länge: 30 m, Breite: 15 m) als zu groß eingestuft, da der Abstand zwischen Schwimmbecken und Schulgebäude zu gering sei. *„Da kann man ja gar nicht mehr langgehen"*, so ein Schüler. Eine Schülerin ergänzt, dass ein großes Schwimmbecken u. U. mit *„zu hohen Kosten"* verbunden sei. Generell müsse geschaut werden, ob das Budget ausreiche. Um einen ganzjährigen Schwimmunterricht anbieten zu können, bräuchte es aus Sicht der Schülerinnen und Schüler ein Innenbecken oder ein überdachtes Schwimmbad. *„Kabinen zum Umziehen"*, für Jungen und Mädchen getrennt, müssten sich in unmittelbarer Nähe befinden. Der Schutz des Areals, u. a. vor nächtlichen Eindringlingen, könnte nur durch *„einen Zaun oder eine Mauer"* gewährleistet werden. Diese kurzen Ausführungen zeigen, dass sich die Schülerinnen und Schüler intensiv mit der Thematik auseinandergesetzt haben. Die Aufgabe *„Ein Schwimmbecken auf dem eigenen Schulhof"* wird rückblickend als *„interessant"*, *„spannend"* und *„mal anders"* beschrieben. *„Mal anders"* – ein interessanter Ausdruck, und auf Rückfrage ergänzt der Schüler: *„Wir hatten heute mehr Freiheiten."* Das selbstständige Durchdenken einer Aufgabe wurde offenbar positiv angenommen. Die Schülerinnen und Schüler empfanden es als interessant, durch den gegenseitigen Austausch neue Ansätze und Ideen zu erfahren und eine gemeinsame Lösung zu entwickeln.

4.2 Verlaufsschilderung STS Am Heidberg: Ein Schwimmbecken für den eigenen Schulhof

Begrüßung und Einstiegsphase (ca. 5 min): Zum Einstieg in den Unterricht wird das Interesse der Schülerinnen und Schüler mit dem Gedankenexperiment, ein Schwimmbad auf dem eigenen Schulhof haben zu können, geweckt. Einige erinnern sich an den zurückliegenden Aprilscherz. Der Arbeitsauftrag für die Stunde, ein Schwimmbad für den Schulhof zu entwerfen, wird angekündigt, ebenso dass es sich dabei um eine sogenannte Modellierungsaufgabe handelt.

Da die Klasse kaum Erfahrung mit Modellierung im Mathematikunterricht hat, wird kurz erklärt, dass dabei eine reale Situation mithilfe von Mathematik bearbeitet wird und dass verschiedene Lösungswege und Ergebnisse möglich sind. Um den Schülerinnen und Schülern den geplanten Stundenverlauf transparent zu machen, wird das methodische Vorgehen anhand von Symbolen auf dem Arbeitsblatt (siehe Material unter dem Link am Kapitelanfang) aufgezeigt. So wissen die Schülerinnen und Schüler, dass sie zunächst allein, dann mit einem Partner oder einer Partnerin und schließlich in der Gruppe auf dem Schulhof arbeiten sollen. Außerdem wird von Beginn an mitgeteilt, dass die Entwürfe am Ende in der Klasse präsentiert werden.

Erste Erarbeitungsphase in Einzelarbeit (ca. 5 min): Die Schülerinnen und Schüler erhalten das Arbeitsblatt und sollen sich zunächst in stiller Einzelarbeit mit der Aufgabe befassen. Mehrere Nachfragen zur Abbildung (*„Was ist das?"* – Klettergerüst) sowie zur Sachsituation (*„So schnell fließt das Wasser?"*, *„Sind 1,5 m Breite zu wenig?"*) zeigen, dass es hilfreich ist, das Arbeitsblatt zunächst gemeinsam zu besprechen, bevor die individuelle Stillarbeitsphase eingeleitet wird. In der Einzelarbeitsphase beginnen die Schülerinnen und Schüler wie erwartet damit, Annahmen über die Form und die Maße eines Beckens zu treffen. Viele notieren sich außerdem (teilweise unter Zuhilfenahme des ihnen immer zur Verfügung stehenden Formelblatts) die Formel zur Berechnung des Volumens eines Quaders. Dies lässt darauf schließen, dass die Schülerinnen und Schüler ein Schwimmbecken in den meisten Fällen mit einem Quader assoziieren.

In dieser Phase steht die Lehrerin für individuelle Beratung zur Verfügung und konzentriert sich darauf, nur durch gezieltes Fragen zu unterstützen. Eingesetzte Fragen lauten *„Was wäre bei dir der nächste Schritt?"* oder *„Welche Formel benötigst du zur Berechnung?"*. Außerdem wird motivationale Hilfestellung gegeben: *„Du bist auf dem richtigen Weg."*

Zweite Erarbeitungsphase in Partnerarbeit (ca. 10 min): An die Einzelphase anschließend, stellen die Schülerinnen und Schüler ihre Entwürfe dem Sitznachbarn vor. Wer in der Einzelarbeitsphase tatsächlich nur eigene Ideen entwickelt hat (es ist nicht auszuschließen, dass hier schon nach rechts oder links geschaut wurde), ist nun mit verschiedenen Annahmen zur Beckengröße konfrontiert. Einige Schülerinnen und Schüler fangen an zu argumentieren, welche Größe realistischer sei. Ein Schüler sagt zu seinem Mitschüler, bevor sie nach draußen gehen: *„16 mal 8 ist nicht unrealistisch, das wirst du gleich sehen."* Ein anderer Schüler versucht mit ausgebreiteten Armen, seine angenommenen Maße zu veranschaulichen und zu verteidigen. Es wird überwiegend sachlich argumentiert. Ein Schüler weist darauf hin, dass die sich auf dem Gelände befindende Grundschule das Becken ja auch nutzen wolle. Dies wirke sich auf die Beckengröße aus und auch darauf, dass es einen Nichtschwimmerbereich geben sollte. Um eine geeignete

Wassertiefe zu ermitteln, greifen die Schülerinnen und Schüler auf ihre eigene Körpergröße als Bezugsnorm zurück. Je nachdem, ob sie ein Sprungbrett geplant haben und man untertauchen können sollte oder ob es ein für alle sicheres Nichtschwimmerbecken sein soll, ergänzen sie oder ziehen sie Werte von ihrer Körpergröße ab.

Die Lehrerin bewegt sich in dieser Phase im Klassenraum, um den Partnergesprächen zuzuhören und als Ansprechpartnerin zur Verfügung zu stehen. Aktiv mischt sie sich ein, wenn Fachbegriffe nicht korrekt gebraucht werden. Es wird als wichtig erachtet, dass die Schülerinnen und Schüler beispielsweise nicht weiter von Rechtecken sprechen, wenn sie eigentlich Quader meinen. Bei der Schülerfrage „675 m³ sind doch 6750 Kubikdezimeter?" gibt die Lehrerin auch mathematische Hilfestellung, achtet aber darauf, den Schülerinnen und Schülern das Ergebnis nicht vorzusagen, sondern sie nur auf dem Weg zur Lösung zu unterstützen (*„Bei Kubik ist die Umrechnungszahl 1000, weil in einen Kubikmeter 1000 l passen"*).

Dritte Erarbeitungsphase: Gruppenarbeit, auch auf dem Schulhof (ca. 30 min)

Als anschließend aus jeweils zwei Zweierteams eine Vierergruppe gebildet wird, betont die Lehrerin die Einhaltung einer „*Face-to-face*"[3]-Sitzordnung. In der Gruppenarbeit sollen sich die Schülerinnen und Schüler auf einen gemeinsamen Entwurf einigen. Der richtige Gebrauch eines Zollstocks wird besprochen, Messgeräte und Klemmbretter für die Arbeit auf dem Schulhof werden verteilt. Anhand der Zeichnung auf dem Arbeitsblatt finden die Schülerinnen und Schüler sofort den richtigen Ort auf dem Schulhof und beginnen mit dem Messen und Ablaufen der benötigten Fläche. Zollstöcke werden ausgeklappt, gemeinsam gehalten oder aneinandergelegt. Eine Gruppe misst aus, ob ihr Becken 8 m oder sogar 10 m breit sein kann. Eine andere Gruppe ist zeitig fertig, da sie nach dem Ausmessen feststellt: *„Unseres passt!"* Nachdem alle Gruppen sich für eine realistische Fläche für das Schwimmbecken entschieden haben, geht es zurück in den Klassenraum. Dort erhalten die Schülerinnen und Schüler Zeit, ihre Präsentation als Gruppe vorzubereiten. Jetzt, nachdem sich die Gruppen auf einen Entwurf geeinigt haben, wird berechnet, wie lange es dauern würde, das Becken mit Wasser zu befüllen. Dies übernimmt in manchen Gruppen eine Schülerin oder ein Schüler für die Gruppe. Dabei setzen auch bereits Validierungsprozesse ein. Ein Schüler geht mit den Berechnungen seiner Mitschülerin zur Lehrerin, um zu fragen: *„Kann es sein, dass es bei 450.000 Litern 312,5 Stunden dauert?"*, um dann festzustellen *„Ich*

rechne das kurz selber aus", woraufhin er die Zahl durch 24 teilt und auf das Ergebnis *„Es sind 13 Tage"* kommt. Es gibt auch in anderen Gruppen arbeitsteilige Vorgehensweisen, beispielsweise dort, wo das Becken in unterschiedliche Höhen eingeteilt ist und die Volumenberechnung verschiedene Teilrechnungen erfordert.

Insgesamt müssen die Schülerinnen und Schüler durch das Think-Pair-Share-Vorgehen im Laufe der Aufgabenbewältigung immer wieder neue Annahmen treffen und in der Lage sein, von den eigenen Entscheidungen abzuweichen.

Die Schüleraufzeichnungen zeigen, dass die mathematische Darstellung ein und desselben Beckens unterschiedlich aufgezeichnet wird (vermutlich nach Fähigkeit). Schüler 1 zeichnet beispielsweise keinen Querschnitt des Beckens, sondern nur die Draufsicht, dafür zeichnet er aber das Becken von oben maßstabsgetreu (siehe Abb. 9). Dagegen zeichnet Schüler 4 einen Querschnitt, um die verschiedenen Wassertiefen darstellen zu können (siehe Abb. 10). Schüler 2 nutzt beide Formen der Darstellung. Dabei macht er sich zunächst eine Skizze und zeichnet diese anschließend mit dem Geodreieck nochmal sauber ab und beschriftet sie (siehe Abb. 11).

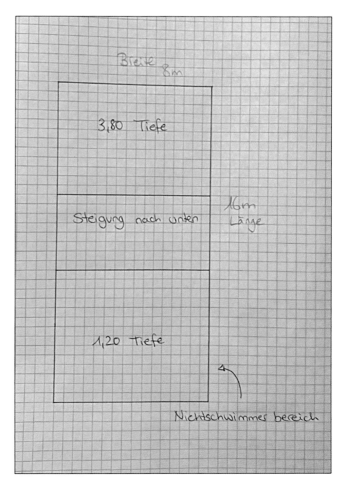

Abb. 9 Skizze von Schüler 1

---

[3] „Face-to-face" als Element des kooperativen Lernens hat zum Ziel, dass eine Gruppe räumlich als solche erkennbar ist und sich auch so wahrnimmt. Die Gruppenmitglieder sitzen so, dass alle sich ansehen können, und bleiben zusammen (dies wird betont, da es in dieser Phase einen Lernortwechsel vom Klassenraum nach draußen gab) (vgl. Weidner 2019, S. 47).

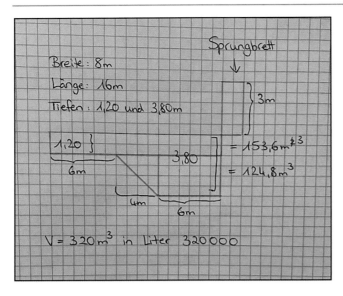

Abb. 10 Skizze von Schüler 4

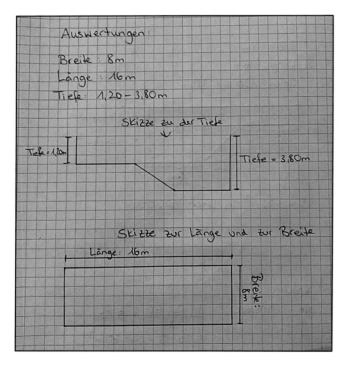

Abb. 11 Skizze des Schwimmbeckens nach der Gruppenarbeitsphase von Schüler 2

Insgesamt kommen bei allen Schülerinnen und Schülern geometrische Abbildungen in ihren Aufzeichnungen vor. Neben der Draufsicht und dem Querschnitt zeichnen auch viele Schülerinnen und Schüler einen Quader im Schrägbild als 3D-Modell. Die so beschrifteten Zeichnungen unterstützen die Schülerinnen und Schüler dabei, die anschließende Volumenberechnung anhand der richtigen Maße vorzunehmen. Dies ist insbesondere bei einer Gruppe, die ein Becken mit unterschiedlichen Wasserhöhen und einer Abschrägung entworfen hat, wichtig. Allen Schülerinnen und Schülern ist bewusst, dass sie das Volumen ihres entworfenen Körpers berechnen müssen, um die Wassermenge zu ermitteln. Dabei wird das Umrechnen von Einheiten wiederholt ("*Wie viel ist nochmal 1 l?*"), wobei auch Fehlvorstellungen (s. o.: "*675 m^3 sind doch 6750 dm^3?*") sichtbar werden und teils in der Gruppe, teils unterstützt von der Lehrerin korrigiert werden können.

Gruppenergebnisse im Überblick:
s. Tab. 3.

Präsentationsphase (ca. 20 min): Die Schülerinnen und Schüler nutzen zur Präsentation die Möglichkeit, ihre Gruppenergebnisse nacheinander an die digitale Tafel zu projizieren und vorzustellen. Alle Mitglieder der jeweils präsentierenden Gruppe stehen dabei gemeinsam vorne.

Die jeweils zuhörenden Schülerinnen und Schüler erhalten für die Präsentationen einen Denkauftrag. Da nur ein Becken gebaut werden wird, sollen sie überlegen, für welches sie sich entscheiden würden. Die anschließenden Rückmeldungen ergeben, dass die Wahl bei den meisten auf das oben dargestellte Becken der Gruppe B mit einem Schwimmer- und einem Nichtschwimmerbereich sowie einem Sprungturm fällt. Eine Schülerin merkt zusätzlich an, dass das Volumen dieses Beckens schwieriger zu berechnen sei als das Volumen eines Quaders. In der Diskussionsphase werden weiterführende Fragen wie "*Wie viele (Schüler) passen gleichzeitig rein?*" gestellt.

Reflexionsphase (ca. 10 min): Auszuhalten, dass es sich um eine Mathematikaufgabe handelt, bei der es nicht nur eine richtige Lösung gibt, fiel den Schülerinnen und Schülern leicht. Sie stellten in der anschließenden Reflexion selbst fest, dass es bei dieser Aufgabe möglich sei, sowohl auf Grundniveau als auch mit erweiterten Anforderungen zu arbeiten. Der Realitätsbezug zum echten eigenen Schulhof wurde positiv hervorgehoben und u. a. mit den Worten be-

Tab. 3 Gruppenergebnisse im Vergleich

	Körper	Länge	Breite	Tiefe	Volumen	Dauer der Befüllung
Gruppe A	Quader	15 m	10 m	3 m	450.000 l	13 d
Gruppe B	zwei Quader, ein Dreiecksprisma	16 m	8 m	1,2 m bis 3,8 m	320.000 l	9 d
Gruppe C	zwei Quader	16 m	8 m	1,2 m/2 m	217.600 l	6 d (151 h)
Gruppe D	Quader	10 m	3 m	2 m	300.000 l	3,5 d

schrieben: „*Dadurch, dass wir draußen waren, konnten wir uns die Größe besser vorstellen.*" Außerdem wurde erwähnt: „*Man verbessert sein räumliches Denken.*" Ein Schüler sagte abschließend: „*Wir konnten unserem kreativen mathematischen Wissen freien Lauf lassen.*"

5   Reflexion der Unterrichtsversuche

5.1   Motivationale und überfachliche Lernziele

Zweifelsohne wollten wir durch die Wahl eines lebensweltnahen Aufgabeninhalts – „*Ein Schwimmbecken auf dem eigenen Schulhof*" – eine hohe Motivation der Schülerinnen und Schüler zum Mathematiktreiben erreichen. Weiterhin war es uns wichtig, dass *alle* Lernenden Bearbeitungsansätze finden und Lernerfolge erzielen können. Sowohl an der STS Am Heidberg als auch an der OBS Salzhausen ist es den Schülerinnen und Schülern gelungen, erfolgreich zu modellieren. Wir als Lehrkräfte fanden uns in einer Rolle als Beobachter*in, Moderator*in und/oder Unterstützer*in wieder. Mathematische und realitätsbezogene Sachverhalte wurden miteinander verknüpft, wirklichkeitsnahe Ergebnisse konnten von allen Gruppen präsentiert werden. In beiden Lerngruppen wurde seitens der Schülerinnen und Schüler ein positives Stundenfeedback gegeben. Die Schülerinnen und Schüler der OBS Salzhausen begaben sich motiviert in die Rolle einer Architektin bzw. eines Architekten. Beim Arbeiten auf dem eigenen Schulhof in Hamburg stand im Mittelpunkt, bei gutem Wetter „*mal draußen zu arbeiten*" und die eigenen Größenvorstellungen mit der Realität abzugleichen („*Aber hier ist doch gar nicht so viel Platz*"). Insgesamt konnte in beiden Lerngruppen eine kommunikationsintensive Lernatmosphäre erzeugt werden, sowohl zwischen den Lernenden untereinander als auch zwischen Lehrkraft und Lernenden.

5.2   Fachliche Lernziele

Mathematische Fachbegriffe (u. a. Bezeichnungen von Flächen und Körpern) wurden in natürlicher Weise wiederholt. Beim Arbeiten und Validieren am mathematischen Modell konnten individuelle Größenvorstellungen sowohl den Lernenden beider Schulen bewusst als auch den Lehrkräften sichtbar gemacht werden. Dies geschah durch Fragen der Schülerinnen und Schüler an sich selbst, untereinander oder an die Lehrkraft:

* „Wie viel ist ein Liter?"
* „Volumen ist doch immer Quadratmeter?"

* „Für wie viele Schülerinnen und Schüler soll das Becken Platz bieten?"
* „Wie tief soll das Wasser sein?"
* „Wie groß bin ich?"

Fachlich betrachtet ist es allen Gruppen gelungen, ein mathematisches Modell zur Berechnung der Wasserkapazität und der Befüllungszeit des Schwimmbeckens zu entwickeln, indem mathematische Formeln (u. a. zur Volumenberechnung von Quader und Dreiecksprisma) angewandt und Volumen- sowie Zeiteinheiten umgewandelt wurden.

Die Schülerinnen und Schüler konnten erforderliches Vorwissen, wie zum Beispiel das Rechnen mit dem Dreisatz, reaktivieren. Durch die eigene Entscheidung, die Beckenform des Schwimmbeckens mittels verschiedener mathematischer Körper zu vereinfachen, wurde die Notwendigkeit zum Wiederholen von Unterrichtsinhalten (u. a. Volumenberechnung von Dreiecksprismen) von den Schülerinnen und Schülern selbst geschaffen. Mathematische Darstellungen fanden Verwendung, indem Zeichnungen des Schwimmbeckens erstellt, beschriftet und verglichen wurden. In beiden Lerngruppen wurden Schrägbilder und Draufsichten skizziert.

Auf Basis der Schülerlösungen kann das aufgabenbezogene Anforderungsniveau als altersangemessen eingestuft werden. Interessant ist, dass in keiner Gruppe als geometrische Körperform ein Zylinder gewählt wurde. Dies ist deshalb interessant, weil die Berechnung der Oberfläche und des Volumens von Zylindern ein inhaltsbezogener Kompetenzbaustein in Jahrgang 9 und den Schülerinnen und Schülern somit (als gegenwärtiges Thema) bekannt ist. Hierfür war sicherlich das Weltwissen der Schüler verantwortlich, da „*das Schwimmen in Bahnen*", so die Aussage einer Schülerin der OBS Salzhausen, in einem solchen Schwimmbecken unbedingt möglich sein müsse. Bei der Umrechnung des Volumens von Kubikmetern in Liter ersuchten Schülerinnen und Schüler beider Lerngruppen Hilfe von der Lehrkraft.

Ein zentraler inhaltlicher Unterschied zwischen den beiden Unterrichtsversuchen, der sich auf die Bearbeitung der Aufgabe ausgewirkt haben könnte, ist die Tatsache, dass die Schülerinnen und Schüler der STS Am Heidberg ein Schwimmbecken für ihren eigenen Schulhof und die Schülerinnen und Schüler der OBS Salzhausen ein Becken für einen fremden Schulhof konstruieren sollten. Eine Betrachtung der Arbeitsergebnisse zeigt, dass alle Kleingruppen aus Salzhausen als Körperform des Schwimmbeckens einen Quader gewählt haben (siehe Tab. 2), wohingegen zwei Gruppen der STS Am Heidberg ein Schwimmbecken aus zusammengesetzten Körpern (inkl. dreiseitigem Prisma) entwarfen (siehe Tab. 3). An der STS Am Heidberg wurden, vermutlich aufgrund des sich abflachenden Beckens, ergänzt

Querschnittszeichnungen angefertigt (siehe Abb. 9 und 10). Die Schülerinnen und Schüler der STS Am Heidberg entwarfen somit verschiedenartige Schwimmbecken; ihre Entwürfe sind insgesamt kreativer ausgestaltet. Scheinbar wurde bei den Schülerinnen und Schülern ein ingeniöser Wettbewerbscharakter, ein künstlerisch ansprechendes Schwimmbecken zu designen, erzeugt. Ein Schüler sprach sogar davon, die Idee seiner Gruppe patentieren lassen zu wollen.

Die Größe des Schwimmbeckens impliziert eine entsprechende Wasserkapazität, die sich wiederum auf die Dauer der Befüllung auswirkt. Während die Berechnungen zur Dauer der Befüllung des Beckens schulübergreifend keine Unterschiede aufweisen, werden die Ergebnisse von den Schülerinnen und Schülern in Salzhausen weitergehend interpretiert. Inhaltliche Unterschiede zeigen sich darin, dass sich die Schülerinnen und Schüler beim Modellieren für einen fremden Schulhof mit ihren Überlegungen stärker im realen Modell bewegen. So haben sich diese Schülerinnen und Schüler aufgrund der mehrtägigen Befüllungszeit darüber Gedanken gemacht, das Schwimmbecken schneller bzw. funktioneller zu befüllen (Hydranten nutzen, Einbindung der Feuerwehr, Laster mit Wassertank ordern). Übersetzungsprozesse zwischen der Welt der Mathematik und der realen Welt kommen hier zum Vorschein. Demgegenüber lassen die Schülerinnen und Schüler der STS Am Heidberg das Endergebnis zumeist uninterpretiert. Dies könnte auch daran liegen, dass beim Berechnen der Befüllungszeit nicht mehr so viel Bearbeitungszeit zur Verfügung stand. Vermutlich ahnten die Schülerinnen und Schüler bereits, dass ein Becken nicht wirklich gebaut und vermutlich auch nicht mithilfe der schulischen Wasserhähne befüllt werden würde.

5.3 Methodische Nachüberlegungen

Nachfolgende methodische Überlegungen sind auf Grundlage der Unterrichtsdurchführungen entstanden und könnten bei einer erneuten Durchführung der Aufgabe im Unterricht berücksichtigt werden. Das Arbeitsblatt inkl. Abbildung sollte eingangs im Detail besprochen werden, sodass die Schülerinnen und Schüler in der ersten Arbeitsphase direkt mit der inhaltlichen Bearbeitung der Aufgabe starten können. Ein Formelblatt sollte zur Verfügung stehen. Je nach Lerngruppe könnten Abbildungen geometrischer Körper und Flächen inkl. Beschriftung hilfreich sein, um die Verwendung ausgewählter Fachbegriffe (z. B. Quader, Prisma, Grundfläche) zu wiederholen. Dies hätte sprachförderlichen Charakter und würde auch der Unterstützung lernschwächerer Schülerinnen und Schüler dienen.

Bereits zu Beginn sollte betont werden, dass die Ergebnisse zum Ende hin vor der Klasse präsentiert werden sollen. Ergänzt werden könnte, dass auch eine Abstimmung darüber stattfinden wird, welches der entworfenen Becken am ge-

eignetsten erscheint. Wenn möglich, kann eine zweite Doppelstunde für die Visualisierung des Gruppenentwurfs (Zeichnung und Rechnungen) und die Vorbereitung der Präsentation inkl. Argumentation für das eigene Becken eingeplant werden. Hierbei können je nach Ausstattung und Arbeitsfähigkeit der Schülerinnen und Schüler Plakate, aber auch digitale Präsentationen entstehen.

Essentiell ist die individuelle Schreibphase, in der jede Schülerin und jeder Schüler die Gruppenergebnisse für sich niederschreibt. Arbeitsteiliges Vorgehen könnte manche Schülerinnen und Schüler ansonsten dazu verleiten, sich in eine passive Teilnehmerrolle zu begeben.

Vermutlich aufgrund des Zeitpunktes der Durchführung im Sommer haben alle Gruppen ein Freibad entworfen. Bei der Errichtung eines Hallenbades bliebe es wichtig zu klären, welche Berechnungen zur Aufgabe gehören (z. B. das Gebäude wird [nicht] mitgeplant).

Für alle Leserinnen und Leser, die eine ähnliche Aufgabe behandeln möchten, sind Fotos (inkl. Google-Earth-Ausschnitt) sowie ein Lageplan des Schulhofes Am Heidberg unter dem Link am Kapitelanfang zu finden. Diese Fotos können den Schülerinnen und Schülern bei der Bestimmung der Maße des Schwimmbades helfen. Für eine erneute Durchführung der Aufgabe wurden Bewertungskriterien erstellt, anhand derer sowohl Rückmeldungen der Lehrkraft an die Schülerinnen und Schüler als auch der Schülerinnen und Schüler untereinander gegeben werden können. Diese beziehen sich auf die Schritte im Modellierungskreislauf und auf die Form der Präsentation. Sie sind ebenfalls im verlinkten Material nachzulesen.

6 Resümee und Ausblick

Wir haben die Modellierungsaufgabe „*Ein Schwimmbecken auf dem eigenen Schulhof*" in der 9. Jahrgangsstufe durchgeführt und die Umsetzung als gelungen und altersgemäß empfunden. Der Unterrichtsversuch hat den hohen Lebensweltbezug, den damit verbundenen motivationalen Charakter wie auch die selbstdifferenzierenden Eigenschaften dieser Aufgabe bestätigt. Wir halten es für denkbar, die Aufgabe auch in niedrigeren oder höheren Jahrgangsstufen einzusetzen. Die Berechnung der Größe von rechteckigen Flächen sowie die Volumenberechnung von Quadern werden gemäß dem Niedersächsischen Kerncurriculum der Haupt- und Realschule (2020, 2021) bzw. dem Hamburger Bildungsplan (2011) bereits bis zum Ende des 6. Schuljahrgangs vermittelt. Die Durchführung der Aufgabe in Klassenstufe 9 bot den Schülerinnen und Schülern einen hohen Grad an Offenheit. Da in dieser Jahrgangsstufe die Volumenformeln für eine Vielzahl geometrischer Körper (Würfel, Quader, Prismen, Zylinder) bekannt sind, konnten verschiedene Formen eines Schwimmbades entworfen werden.

Die Frage nach der Dauer der Befüllung des Beckens wurde in beiden Gruppen rechnerisch gelöst. Da es sich hierbei um einen funktionalen Zusammenhang handelt, ist es gut vorstellbar, diese Aufgabenstellung in höheren Jahrgangsstufen auch graphisch zu erschließen.

Die vielfältigen Schülerinnen- und Schüleraussagen und -gedanken rund um den Entwurf und Bau eines Schwimmbeckens für den eigenen bzw. einen fremdem Schulhof beinhalten vielfältige Anlässe zum weiteren Mathematiktreiben an diesem Gegenstand. Sicher bestünde die Möglichkeit, die Aufgabenstellung im Hinblick auf bestimmte Aspekte zu modifizieren. Wir sind für uns zu dem Schluss (und der persönlichen Empfehlung) gekommen, die Aufgabenstellung so beizubehalten, auch um *„Raum zu lassen für das, was noch kommt".*

Bedingt durch die positiven Erfahrungen, die wir in beiden Settings mit dieser Aufgabe machen konnten, stellt sich die Frage, welchen weiteren gewinnbringenden Einsatz die Aufgabe in sich birgt. So könnte sie auch als Grundlage eines mehrstündigen Modellierungsprojekts fungieren oder im Rahmen eines jahrgangsübergreifenden Schulwettbewerbs eingesetzt werden, bei dem Schwimmbäder unter Nutzung mathematischer Kompetenzen entworfen und verglichen werden. In jedem Fall sollte ausreichend Zeit für die Präsentation der Entwürfe und Berechnungen (digital oder in Plakatform), nicht zuletzt auch zur Würdigung der Arbeitsergebnisse der Schülerinnen und Schüler, eingeplant werden.

7 Verlinktes Material

(s. Link am Kapitelanfang)

Anhang 1 Modellierungsaufgabe: OBS Salzhausen
Anhang 2 Modellierungsaufgabe: STS Am Heidberg
Anhang 3 Aprilscherz der STS Am Heidberg auf der Schulhomepage
Anhang 4 Schulhof der STS Am Heidberg
Anhang 5 Vorschlag für Bewertungskriterien

Literatur

Behörde für Schule und Berufsbildung: Bildungsplan Stadtteilschule. Jahrgangsstufen 5–11. Mathematik. Hamburg (2011)

Blum, W.: Modellierungsaufgaben im Mathematikunterricht – Herausforderung für Schüler und Lehrer. In: Büchter, A., et al. (Hrsg.) Realitätsnaher Mathematikunterricht – vom Fach aus und für die Praxis, S. 8–23. Franzbecker, Hildesheim (2006)

Niedersächsisches Kultusministerium: Kerncurriculum für die Realschule. Schuljahrgänge 5–10. Mathematik. Hannover (2020)

Niedersächsisches Kultusministerium: Kerncurriculum für die Hauptschule. Schuljahrgänge 5–10. Mathematik. Hannover (2021)

Weidner, M.: Kooperatives Lernen. Das Arbeitsbuch. Klett Kallmeyer, Hannover (2019)

Zech, F.: Grundkurs Mathematikdidaktik. Theoretische und praktische Anleitungen für das Lehren und Lernen von Mathematik. Beltz, Weinheim/Basel (2002)

Das Festlegen von Regeln als Facette mathematischer Modellierung – Ein Unterrichtsvorhaben zu Sitzverteilungen im Allgemeinen und im Bundestag

Stefan Pohlkamp, Julia Kujat und Johanna Heitzer

Zusammenfassung

So wie Spielregeln ein Spiel bestimmen, kann auch mit mathematischer Modellierung unsere gesellschaftliche Gegenwart normativ geprägt werden. Bei Verhältniswahlen ist besonders ersichtlich, dass die mathematische Festlegung, wie Stimmen in Mandate umzurechnen sind, Realität gestaltet. Die Zuordnung von Mandaten zu Stimmen ist nämlich nicht eindeutig, sondern man muss, wie auch bei vielen Spielregeln, zwischen Varianten wählen. Am Beispiel von Verhältniswahlen wird in dem hier vorgestellten Unterrichtsvorhaben der Modellierungskreislauf mehrmals durchlaufen. Exemplarisch wird dabei über Annahmen, Hindernisse und Festlegungen die nicht nur abbildende Funktion von (normativer) Modellierung greifbar, die auch das Mathematikbild insgesamt erweitert. Mithilfe realer Daten und digitaler Werkzeuge werden zunehmend komplexere Modelle der Sitzverteilungen bis hin zur Bundestagswahl 2021 mathematisch-sachkundlich diskutiert.

1 Sitzverteilungen als normative Modellierung *par excellence*

Seit 2008 wird das Bundestagswahlgesetz öffentlich diskutiert und regelmäßig geändert: So ist das für die Wahl 2021 neu geschaffene Verfahren zur Umrechnung von Stimmen in Sitze schon wieder durch ein neues Modell ersetzt worden. Die politische Diskussion erfordert die mathematische Modellierung einer gerechten Sitzverteilung (vgl. Blum 1985, S. 202). Mit der Entscheidung für Verhältniswahlen wird dabei die Proportionalität als mathematisiertes Maß für eine demokratietheoretische Gerechtigkeit festgelegt. Einerseits hat die Auseinandersetzung mit dem Spannungsfeld zwischen Proportionalität, Bedingung von ganzzahligen Sitzen und möglichen Rundungsverfahren eine mathematisch reichhaltige, Jahrhunderte übergreifende Entwicklungsgeschichte (vgl. Szpiro 2011), andererseits verweist der Akt des Festlegens auf eine bestimmte Facette mathematischer Modellierung.

Bei dieser sogenannten normativen Modellierung – im Englischen noch eindrucksvoller „prescriptive modelling" (Niss und Blum 2020, S. 20) – „existiert der Sachverhalt *nicht ohne* Mathematik" (Sjuts 2009, S. 195, Herv. i. Orig.). Das Festlegen von Eintrittspreisen beispielsweise schafft Fakten für Besucherinnen und Besucher. Kriterien für solche Festlegungen können zwar verhandelt werden, sind aber nicht objektivierbar. Bereits die Entscheidung, ob beim Schulkonzert z. B. für Kinder und Erwachsene unterschiedliche Preiskategorien festgelegt werden, gestaltet Realität. Auch wenn die Entscheidung von gewissen Bedingungen geleitet ist, etwa die Anzahl der Sitzplätze oder die zu deckenden Kosten, beruht das Preismodell auf einer weitestgehend willkürlichen und relativ freien Festlegung.

Das bildungstheoretische Potential normativer Modellierung liegt darin, an ihr die Gestaltungskraft von Mathematik in ganz konkreten Anwendungen im Unterricht offenzulegen und zu reflektieren, zumal in Lehrplänen ein Verständnis von mathematischer Modellierung überwiegt, bei dem eine die Realität beobachtende, abbildende und wiedergebende Funktion dominiert. Dort wird Modellierung zum Teil auf die deskriptive Funktion reduziert und z. B. als die „Kompetenz, die Wirklichkeit mit mathematischen Mitteln zu beschreiben" definiert (Bildungsministerium Mecklenburg-Vorpommern 2019, S. 4).

Die Frage nach Sitzverteilungen ist nicht nur im Sinne einer staatsbürgerlichen Bildung relevant, sondern auch para-

Die Originalversion des Kapitels wurde revidiert. Ein Erratum ist verfügbar unter https://doi.org/10.1007/978-3-662-69989-8_11

S. Pohlkamp (✉) · J. Kujat · J. Heitzer
LuF Didaktik der Mathematik, RWTH Aachen University, Aachen, Deutschland
E-Mail: stefan.pohlkamp@matha.rwth-aachen.de;
julia.kujat@matha.rwth-aachen.de;
johanna.heitzer@matha.rwth-aachen.de

M. Besser et al. (Hrsg.), *Neue Materialien für einen realitätsbezogenen Mathematikunterricht 10*, Realitätsbezüge im Mathematikunterricht, https://doi.org/10.1007/978-3-662-69989-8_10

digmatisch, um mit Schülerinnen und Schülern normative Modellierung an einem konkreten Sachkontext zu thematisieren. In diesem Beitrag wird die Wahlmathematik von der Verhältniswahl im Allgemeinen und von der Bundestagswahl 2021 im Speziellen auf die damit verbundenen normativen Modellierungsentscheidungen fachlich dargestellt und als Unterrichtsvorhaben aufbereitet. Gerade bei der Wahl 2021 zeigt sich besonders, wie außermathematische, politische Entscheidungen bei der Modellierung mathematisiert werden und wie mit der Modellierung Wirklichkeit geprägt wird.

2 Festlegen von Spielregeln als Veranschaulichung von Normativität

Eine Grundvorstellung zum Verständnis von normativer Modellierung bezieht sich auf die Idee des Festlegens von (Spiel-)Regeln. Damit lassen sich sowohl zentrale Eigenschaften dieses Modellierungstyps auf dem Niveau der Schülerinnen und Schüler diskutieren als auch die Anknüpfungspunkte und Vertiefungsmöglichkeiten zu herkömmlichen Modellierungskompetenzen aufzeigen. So wie vor dem Spiel die Regeln bekannt sind, kommen bei der normativen Modellierung mathematische Überlegungen vor der Realität: Es kann kein Eintrittspreis festgelegt werden, wenn die Menschen schon im Schulkonzert sitzen. In Tab. 1 werden zentrale Charakteristika von normativer Modellierung aufgeführt (vgl. z. B. auch Freudenthal 1978, S. 132) und am Beispiel des Schulkonzerts konkretisiert.

An dem Vergleich wird auch deutlich, warum man von normativer Modellierung und nicht vom normativen Modell sprechen sollte (vgl. Niss und Blum 2020, S. 22): Ist der Akt des Festlegens von Spielregeln und der Modellierung normativ, können die resultierenden Spielregeln bzw. Modelle auch deskriptiv – im Sinne von beschreibend und voraussagend – genutzt werden. Spielregeln beschreiben, wie das Spiel abläuft; genauso beschreiben Eintrittspreise, was gezahlt werden muss, und eine Familie kann damit ihren Gesamteintrittspreis vorhersagen. Die Normativität bezieht sich also auf die Tätigkeit des Modellierens und nicht auf das Modell als Produkt der Modellierung (vgl. Marxer und Wittmann 2009, S. 11).

Normative Modellierung ist besonders geeignet, um die Rolle von Mathematik als Setzerin von Spielregeln bei gesellschaftlich relevanten Fragestellungen zu diskutieren und zu reflektieren. Dabei ist zu beachten, dass in der Realität Mischformen normativer und deskriptiver Modellierungen auftreten. Bei dem Beispiel mit dem Schulkonzert müssen z. B. die Kosten erfasst und prognostiziert werden und stellen eine deskriptiv gewonnene Nebenbedingung für die normative Festsetzung dar. Umgekehrt treten auch bei deskriptiven Modellierungen Uneindeutigkeiten auf, da sie nie ein reines Abbild der Realität darstellen. Denn dort werden im Modellierungsprozess bestimmte Aspekte des Phänomens durch (un-)bewusste Entscheidungen fokussiert und ggf. vereinfacht. Die Thematisierung von normativer Modellierung sensibilisiert für die in Tab. 1 genannten typischen Eigenschaften, auch in Hinblick auf allgemeine Modellierungskompetenzen.

Die staatsbürgerlich relevante Frage der Übersetzung von Stimmen in eine Parlamentszusammensetzung ist eine mathematisch reichhaltige Anwendung normativer Modellierung, die sich mit folgenden Lernaktivitäten verbinden lässt (vgl. Pohlkamp 2021b, S. 141 f.):

Die Schülerinnen und Schüler

- beschreiben Merkmale normativer Modellierung am Beispiel von Sitzverteilungen im Verhältniswahlrecht, indem sie Entscheidungen im Spannungsfeld zwischen mathematischer Proportionalität und politischen Idealen (z. B. Ganzzahligkeit und Runden mit Zielgröße) identifizieren;
- entwickeln eine Modellkritik, indem sie das kennengelernte Verfahren von Hare/Niemeyer an einem realistischen Wahlergebnis dynamisch mithilfe einer digitalen Lernumgebung untersuchen;
- beurteilen verschiedene Sitzverteilungsmodelle, indem sie verschiedene Verfahren bezüglich eines mathematischen Aspekts (Strahlensatzfigur, Quotenbedingung) vergleichen;
- erläutern außermathematische Entscheidungen zur Bundestagswahl, welche die mathematische Sitzverteilung beeinflussen, indem sie das Bundestagswahlergebnis von 2021 insbesondere hinsichtlich der Erhöhung der Sitzanzahl auswerten;

Tab. 1 Charakterisierung von normativer Modellierung als Festlegen von Spielregeln

Typische Eigenschaften	Bedeutung der Eigenschaft	Beispiel: Schulkonzert
Uneindeutigkeit	Es gibt verschiedene mögliche Regelvorschläge. Zur Bewertung ist kein objektives Kriterium wie Abbildungstreue vorhanden.	Anzahl der Preiskategorien und Preisunterschied zwischen Kindern, Erwachsenen, …
Subjektivität/ Interessenkonflikt	Neue Regeln bedeuten eine Veränderung des Status quo, von der manche mehr als andere profitieren.	Will ich als Bandmitglied, dass meine Familie möglichst wenig zahlt? Wie ist meine Familie zusammengesetzt?
Aushandlungs-/ Einigungsbedarf	*Agreeing to disagree* ist nicht möglich, weil es einer einheitlichen Regel für alle bedarf.	Kosten müssen gedeckt werden, aber es wäre unfair und zu aufwendig, jede Person anders zu behandeln.

- diskutieren die normative Dimension von Sitzverteilungen, indem sie eigene Entscheidungen und Bewertungen zum Thema mathematisch begründen.

3 Mathematisch-sachkundlicher Hintergrund zum Modellieren von Sitzverteilungen

Der Modellierungskreislauf eignet sich besonders, um die Wechselwirkung von Mathematik und Sachkontext bei Verhältniswahlen darzustellen (vgl. Blum 1985, S. 199 ff.). Ausgehend von dem Bedarf, für die Realität eine Regelung zu finden, wird eine mathematische Lösung vorgeschlagen, die aber jeweils weitere Fragen aufwirft. Dieses spiralförmige Vorgehen beim Modellieren, bei dem jede weitere Modellierungsschleife zu einem Erkenntnisgewinn führt (vgl. Maaß 2020, S. 19), strukturiert hier den stoffdidaktischen Hintergrund der Wahlmathematik (vgl. z. B. Schick 1986) und später auch das Unterrichtsvorhaben selbst. Didaktisches Prinzip ist es also, immer wieder den Modellierungskreislauf zu durchlaufen, um ein besseres Modell zu finden, wobei es darauf hinausläuft, dass es kein bestes Modell geben kann und man sich zwischen mehreren unzulänglichen Modellen entscheiden muss.

Ausgangspunkt und Bedarf einer Regelung: Den Einstieg bildet ein authentisches Wahlergebnis, z. B. das der Bundestagswahl 2021. Beim Aufwerfen des Problems werden zunächst die Erststimmen und damit die Direktmandate sowie die Parteien ignoriert, die nicht in den Bundestag einziehen. Ziel ist es, die im Wahlgesetz vorgesehene **Größe von 598 Sitzen** im Bundestag nach dem Anteil der Zweitstimmen auf die Parteien zu verteilen.

Regelung mit Dreisatz: Die schnelle Lösung des Problems mithilfe des **Dreisatzes** ist naheliegend (s. Tab. 2). Der proportionale Anspruch wird über die **Quote** $q_i = \dfrac{M}{S} \cdot s_i$ für die Partei i bestimmt; dabei bezeichnet hier und in allem Folgenden M die zu verteilenden Mandate, S die Gesamtanzahl der Stimmen für die zu berücksichtigenden Parteien

und s_i die abgegebenen Stimmen für Partei i (mathematische Notation hier und im Folgenden angelehnt an Schick 1986).

Die Einfachheit dieser mathematischen Lösung hält einer Überprüfung im Sachkontext nicht stand: Was bedeutet ein **nicht-ganzzahliges Mandat**? Für Schülerinnen und Schüler ist die Annahme der Ganzzahligkeit nicht selbstverständlich, und sie schlagen technische Möglichkeiten für Abstimmungen vor. Dabei liegt das Problem woanders: Die Existenz von Abgeordneten mit nicht ganzzahligem Stimmrecht widerspricht sowohl der Gleichheit der Abgeordneten (es gäbe welche mit mehr bzw. weniger Stimmrecht) als auch der geheimen Wahl im Parlament (die Abgeordneten mit nicht-ganzzahligem Stimmrecht sind immer leicht zu identifizieren).

Regelung über Rundung: Um dies zu vermeiden, bietet sich als nächster Versuch an, die **Quoten** $q_i = \dfrac{M}{S} \cdot s_i$ der Parteien zu runden. Dabei gibt es allerdings Wahlergebnisse, bei denen keine **Rundung** zu der gewünschten Zielgröße von 598 Mandaten führt (s. Tab. 3).

Wenn man eine Rundung vorschreibt, ergibt sich also das Dilemma, dass man kleine Abweichungen in der Parlamentsgröße in Kauf nimmt. Es sind vor allem historische Gründe, warum sich dies nicht durchgesetzt hat, weil die Parlamentsgröße oft auch fix und nicht nur als Ideal gesetzlich vorgegeben ist.

Tab. 2 Der Dreisatz am Beispiel der Bundestagswahl 2021 und der SPD

Anzahl Stimmen*	Anzahl Mandate
$S = 42.436.276$	$M = 598$
1	$\dfrac{M}{S} = \dfrac{598}{42.436.276}$
$s_{SPD} = 11.955.434$	$\dfrac{M}{S} \cdot s_{SPD} = \dfrac{598}{42.436.276} \cdot 11.955.434 \approx 168,47$

*Hier bezogen auf die gültigen Zweitstimmen der Parteien, die in den Bundestag einziehen. Die Gesamtanzahl enthält also nicht mehr die sonstigen Stimmen

Tab. 3 Rundung der Quoten am Beispiel der Bundestagswahl 2021

Partei i	Stimmen s_i	Quote q_i	aufgerundet	abgerundet	kaufmännisch
SPD	11.955.434	168,47 …	169	168	168
CDU	8.775.471	123,66 …	124	123	124
CSU	2.402.827	33,85 …	34	33	34
GRÜNE	6.852.206	96,55 …	97	96	97
FDP	5.319.952	74,96 …	75	74	75
AFD	4.803.902	67,69 …	68	67	68
LINKE	2.270.906	32,00 …	33	32	32
SSW	55.578	0,78 …	1	0	1
SUMME	$S = 42.436.276$	598	601	593	599

Verfahren von Hare/Niemeyer: Will man die Parlamentsgröße hingegen konstant halten, ist folgende Regelung einleuchtend:

Jede Partei erhält ihre **abgerundete Quote** als Mandatsanzahl.

Es wird die Anzahl der **noch nicht verteilten Sitze r** bestimmt.

Die **r Parteien mit den größten Bruchresten** erhalten noch einen weiteren Sitz, ihre Quote wird also **aufgerundet**.

In dem obigen Beispiel (s. Tab. 3) müssten somit fünf Sitze an die Parteien FDP, CSU, SSW, AFD und CDU verteilt werden.

Dieses Modell, das im bundesdeutschen Sprachraum das **Verfahren von Hare/Niemeyer** genannt wird, wurde von 1985 bis 2008 bei der Bundestagswahl eingesetzt und wird aktuell bei sieben Landtagswahlen genutzt (vgl. Korte 2017, S. 44, 88). Bei genaueren Untersuchungen zeigen sich widersprüchliche Eigenschaften, die sich mathematisch als **Monotoniebrüche** bezeichnen lassen. Am bekanntesten hierfür ist das sogenannte Alabama-Paradoxon: In dem historischen Beispiel wurden im Repräsentantenhaus der Vereinigten Staaten allerdings nicht Parteien Sitze nach Stimmen, sondern Staaten Sitze proportional nach der Bevölkerungsanzahl zugeteilt. Bei der Variation der Mandatszahl trat zwischen drei Staaten das Phänomen auf, dass trotz steigender Parlamentsgröße Staaten einen Sitz verlieren können (s. Tab. 4). Eine Untersuchung des historischen Beispiels liefert eine Erklärung für dieses Paradoxon: Die Quoten aller Parteien steigen mit der Parlamentsgröße für alle Parteien um den gleichen relativen Wert, absolut nehmen die Quoten von größeren Parteien aber stärker zu, sodass größere Parteien kleinere bei der Verteilung nach Bruchresten „überholen" können.

Regelung mit Divisorverfahren: Um solche Monotoniebrüche zu vermeiden, gibt es mit den sogenannten **Divisorverfahren** Alternativen. Dabei können die Mandatszahlen m_i für Partei $i \in \{1, ..., n\}$ wie folgt algorithmisch bestimmt werden (vgl. Der Bundeswahlleiter 2021a):[1]

Tab. 4 Relevante Daten zum ursprünglichen Alabama-Paradoxon (fettgedruckte Quoten werden aufgerundet)

Staat	Quote		Zunahme	
	$M = 299$	$M = 300$	relativ	absolut
Alabama	**7,646**	7,671	0,33 %	0,025
Illinois	18,640	**18,702**	0,33 %	0,062
Texas	9,640	**9,672**	0,33 %	0,032

1. Ausgehend von einem Anfangsdivisor d_0 bestimmt man die Quotienten $\frac{s_i}{d_0}$. Als Anfangsdivisor bietet sich $d_0 = \frac{S}{M}$ an, damit entsprechen die ersten Quotienten $\frac{s_i}{d_0}$ der Quote q_i.

2. Über eine festgelegte Rundung, nach der sich die verschiedenen Divisorverfahren unterscheiden, werden diese Quotienten zu ganzzahligen Mandatszahlen m_i.

3. Fall 1: $\sum_i m_i < M$: Man führt erneut Schritt 1 mit einem neuen Divisor aus, der kleiner als der Anfangsdivisor ist.

4. Fall 2: $\sum_i m_i > M$: Man führt erneut Schritt 1 mit einem neuen Divisor aus, der größer als der Anfangsdivisor ist.

5. Fall 3: $\sum_i m_i = M$: Eine Sitzverteilung ist gefunden worden, und jede Partei i erhält m_i Mandate.[2]

Im zweiten Schritt sieht man den Unterschied zum Verfahren von Hare/Niemeyer, denn bei den Divisorverfahren sollen die Ansprüche der Parteien alle die gleiche Rundung erfahren. Wird dort abgerundet, spricht man vom **Verfahren von D'Hondt** (bis 1985 bei der Bundestagswahl angewandt), bei der kaufmännischen Rundung vom **Verfahren von Sainte-Laguë/Schepers**, das seit 2009 auch bei der Bundestagswahl angewendet wird. Bei den Divisorverfahren wird allerdings die **Quotenbedingung** nicht eingehalten (s. auch Tab. 6). Bei der Quotenbedingung muss die Mandatszahl einer Partei i der Auf- oder Abrundung von q_i entsprechen. Ein Verstoß dagegen heißt, dass eine Partei mehr oder weniger Mandate erhalten kann, als wenn man ihre Quote auf- oder abrundet. Trotz ihrer jeweiligen Nachteile werden in Deutschland beide Divisorverfahren sowie das Verfahren von Hare/Niemeyer bei unterschiedlichen Landtagswahlen angewandt, z. B. Hare/Niemeyer bei der Landtagswahl in Bayern und D'Hondt bei der in Sachsen (vgl. Korte 2017, S. 88).

Geometrische Darstellung von Sitzverteilungsverfahren: Die algorithmisch definierten Modelle zur Sitzverteilung lassen sich auch geometrisch veranschaulichen (vgl. Gauglhofer 1988, S. 43–48).

Bei der Strahlensatzfigur (s. Abb. 1) entspricht die Länge der horizontalen Kathete 100 % der Stimmen. Die Entfernung der Parteien zum Zentrum O bestimmt sich dann über das Wahlergebnis, so teilt Partei Blau mit 20 % die horizontale Kathete im Verhältnis 1 : 4. Die variierbare Länge der vertikalen Kathete gibt an, wie viele Mandate insgesamt verteilt werden (hier als exemplarische Betrachtung nur maximal 25 möglich). Die senkrechten Längen von den Parteien zur Hypotenuse lassen sich mit dem Strahlensatz bestimmen,

---

[1]Bei den Divisorverfahren existieren verschiedene algorithmische Berechnungsmethoden, um die Sitzverteilung zu bestimmen. Bei der Bundestagswahl ist die hier beschriebene Berechnung über Iteration vorgeschrieben, auch wenn die anderen Methoden äquivalent sind (vgl. Bundeswahlleiter 2021a).

[2]Dabei kann es passieren, dass Fall 3 nicht eintritt, nämlich dann, wenn mindestens zwei Parteien gleichzeitig die Rundungsgrenze überschreiten, sodass M genau verpasst wird. Dann entscheidet das Los über die Vergabe der umstrittenen Mandate an die berechtigten Parteien (vgl. Bundeswahlleiter 2021a).

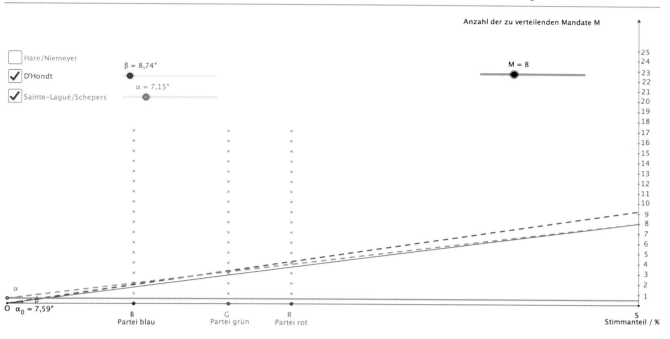

Abb. 1 Geometrische Funktionsweise der Sitzverteilungsverfahren

in der geometrischen Bezeichnung – z. B. für Partei Rot $\dfrac{\overline{SM}}{\overline{OS}} \cdot \overline{OR}$. Dies ist aber nichts anderes als die Quote $\dfrac{M}{S} \cdot s_i$. Die Kreuzchen bedeuten jeweils einen weiteren ganzen Sitz für die entsprechende Partei. Dabei liegen in der Regel unter der Hypotenuse weniger Kreuzchen als die Mandate, die verteilt werden sollen. Aus der Leitfrage „Wie können die Sitze dem Verhältnis entsprechend, aber ganzzahlig verteilt werden?" wird nun die geometrische Frage „Wie erfassen wir genau die richtige Anzahl an Kreuzchen?":

- Das Verfahren von Hare/Niemeyer entspricht einer Parallelverschiebung der Hypotenuse, bis genügend Kreuzchen darunter liegen (nicht in Abb. 1 eingezeichnet). Der Zusammenhang zum Algorithmus ist hier ersichtlich: Sowie der größte Bruchrest zuerst aufgerundet wird, wird bei einer Parallelverschiebung der Hypotenuse nach oben zunächst das Kreuzchen überstrichen, das in Schieberichtung am nächsten dran ist. Dieser Abstand ist aber genau 1 minus dem Bruchrest, sodass sich geometrische Visualisierung und Algorithmus transparent in Beziehung setzen lassen.
- Eine Alternative ist die Drehung der Hypotenuse um das Zentrum O (D'Hondt-Verfahren). Bei der Drehung lässt sich erkennen, dass die Strahlensatzfigur intakt bleibt (Schnittpunkt von Hypotenuse und horizontaler Kathete bleibt das Zentrum), es werden nur proportional so viel mehr Sitze verteilt (Schnittpunkt von Hypotenuse und vertikaler Kathete), bis die Anzahl der Kreuzchen im Dreieck der gewünschten Parlamentsgröße entspricht.

- Beim Verfahren von Sainte-Laguë/Schepers wird die Dreisatzfigur um 0,5 angehoben. Dies liegt daran, weil bei diesem Verfahren schon ein Sitzanspruch von $\dfrac{2 \cdot x - 1}{2}$ zum x-ten Sitz führen soll. Es wird also kaufmännisch gerundet. Das Entscheidende bleibt aber die Drehung der Hypotenuse, die im Gegensatz zur Verschiebung flexibel ist. Nun überstreicht die Hypotenuse von $0°$ ausgehend das x-te Kreuzchen einer Partei bei einem Abstand von $x - 0,5$ zur horizontalen Kathete.

Entscheidungsfrage: Welches Modell zur Sitzverteilung ist nun besser? Warum gibt es kein bestes Modell? Der Pluralismus in der politischen Praxis gibt keine unmittelbare Antwort auf die erste Frage. Mathematisch haben Balinski und Young (vgl. 2001, S. 129) mit dem **Unmöglichkeitssatz** bewiesen, dass sich wünschenswerte Eigenschaften an ein gutes Sitzverteilungsverfahren ausschließen, was die zweite Frage beantwortet: Der recht junge Satz stellt den Höhepunkt der Wahlmathematik dar, weil Balinski und Young Sitzverteilungsverfahren und demokratietheoretische Ideale axiomatisch mathematisieren und dann zeigen, dass kein Verfahren für $i > 3$ und $M > i + 2$ immer die zwei zentralen Anforderungen erfüllen kann. Bezogen auf die bisherige Beschreibung sagt er aus, dass für jedes Sitzverteilungsmodell Wahlergebnisse gefunden werden können, sodass entweder bestimmte Monotoniebrüche wie das Alabama-Paradoxon (Hare/Niemeyer-Verfahren) oder Verletzungen der Quotenbedingung (Divisorverfahren) auftreten. Man muss sich also auf einen Verteilungsalgorithmus als Spielregel einigen und die zugehörigen Nachteile akzeptieren.

4   Das Modell des Bundestagswahlgesetzes von 2021

Bisher wurden allgemeine Verfahren vorgestellt, mit denen man das Prinzip einer Verhältniswahl mathematisch modellieren kann. Impliziter Leitgedanke war dabei, die Ideen der Ganzzahligkeit und der Proportionalität möglichst widerspruchsfrei zu verbinden. Die Untersuchung einer konkret implementierten Sitzverteilung ist allerdings sinnvoll, denn bezüglich der Abweichung von der Proportionalität sind die Unterschiede zwischen den Verfahren marginal im Vergleich zu den im Kontext zugehörigen außermathematischen Entscheidungen. Mit der **Fünf-Prozent-Hürde** ziehen nur Parteien ein, die bundesweit 5 % aller gültigen Zweitstimmen erhalten haben. Damit soll ein zu fragmentiertes Parlament vermieden und es sollen stabile politische Verhältnisse gefördert werden. Das hat aber zur Folge, dass 2021 8,6 % aller gültigen Stimmen nicht berücksichtigt worden sind und die einzuziehenden Parteien gleichmäßig von diesen „verlorenen" Stimmen profitiert haben. Bei der Bundestagswahl 2021[3] sind jedoch beide folgenden **Ausnahmen** von der Fünf-Prozent-Hürde eingetreten:

- Die LINKE hat nur 4,9 % der Stimmen erhalten, zog aber wegen genau dreier Direktmandate in den Bundestag ein. Die Verzerrung durch die nicht einziehenden Parteien wird dadurch deutlich, dass die LINKE 5,3 % der Mandate besitzt.
- Wie tendenziell alle Parteien nationaler Minderheiten ist der SSW von der Fünf-Prozent-Hürde befreit und konnte mit 0,1 % der Zweitstimmen ein Mandat gewinnen. Denn dieser Stimmanteil reichte aus, um die natürliche Stimmhürde zu erreichen, ab der das erste Mandat zugeteilt wird und die sonst von der Fünf-Prozent-Hürde verdeckt wird.

Die Rede von den Zweitstimmen weist darauf hin, dass es in Deutschland **zwei Stimmen** gibt. So wird mit der Erststimme in jedem Wahlbezirk ein:e Abgeordnete:r mit den meisten Stimmen direkt gewählt. Da die Parlamentszusammensetzung ausschließlich mit der Zweitstimme für eine Partei nach dem Verhältnis bestimmt wird, stellt sich die Frage, was passiert, wenn eine Partei mehr Direktmandate gewinnt, als ihr proportional zustehen. Deshalb ist ein **Ausgleich** implementiert, dessen Grundgedanke es ist, dass die Sitze im Parlament so lange erhöht werden, bis für jede Partei die zugeteilten Mandate nach Zweitstimmen mindestens den Direktmandaten entsprechen. Folgende Einschränkungen müssen jedoch gemacht werden:

- Die letzten drei Direktmandate müssen aktuell nicht ausgeglichen werden. Diese gingen 2021 alle an die CSU, bei der die Abweichung von der Proportionalität

deshalb am größten ist: Sie erhält bei 5,2 % der Stimmen 6,1 % der Mandate.
- Bei der Bundestagswahl werden die Mandate nicht direkt auf nationaler Ebene verteilt: Zunächst wird in jedem Bundesland die föderal anteilige Sitzanzahl nach den dortigen Stimmen auf die einziehenden Parteien verteilt. In einem Bundesland mit geringer Wahlbeteiligung und/oder mit vielen Stimmen für nicht einziehende Parteien braucht es weniger Stimmen für ein Mandat als in einem anderen Bundesland. Nun kann man sich eine Partei vorstellen, die in den Bundesländern besonders stark ist, in denen man mit vergleichsweise wenigen Stimmen Mandate erhält. Dies ist ein Beispiel, wie die Verteilung auf der Ebene der Bundesländer beim Quotienten der durchschnittlichen Stimmen pro Mandat zu Verzerrungen zwischen den Parteien führt. Dabei bedeutet Proportionalität genau, dass dieses Verhältnis gleich sein sollte. Hinzu kommt, dass für jede Partei in jedem Bundesland eine Mindestsitzzahl durch das Maximum der dortigen proportionalen Mandate und der Direktmandate bestimmt wird. Bildet die Anzahl der Direktmandate das Maximum, erhält die Partei definitionsgemäß mehr Mandate, als ihr den Stimmen nach zustehen. Dadurch wird ihr Verhältnis von Stimmen pro Mandat kleiner und damit verzerrt.
- Die Erhöhung der Sitzanzahl im Bundestag hat zwei Effekte: Die jeweilige Summe der Mindestsitzzahlen muss erstens auf nationaler Ebene – mit Ausnahme der oben genannten drei letzten Mandate – für jede Partei erreicht werden. Im Rahmen der proportionalen Erhöhung wachsen Parteien auch über ihre Mindestsitzzahl hinaus, es werden also nicht nur die Parteien angehoben, die noch zu wenig Sitze haben. Da alle Parteien anteilig von dem Ausgleich profitieren, werden zweitens bundesweit die Verzerrungen von Stimmen pro Mandate ausgeglichen und an einen einheitlichen Divisor angenähert.

Die letzte Tatsache wird in der Öffentlichkeit kaum diskutiert, sondern es gilt die vereinfachte Erklärung: Direktmandate führen zu Überhangmandaten und deren Ausgleich bewirkt die **Erhöhung der Parlamentsgröße**. Dabei ist es 2013 bei dem damals strukturell kaum anderen Wahlgesetz zu einer Erhöhung gekommen, obwohl es keine Überhangmandate gab, sondern die CSU wegen geringer Wahlbeteiligung und aufgrund vieler Stimmen für nicht einziehende Parteien in Bayern besonders wenig Stimmen pro Mandat benötigte (vgl. Behnke 2014, S. 31). Über die Variation von Parametern lässt sich das Modell des Bundeswahlgesetzes auf solche Zusammenhänge untersuchen. Das Validieren eines Modells und die Modellkritik mittels einer solchen Simulation ist ein entscheidender Faktor bei normativer Modellierung. Wenn mit mathematischer Modellierung Realität gestaltet wird, gibt es eine besondere Verantwortung für die Folgen der implementierten Regeln.

---

[3]Für eine Übersicht über die wichtigsten Ergebnisse der Bundestagswahl s. auch Tab. 8.

5 Unterrichtsvorschlag, 1. Teil: Modellierung von Sitzverteilung im Allgemeinen

Das staatsbürgerliche Potenzial von Wahlen als zentrales Moment der Machtübertragung in einer repräsentativen Demokratie ist offensichtlich. Das nötige politische Grundwissen sowie der Anspruch der mathematischen Modellierung werden im dargestellten Unterrichtsvorhaben sukzessive aufgebaut, das ab dem Ende der Sekundarstufe I umgesetzt werden kann. Je nach Kenntnisstand der Lerngruppe und zeitlichem Umfang kann die Lehrkraft den Lehrgang in Teilen oder in Gänze sinnvoll aufgreifen und abschließen. Die erste einfache Modellierung über die Proportionalität braucht beispielsweise noch kein Vorwissen zur Fünf-Prozent-Hürde oder zum Zwei-Stimmen-Wahlsystem.

Fächerübergreifende Kooperationen mit den Gesellschaftswissenschaften sind naheliegend und bieten Synergieeffekte: So kann die Mathematiklehrkraft den Fokus verstärkt auf die mathematischen Aspekte der Modellierung legen, während im Politikunterricht aufkommende Fragen auch über eine politische Grundbildung hinaus diskutiert werden können. Gegebenenfalls können grundlegende Informationen zum Thema Wahlen, z. B. über Materialien der Bundeszentrale für politische Bildung, den eigenen Unterricht ergänzen.

Insgesamt lässt sich das Unterrichtsvorhaben in zwei Teile gliedern: Während der erste Teil Sitzverteilungen allgemein modelliert, widmet sich der zweite Teil dem Beispiel der Bundestagswahl von 2021. Beide gehören zusammen, weil damit das besondere Zusammenspiel außer- und innermathematischer Modellierungsentscheidungen deutlich wird. Als Vorentlastung für den normativen Nutzen von Mathematik bzw. für normative Modellierung kann das eingangs erwähnte Beispiel des Schulkonzerts oder auch die Frage nach dem Teilen von Taxikosten (vgl. Sjuts 2009, S. 191) bearbeitet werden, sodass Schülerinnen und Schüler an einem einfachen Beispiel für die herausgearbeiteten Eigenschaften (s. Tab. 1) sensibilisiert werden.

Die folgende Tab. 5 ist eine Vorschau auf den ersten Teil des Unterrichtsvorhabens, das insgesamt mit dem zweiten

Tab. 5 Übersicht über den ersten Teil des Unterrichtsvorhabens (die kursiv gesetzten Eventualphasen werden im Fließtext nur angedeutet)

Teil 1: Modellierung von Sitzverteilung im Allgemeinen	
Unterrichtsinhalt und -aktivität	Bemerkungen
Einleitung und Erkundung im Plenum: - Den Ausgangspunkt bilden das Zweitstimmenergebnis 2021 der ins Parlament einziehenden Parteien und eine Parlamentsgröße von 598 zu verteilenden Mandaten. - Begründung und Kritik erster Sitzverteilungsmodelle	**Ziele** sind das Erkunden des Grundproblems zu Sitzverteilungen und das Herleiten des Verfahrens von Hare/Niemeyer. **Leitfrage zum Grundproblem:** Wie viele Mandate sollte jede Partei bekommen (wenn das Stimmverhältnis ausschlaggebend ist)? **Sukzessive Diskussion folgender Lösungen:** - Dreisatz und Rundung - Hare/Niemeyer (wird i. d. R. von Schülerinnen und Schülern selbst formuliert)
Übung und **Validierung des Hare/Niemeyer-Verfahrens** - *Exemplarische Durchführung an authentischen Beispielen sichert das Verständnis des Verfahrens von Hare/Niemeyer* - *Bestimmung einer Zuordnung mittels einer algorithmischen Vorschrift kann trainiert werden* - Untersuchung eines Bundestagswahlergebnisses unter der Annahme des Verfahrens von Hare/Niemeyer	**Ziel** dieser Arbeitsphase ist es, über den Widerspruch des Monotoniebruchs Nachteile am vermeintlich abschließenden Modell von Hare/Niemeyer zu finden (s. Abb. 2). **Leitfrage zur Validierung:** Welche Partei gewinnt das x-te Mandat? **Hinweis:** In Wirklichkeit werden die Mandate im Bundestag NICHT mehr mit dem Verfahren von Hare/Niemeyer bestimmt.
Erkundung und Diskussion alternativer Sitzverteilungsmodelle (Divisorverfahren): - Geometrische Untersuchung am Strahlensatz und grundlegende dynamische Einblicke in die Divisorverfahren als alternative Modelle - Herausstellung der normativen Entscheidungen hinter den geometrischen Alternativen - *Vorstellen einer Berechnungsmethode zu den Divisorverfahren*	**Ziel** ist das geometrische Aufzeigen von Alternativen zum Verfahren von Hare/Niemeyer (z. B. Drehung der Hypotenuse statt Parallelverschiebung) (s. Abb. 1). **Lernvoraussetzung:** Strahlensatz als Figur der Proportionalität und Umgang mit dynamischer Geometrie-Software **Hinweise:** Schülerinnen und Schüler empfinden die Verfahren mittels Drehung oft als unfair zugunsten der größeren Parteien. Hier kann betont werden, dass die Strahlensatzfigur erhalten bleibt und alle Parteien entsprechend ihrem Anteil hinzugewinnen. *Zum Berechnen durch Schülerinnen und Schüler bietet sich die Berechnung über Höchstzahlen mehr an als die hier beschriebene iterative Methode.* *

Diskussion und abschließende Betrachtung der Lösungsansätze:
- Diskussion der Quotenbedingung (s. Tab. 6), *ggf. zunächst Berechnung der Sitzverteilungen nach den beiden Verfahren*
- Input der Lehrkraft zum Unmöglichkeitssatz: Paradoxiefreiheit oder Quotenbedingung
- Eigene Meinungsbildung über die Verfahren, *ggf. Podiumsdiskussion*
- Kritisches Bewusstsein für die normative Dimension bei der Wahl eines Verfahrens
	Ziel ist die Erkenntnis, dass jedes Verfahren (mathematisch betrachtet) Vor- und Nachteile hat, die bei einer Festlegung berücksichtigt werden müssen. Ein objektiv bestes Verfahren zum Sitzverteilungsproblem gibt es nicht.
	Mögliche Strukturierung der Diskussion zur Quotenbedingung:
	  - Was sind die zur proportionalen Quote nächsten ganzzahligen Werte? (Rückgriff auf die Diskussion zum Modell der Rundung)
	  - Verweis auf die grundsätzliche mathematische Arbeitsweise von akzeptablen Fehlerschranken
	Inputs für die Reflexion:
	  - Für welches Verfahren würde ich mich abschließend entscheiden?
	  - Welche Regeln befürworte und welche verwerfe ich mit der Entscheidung? Wie begründe ich dies?

*Für eine Beschreibung der Sitzverteilung über die Höchstzahlmethode der Divisorverfahren vgl. z. B. Pohlkamp und Heitzer 2020, S. 218

Teil (s. Tab. 7) in Abhängigkeit von der Lerngruppe und den kursiv gesetzten Eventualphasen für 180–270 min Unterrichtszeit angelegt ist.

Zum Einstieg lässt sich das aktuelle Wahlergebnis als Balkendiagramm der Zweitstimmen für die einziehenden Parteien anzeigen. Unter Angabe der Parlamentsgröße kommen Schülerinnen und Schüler meist selbst auf den Dreisatz; ansonsten hilft es, statt der absoluten Stimmzahlen auf die Stimmanteile zu verweisen, die in der Regel auch die mediale Berichterstattung dominieren. Grundlegendes didaktisches Prinzip ist es nun, Kritikpunkte an den gefundenen Lösungen zu formulieren und den Bedarf an weiterer Modellierung zu motivieren. Diese Momente der Rückschau laufen meist je auf eine Entscheidungsfrage hinaus, an der Charakteristika normativer Modellierung deutlich werden. Denn deren Beantwortung ist uneindeutig sowie subjektiv und führt dazu, dass bestimmte Regeln festgelegt oder verworfen werden. Sobald man sich für ganzzahlige Sitzverteilungen entscheidet, verwirft man die einfache Lösung des Dreisatzes und positioniert sich im Wertekonflikt zwischen dem Ideal eines einfachen Modells, das aus Gründen der Transparenz ja auch ein politisches Ziel sein kann, und der Gleichheit der Abgeordneten.

Das Runden der Quote und das Akzeptieren kleiner Abweichungen bei der Parlamentsgröße (s. Tab. 3) stößt in Erprobungen bei den Schülerinnen und Schülern auf viel Zustimmung. Insbesondere wenn aus der öffentlichen Diskussion oder dem Politikunterricht die tatsächliche Größe des Bundestags von 2021 bekannt ist, muss die nachfolgende Modellsuche motiviert werden. Als Gelenkstelle für eine solche weiterführende Untersuchung bietet sich der Verweis auf die historisch gewachsene – normativ gesetzte – Regel an, eine bestimmte Parlamentsgröße genau erreichen zu wollen. Damit wird für Schülerinnen und Schüler die bewusste, ggf. als willkürlich empfundene Setzung deutlich. Gleichzeitig legen Schülerinnen und Schüler mit ihrem Widerspruch über die Unnötigkeit weiterer Modellierung eine wünschenswerte kritische Mündigkeit an den Tag, denn sie nehmen Modellierungen nicht als gegeben hin, sondern beleuchten deren Grenzen und Alternativen aus einer mathematischen Perspektive und gestalten durch eigene Modellierungen Realität im besten Sinne mit.

In jeder Erprobung gab es nach dem Unterrichtsgespräch zum Dreisatz und der Rundungsproblematik Schülerinnen und Schüler, die von sich aus das Prinzip hinter dem Verfahren von Hare/Niemeyer als Lösung vorschlugen. Besonders bemerkenswert war die Idee, erst alle Quoten aufzurunden und dann die r Sitze, die zu viel sind, den r Parteien mit den kleinsten Bruchresten wieder wegzunehmen. Diese Lösung ist in der Tat ein äquivalentes Vorgehen und belegt, dass Schülerinnen und Schüler das Hare/Niemeyer-Verfahren als Konsequenz der vorherigen Überlegungen entwickeln und nicht etwa nur Bekanntes wiedergeben.

Mit der Zufriedenheit über das gefundene Verfahren von Hare/Niemeyer, das am Beispiel von ein oder zwei Wahlergebnissen eingeübt werden kann, kann ein vermeintliches Gefühl der Sättigung entstehen, das beste Verfahren sei nun gefunden und das Unterrichtsvorhaben abgeschlossen. Die Vorstellung, es gebe ein objektiv bestes Verfahren, unterläuft aber erstens die fachlichen Erkenntnisse des Unmöglichkeitssatzes und zweitens die didaktischen Bemühungen, für die Uneindeutigkeit und Grenzen mathematischer Lösungen am Beispiel normativer Modellierung zu sensibilisieren. Die dem Verfahren inhärenten Paradoxa sind geeignet, die Gewissheit der vermeintlich besten Lösung zu durchbrechen und bei Schülerinnen und Schülern durch Perturbation das Interesse im Unterrichtsverlauf aufrechtzuhalten. Statt der Tabelle des historischen Paradoxons (s. Tab. 4) bietet sich dabei eine dynamische Darstellung mittels digitaler Werkzeuge an. Mit der Frage, welche Partei das x-te Mandat bekommt, lässt sich das Verfahren von Hare/Niemeyer hinsichtlich des Parameters der Parlamentsgröße untersuchen (s. Abb. 2).

Über den Schieberegler können Schülerinnen und Schüler in einer Arbeitsphase sukzessiv die Mandate nach der Bundestagswahl 2021 mit dem Verfahren von Hare/Niemeyer verteilen. Zwar kommt bei der Bundestagswahl in Wirklichkeit das Verfahren von Sainte-Laguë/Schepers zur Anwendung, durch das Auffinden des Paradoxons in einem aktuellen Kontext wird dessen Bedeutung für Schülerinnen und Schüler jedoch konkreter. Da die Zuordnung hinter dem Verfahren von Hare/Niemeyer nur algorithmisch und nicht über eine Funktionsgleichung definiert werden kann, geht es bei der Frage „Welche Partei gewinnt welches Mandat?" vordergründig um die Beschreibung der Wirkung des Verfahrens. Dabei betrachten Schülerinnen und Schüler zunächst nur die Dynamik einer (hypothetischen) sukzessiven Verteilung der Mandate (s. Abb. 2) und untersuchen die Berechnung in den Tabellen in einem zweiten Schritt (s. Abb. 3). Aber zum Beispiel bei der Verteilung des 13. Mandats tritt die Situation ein, bei der vermeintlich zwei Parteien das 13. Mandat erhalten. Die folgende gestufte Versprachlichung dieses Widerspruchs entspricht Erklärungen von Schülerinnen und Schülern und kann auch als Hilfestellung für kleinschrittigere Fragen verstanden werden.

- Es können nicht zwei Parteien das *eine* zusätzliche 13. Mandat gewinnen. Dass ein solcher besonderer Fall vorliegt, zeigt sich durch zwei positive Balken (hier SPD und CDU).
- Dies ist nur möglich, weil eine dritte Partei einen Sitz verliert, sodass zwei Sitze neu verteilt werden. Dies sieht man am negativen Balken (hier FDP).
- Es ist ein Paradoxon, dass eine Partei weniger Mandate erhält, obwohl das Parlament größer wird.

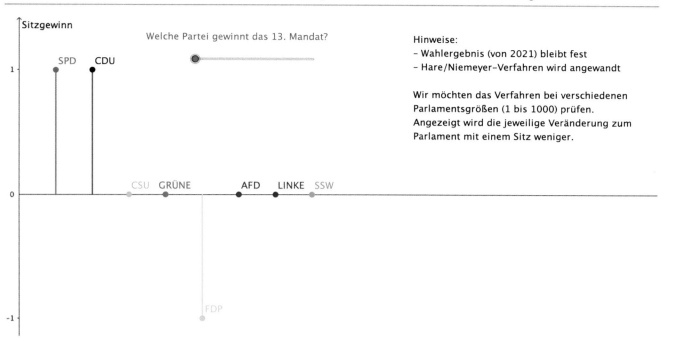

Abb. 2 Dynamische Entdeckung des Alabama-Paradoxons am Bundestagswahlergebnis von 2021

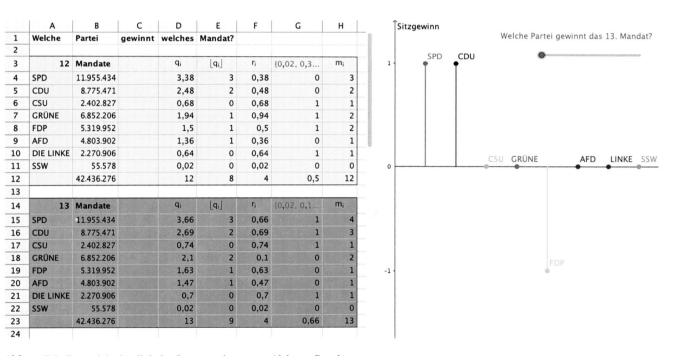

Abb. 3 Tabellenansicht der digitalen Lernumgebung zum Alabama-Paradoxon

Eine Erklärung lässt sich in der Tabellenansicht finden, bei der sich zunächst die Erkenntnis aus der dynamischen Betrachtung bestätigt, dass drei Parteien anstatt einer beim Übergang von 12 auf 13 Mandate eine Veränderung erfahren. Abgerundet stehen den Parteien bei beiden Parlamentsgrößen drei Mandate (SPD), zwei Mandate (CDU) oder ein Mandat (FDP) zu. Hat die FDP bei insgesamt 12 Mandaten

einen Rest (0,5), der im Gegensatz zu den anderen beiden Resten aufgerundet wird, wird der Rest von 0,63 bei 13 zu verteilenden Sitzen abgerundet, da die Reste von SPD und CDU nun größer sind. Es wird deutlich, dass große Parteien kleinere bei der Verteilung der letzten Sitze über die Bruchreste „überholen" können. Obwohl die Quoten aller Parteien stets steigen, ist das Verfahren von Hare/Niemeyer nicht monoton, weil die Verteilung der Restsitze nicht in Stein gemeißelt ist und mit einem zusätzlichen Sitz revidiert werden kann. Eine zu Tab. 4 äquivalente Rechnung kann den Unterschied zwischen gleichem relativem, aber unterschiedlichem absolutem Wachstum bei der Erhöhung der Parlamentsgröße verdeutlichen.

Diese Erkenntnis sollte dann im Unterrichtsgespräch in eine Modellreflexion münden. Fragen können je nach Lerngruppe sein:

- *Welche Bedeutung hat das Paradoxon im Sachkontext?* Bei einer festen Parlamentsgröße ist es vielleicht vernachlässigbar, aber was ist mit der Sitzverteilung für parlamentarische Ausschüsse, die sich in der Größe tatsächlich um genau ein Mitglied unterscheiden können? (Situationsabhängigkeit eines Modells)
- *Ist das Paradoxale mathematisch nicht gut erklärbar? Muss man bei einer Bewertung zwischen Erklärung und Wirkung unterscheiden?* (Modellbewertung anhand welcher Kriterien)
- *Rechtfertigt die recht einfache Berechnung das Paradoxon?* (Einfachheit versus Qualität eines Modells)
- *Sollte man wie in den USA das Verfahren von Hare/Niemeyer gänzlich verwerfen oder es in einigen deutschen Bundesländern noch einsetzen?* (Meinungsbildung über normative Regelsetzung)

Für eine bessere Validierung des Modells nach Hare/Niemeyer ist der Vergleich mit anderen Verfahren sinnvoll. Dabei wird auf die geometrische Interpretation der Sitzverteilungsverfahren als Veranschaulichungsmöglichkeit zurückgegriffen. Zu der Leitfrage „Wie können die Sitze dem Verhältnis entsprechend, aber ganzzahlig verteilt werden?" können die Schülerinnen und Schüler anhand einer digitalen Strahlensatzfigur Divisorverfahren kennenlernen und ausloten (s. Abb. 1). Dabei wird den Schülerinnen und Schülern der Zusammenhang zwischen einer algorithmischen Zuordnung und der geometrischen Visualisierung vorgegeben und nicht erklärt.[4] Sie untersuchen in der digitalen Lernumgebung von dort frei aufgeführten Sitzverteilungsverfahren geometrisch, diskutieren Eigenschaften und vergleichen die Alternativen. Dabei wird aus der Leitfrage „Wie können die Sitze dem Verhältnis entsprechend, aber ganzzahlig verteilt werden?" nun die dynamisierbare Frage „Wie erfassen wir genau die richtige Anzahl an Kreuzchen?" Die über die Geometrie gewonnene Erkenntnis, dass das Modell von Hare/Niemeyer nicht die einzige mögliche Lösung ist, motiviert dann ggf. die Einführung des Berechnungsalgorithmus

zu den Modellen von D'Hondt und von Sainte-Laguë/Schepers (für entsprechendes Material vgl. Jahnke 1998, S. 14 f., 18 f.). Der Zusammenhang zwischen der Verschiebung und der kaufmännischen Rundung beim Verfahren von Sainte-Laguë/Schepers sollte je nach Lerngruppe von der Lehrkraft gezeigt und/oder im Unterrichtsgespräch diskutiert werden; bei einigen Lerngruppen reicht auch der zusätzliche Hinweis, einen Zusammenhang zwischen der kaufmännischen Rundung und diesem Verfahren zu suchen.

Mit dieser dynamischen Untersuchung an der Paradefigur der Proportionalität erleben Schülerinnen und Schüler, dass das Verfahren von Hare/Niemeyer nicht alternativlos ist. Die Verschiebung oder Drehung der Hypotenuse wird nicht nur mathematisch erkundet, sondern auch hinsichtlich des Sachkontextes von den Schülerinnen und Schüler kritisch diskutiert: So kommt bei der Diskussion erfahrungsgemäß immer die Frage auf, ob größere Parteien bei der Drehung bevorzugt werden. Auch wenn das generell beim Verfahren von D'Hondt der Fall ist, liegt dies nicht an der Drehung, was man mathematisch auch daran sieht, dass die Strahlensatzfigur ja erhalten bleibt. Dabei kann die Erkenntnis der Wahlmathematik mitgeteilt werden, dass die Verfahren von Sainte-Laguë/Schepers und Hare/Niemeyer nicht verzerrend wirken, also weder kleine noch größere Parteien systematisch bevorteilen.[5]

Auch ohne im Anschluss die algorithmische Bestimmung der Divisorverfahren einzuführen, wird die normative Regelsetzung an der geometrischen Untersuchung veranschaulicht: In der traditionellen Strahlensatzfigur werden in der Regel zu wenig ganzzahlige Mandate (Kreuzchen) verteilt (denn es gilt $\sum_i \lfloor q_i \rfloor \leq M$). Dazu müssen Schülerinnen und Schüler sich nun verhalten: Man kann als Regel akzeptieren, dass die letzten Mandate nicht verteilt werden (Rückkehr zum vor dem Verfahren von Hare/Niemeyer diskutierten Modell); alternativ muss man normativ festlegen, ob man die Hypotenuse verschieben (Hare/Niemeyer) oder drehen (Divisorverfahren) will. Da die Verfahren auch bei dieser Strahlsatzfigur schon erkennbar zum Teil zu anderen Sitzverteilungen kommen, wird der Einfluss der Entscheidung deutlich. Mit der Wahl des Verfahrens wird die Realität der Parlamentszusammensetzung gestaltet.

An Tab. 6, in der die Verteilungen ggf. von den Schülerinnen und Schülern als Übung berechnet werden können, wird ein Nachteil der Divisorverfahren deutlich: Sie verteilen u. U. Mandate außerhalb des Intervalls, das durch die Rundung der Quote vorgegeben ist. Dies lässt sich mit Blick auf die prozentuale Abweichung auch erklären. So weicht Partei W am wenigsten von der Quote ab, obwohl gegen die sogenannte Quotenbedingung verstoßen wird. Ein Intervall der Quotenbedingung ist absolut für alle Parteien gleich, relativ

---

[4]Zur nicht zufriedenstellenden didaktischen Herausforderung, dass intransparente Algorithmen aufklärerische Bildungsideale konterkarieren können, weil Schülerinnen und Schüler keine vollständige Einsicht in die Mathematik erhalten können, vgl. Lengnink und Pohlkamp (2022, S. 1955).

[5]Obwohl die Verzerrung sich auch an der Strahlensatzfigur untersuchen lässt, wird dieses Thema im Unterrichtsvorhaben wie auch im vorliegenden Artikel weitestgehend ausgeklammert.

Tab. 6 Beispiel einer unterschiedlichen Sitzverteilung zwischen den Verfahren von Hare/Niemeyer und Sainte-Laguë/Schepers (Verstoß gegen Quotenbedingung in fett)

	Stimmen s_i	Quote q_i	Sitze nach H./N.	Sitze nach S.-L./S	Abweichung zwischen Mandaten und Quote bei S.-L./S
Partei W	1.194.456	$\approx 26{,}24$	26	**25**	$-5\,\%$
Partei X	210.923	$\approx 4{,}63$	5	5	$8\,\%$
Partei Y	117.404	$\approx 2{,}58$	3	3	$16\,\%$
Partei Z	70.653	$\approx 1{,}55$	1	2	$29\,\%$
	$S = 1.593.436$	$M = 35$			

Tab. 7 Übersicht über den zweiten Teil des Unterrichtsvorhabens (die kursiv gesetzten Eventualphasen werden im Fließtext nur angedeutet)

Teil 2: Betrachtung des Modells zur Bundestagswahl 2021	
Unterrichtsinhalt und -aktivität	Bemerkungen
Hinführung und Begriffsklärung: Aus dem Politikunterricht sollten folgende Konzepte wiederholt werden *oder nun neu eingeführt werden*: – Erst- und Zweitstimme – Fünf-Prozent-Hürde und ihre Ausnahmen (drei Direktmandate, Partei einer anerkannten nationalen Minderheit)	**Ziel** ist die Anwendung der außermathematischen Konzepte auf den Datensatz zum Bundestagswahlergebnis von 2021. **Mögliche Strukturierung der Diskussion:** - Zeigen eines Stimmzettels und/oder Verweis auf das lokale Direktmandat - Spezieller Blick auf LINKE und SSW
Erkundung und Diskussion des Modells: – Simulation der Sitzverteilung im Bundestag in Hinblick auf die Mindestsitzzahlen/Parlamentsgröße – Widerlegung der These, nur die Direktmandate wirkten sich erhöhend aus	**Ziel** ist die Identifikation von außermathematischen Entscheidungen zur Bundestagswahl, insbesondere von solchen mit Auswirkung auf die Parlamentsgröße. **Unterrichtsgegenstand** bildet das *Applet* aus Abb. 4.
Abschließende Betrachtung und Formulierung eigener Reformideen der Lösungsansätze: – Meinungsbildung und Diskussion: Wie sollte die Sitzverteilung im Bundestag aussehen? Welche Ansprüche sollten die Modellierung bestimmen? – Aufzeigen der Normativität	**Ziel** ist die Reflexion der Sitzverteilung im Bundestag und der möglicher Alternativen unter Hervorhebung des normativen Charakters dieser Modellierungen. **Mögliche Leitfragen zur Reflexion:** Pluralismus vs. Stabilität (Fünf-Prozent-Hürde), geografische Vertretung (Direktmandate, Verrechnung in den Bundesländern) vs. mathematisch schlankes Verfahren, Überhangmandate ausgleichen? **Input zum Vergleich mit Spielregeln:** Warum sollte das Wahlgesetz vor der ersten Wahl feststehen? Welche Regeln bevorzugen bestimmte Interessen (Regionalpartei, Kleinstpartei, ...)?

gesehen schränkt es die Abweichung bei großen Parteien aber viel stärker ein.

Mit dem Verstoß gegen die Quotenbedingung bei den Divisorverfahren und dem Alabama-Paradoxon als Beispiel für andere Paradoxa können Schülerinnen und Schüler auf elementare Weise den Unmöglichkeitssatz der Wahlmathematik erfahren: Es gibt kein Verfahren, bei dem mit Sicherheit sowohl die logisch erscheinenden Quotenbedingungen eingehalten noch die unlogisch wirkenden Paradoxa vermieden werden. In einer (Podiums-)Diskussion können die Schülerinnen und Schüler sich jetzt positionieren: Für welches Modell würden sie sich entscheiden und warum?

6   Unterrichtsvorhaben, 2. Teil: Betrachtung des Modells zur Bundestagswahl 2021

Nach dieser allgemeinen Modellierung wird sich im zweiten Teil dem 2021 gültigen Bundeswahlgesetz zugewendet. Ausgehend von der Untersuchung dieses Modells werden Spezifika des Bundestagswahlrechts und (mathematische)

Reformwünsche formuliert (s. Tab. 7). Die Simulation der Sitzverteilung ist dabei so komplex – auch technisch, denn im Hintergrund wird das Verfahren von Sainte-Laguë/Schepers 17-mal angewendet –[6], dass diese Unterrichtsphase je nach Voraussetzungen entweder als Arbeitsphase oder im gemeinsamen Gespräch organisiert werden sollte.

Als Vorwissen sollte Schülerinnen und Schüler bekannt sein, dass mit der Erststimme Direktmandate vergeben werden, dass das Parlament aber ausschließlich im Verhältnis der Zweitstimmen besetzt wird und dass diese beiden Ansprüche durchaus im Widerspruch stehen können. Zur Veranschaulichung kann der Fall von 2021 genommen werden, wo die CSU 45 Direktmandate gewonnen hat, ihr bei 598 Sitzen aber nur 32 Sitze mit Sainte-Laguë/Schepers zustehen. Hier kann eine erste Diskussion entstehen, was Schülerinnen und Schüler machen würden.

---

[6]Zunächst wird in jedem Bundesland eine Unterverteilung von entsprechenden Mandaten bestimmt. Nach dem Abgleich mit den Direktmandaten ergibt sich für jede Partei durch Summierung eine Mindestsitzzahl als Richtwert für die 17. Verteilung, die dann auf Bundesebene stattfindet (s. auch Abschn. 4).

Bei der folgenden Aktivität steht aufgrund der Komplexität des Wahlrechts eine phänomenologische Betrachtung im Vordergrund. Schülerinnen und Schüler sollen weder das konkrete Wahlergebnis ausrechnen noch eine politische Modellierungsentscheidung wie das Zweistimmensystem mathematisieren. Dennoch können sie untersuchen, welche Wirkung außermathematische Parameter im mathematischen Modell haben, und daraus motivierte Bewertungen und Gegenvorschläge formulieren.

Für Abb. 4 müssen Schülerinnen und Schüler wissen, dass der linke, hellere Balken bei jeder Partei deren Mindestsitzzahl darstellt. Die jeweils rechten, dunkleren Balken zeigen die Verteilung nach dem Verfahren von Sainte-Laguë/Schepers an. Diese Balken summieren sich zu der Parlamentsgröße auf, die mit dem Schieberegler festgelegt wird. Damit wird schon unter Abgleich mit dem recherchierten oder angegebenen Wahlergebnis deutlich:

- Die Mindestsitzzahlen, die so auch vom Bundeswahlleiter ausgewiesen werden (vgl. 2021b, S. 417 ff.), haben nicht nur etwas mit den Direktmandaten zu tun, weil etwa die FDP gar kein Direktmandat gewonnen hat.
- Von der Erhöhung der Sitzanzahl im Bundestag über den Schieberegler profitieren alle Parteien. Der Ausgleich bewahrt den Proporz; insbesondere erhalten Parteien auch dann noch Mandate, wenn ihre Mindestsitzzahl schon erreicht worden ist.
- Stoppt man den Schieberegler bei der 736 – der Größe, die man aus den Medien entnommen hat –, hat die CSU ihre Mindestsitzzahl noch nicht erreicht. In der Tat muss

man den Schieberegler schon bei 733 stoppen, weil die letzten drei Mandate unausgeglichen bleiben und der CSU zugesprochen werden.

Um die These zu stützen, dass die Mindestsitzzahlen und damit die Erhöhung nicht nur von den Direktmandaten abhängen würden, wird das Wahlergebnis in der Tabellenansicht des *Applets* – über Orientierungsfragen oder im Klassengespräch angeregt – leicht variiert und die Konsequenzen werden beobachtet:

- Wird die Wahlbeteiligung in Bayern (79,4 %) etwa auf Bundesschnitt (75,9 %) gesenkt, bräuchte der Bundestag sogar 765 Mandate, um die Mindestsitzzahlen zu erfüllen.
- Hätte die LINKE in allen Bundesländern den Bundesdurchschnitt 4,9 % – statt in den Bundesländern schwankend zwischen 2,8 % und 11,4 % – erreicht, stünden ihr 23 Mindestsitze anstelle der tatsächlichen 21 zu. Dies wirkt sich bei dieser Wahl jedoch nicht parlamentsvergrößernd aus, weil sich der Ausgleich nach anderen Parteien richtet.

Aus der zweiten Parameteränderung wird deutlich, dass auf der Ebene der Bundesländer schon Direktmandate mit proportionalen Ansprüchen verrechnet werden. Bei der ersten Veränderung der Wahlbeteiligung bleiben die Stimmenverhältnisse in Bayern und damit die Anzahl der Überhangmandate gleich, dennoch muss der Bundestag größer werden. Minimalziel ist es, dass Schülerinnen und Schüler Argumente finden, warum nicht nur Direktmandate für die

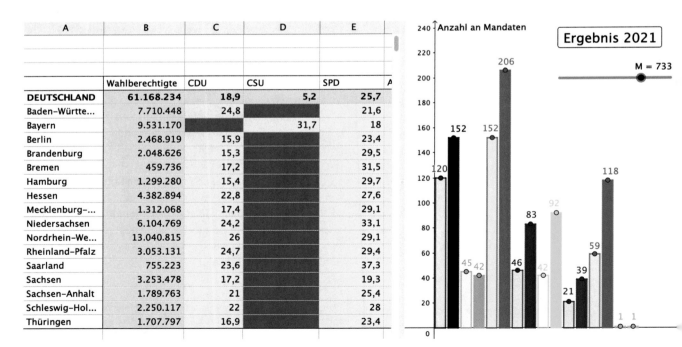

Abb. 4 Dynamische Untersuchung des Sitzverteilungsmodells zur Bundestagswahl 2021

Erhöhung verantwortlich sind. Die Strategie, einzelne Parameter zu verändern und die Konsequenzen zu beobachten, ist übertragbar auf die Simulation anderer Modelle, nicht bewusst geschaffene Abhängigkeiten qualitativ aufzuspüren. Da man normativ geschaffene Modelle eben nicht durch Abgleich mit dem realen Phänomen bewerten kann, spielen andere Qualitätskriterien eine Rolle. Dazu gehören neben Aufwand und Transparenz auch Anzahl und Ausmaß der Nebeneffekte. Ein für stärkere Schülerinnen und Schüler erreichbares Lernziel ist es, an der Wahlbeteiligung in Bayern zu erkennen, dass nicht nur die Verhältnisse zwischen den Parteien, sondern auch die absoluten Stimmen in den Bundesländern eine Rolle spielen. Ist die Wahlbeteiligung in Bayern niedrig, benötigen die CSU und alle bayrischen Landeslisten weniger Stimmen pro Mandat. Bei der bundesweiten Verteilung muss über alle Bundesländer hinweg der Quotient von Stimmen pro Mandat für alle Parteien angeglichen werden. Bayern ist deshalb so sensibel, weil es für die CSU keine Durchschnittsbildung mit den Ergebnissen aus anderen Bundesländern gibt. Denn in jedem Bundesland entsteht ein Schlüssel von Stimmen pro Mandat, nach dem dort die Mandate verteilt werden. Von diesem Schlüssel wird für eine bestimmte Partei abgewichen, wenn sie mehr Direktmandate errungen hat, als ihr eigentlich proportional nach Stimmen zustünden. Über die Summe der Mindestsitze und die Gesamtheit der Stimmen existiert so für jede Partei ein Verhältnis von Stimmen zu Mindestsitzen, das bei der bundesweiten Verteilung an- und ausgeglichen wird.

In Tab. 8 sieht man abschließend gut das Verfahren von Sainte-Laguë/Schepers, nämlich wie die Stimmzahl jeder einziehenden Partei durch einen gemeinsamen Divisor (4. Spalte) geteilt wird und wie sich durch kaufmännische Rundung (5. Spalte) die Sitzzahl ergibt. Bei der CSU wird die gerundete Zahl mit den drei letzten Überhangmandaten, die nicht ausgeglichen werden, addiert. Bei der Proberechnung in der letzten Spalte ergibt sich deshalb die größte Schwankung bei der CSU, gefolgt vom SSW, der davon profitiert, dass für den ersten Sitz die Stimmzahlen größer oder gleich dem halben Divisor sein müssen.

Mit den Einblicken in die Wirkung des Bundestagsgesetzes können Schülerinnen und Schüler konkrete Regeln äußern, wie sie den Bundestag wählen würden. Denkbar sind dabei auch Vorschläge, die gar nicht in der deutschen Wahltradition stehen, wie die Abschaffung der Direktmandate oder im Gegenteil eine Umstellung auf ein Mehrheitswahlrecht. Schülerinnen und Schüler machen dabei oft Vorschläge, die auch politisch diskutiert werden. Der Abgleich von Mathematik und Politik zeigt ihnen auch die Krux normativer Festlegungen: Es sind nicht nur innermathematische Kriterien, welche die Modellierung prägen. So können mathematisch sinnvolle Argumente auch zugunsten anderer Überlegungen verworfen werden.

7 Chancen und Grenzen des Themas aus der Perspektive staatsbürgerlicher Bildung

Die hier vorgestellte Modellierung zur Sitzverteilung nimmt mit jedem Schritt an Schwierigkeit zu und wird gegen Ende sehr komplex, gerade weil sie die aktuelle Gesetzgebung aufgreift. Insgesamt ist das Unterrichtsvorhaben sehr stark an den existierenden Umständen orientiert, weshalb es zum Ende anspruchsvoll ist, aber ein hohes staatsbürgerliches Aufklärungspotenzial aufweist. Selbst wenn durch den Unmöglichkeitssatz und die verschiedenen politischen Reformen sowie Interessen deutlich wird, dass es keine beste Lösung gibt, so wird doch der Blick auf die potentiell viel größere Gestaltungskraft von normativer Modellierung getrübt. Maaß und Strobl (vgl. 2019, S. 46 ff.) geben Schülerinnen und Schülern noch mehr Freiheit bei dem Thema und lassen sie testen, was bei den Mandaten passiert, wenn man für das Modell zur Sitzverteilung die Exponential- oder Cosinusfunktion heranzieht.

Tab. 8 Stimm- und Sitzanteile bei der Bundestagswahl 2021 sowie gemeinsames und parteispezifisches Verhältnis von Stimmen pro Mandat (Ausreißer in fett)

	Stimmen	Stimmanteil	Division durch 57.898(Stimmen pro Mandat)	Sitze	Sitzanteil	Stimmen pro Mandat
SPD	11.955.434	25,7 %	206,49	206	28,0 %	58036,1
CDU	8.755.471	18,9 %	151,57	152	20,7 %	57733,4
CSU	2.402.827	5,2 %	41,50	45	6,1 %	**53396,2**
GRÜNE	6.852.206	14,8 %	118,35	118	16,0 %	58069,5
FDP	5.319.952	11,5 %	91,88	92	12,5 %	57825,6
AfD	4.803.902	10,3 %	82,97	83	11,3 %	57878,3
LINKE	2.270.906	4,9 %	39,22	39	5,3 %	58228,4
SSW	55.578	0,1 %	0,96	1	0,1 %	**55578,0**
Sonstige	4.005.747	8,6 %				
Gesamt	46.442.023	100 %		736	100,0 %	

Die Erfahrung, dass man ganz unterschiedliche Modelle selbst festlegen, bestehende Modelle verändern, aber auch manipulieren kann, ist ein emanzipierendes Moment bei dieser unterrichtlichen Thematisierung von normativer Modellierung. Wahlsysteme, wirtschaftliche Wertbestimmungen, Steuertarife u. v. m. sind Anlässe, um mithilfe von Mathematik Spielregeln für das gesellschaftliche Zusammenleben festzulegen. Diese Kontexte unterscheiden sich von deskriptiver Modellierung, bei der naturwissenschaftliche Phänomene, wie z. B. der freie Fall oder die Eisschmelze, mathematisch beschrieben werden. Erstens fällt der Stein und schmilzt das Eis, auch ohne dass ein Mensch ein passendes Modell formuliert. Zweitens ist der Abgleich zwischen dem Modell als Nach- oder Abbild und der Realität ein offensichtliches Gütekriterium, das im normativen Fall nicht existieren kann.

Die Sensibilität für den normativen Gebrauch von Mathematik ist grundsätzlich von Vorteil, weil normative und deskriptive Modellierung Prototypen darstellen und authentische Modellierungen oft Aspekte von beiden beinhalten. Bei der Eisschmelze in der Arktis kann sich die Beschreibung auf Oberfläche oder Volumen beziehen, und es macht einen Unterschied, auf welchem statistischen Maß ein Regressionsmodell basiert (vgl. Pohlkamp 2021a).

Gesellschaftliche und politische Diskussionen brechen oft ab, wenn mathematische Aspekte diskutiert werden. Das liegt zunächst daran, dass sie viele Leute langweilen und/oder diese damit überfordert sind, zum Teil aber auch daran, dass die Sicherheit und Eindeutigkeit des Kalküls – 1 + 1 ist immer gleich 2 – fälschlicherweise auf die Anwendung von Modellierung mit Mathematik übertragen wird. Zumindest die zuletzt genannte Ursache kann mit der normativen Modellierung und der Vorstellung von Festlegen von Spielregeln adressiert werden.

Das Beispiel der Sitzverteilungen zeigt, wie die Diskussion mathematischer Aspekte eine bereichernde Perspektive zur politikdidaktisch definierten Grundbildung darstellt. Bei der Abwägung zwischen Mehrheits- und Verhältniswahlrecht muss in einem zweiten Schritt differenziert werden, welche Sitzverteilung bei einer Verhältniswahl angewendet werden soll, wobei eine Entscheidung ohne mathematische Argumente kaum möglich ist. Aktuelle Schlagzeilen – die Erhöhung der Sitzanzahl im Bundestag, wieso eine Partei mit weniger als 5 % der Stimmen im Parlament mit über 5 % der Abgeordneten eine Fraktion stellen darf – führen unmittelbar auch zu einer mathematischen Betrachtung.

Schülerinnen und Schüler werden auch in Zukunft eher selten in die Lage versetzt, selbst ein Wahlgesetz zu formulieren. Dennoch sollte die Thematisierung gesellschaftsrelevanter normativer Modellierung sich nicht auf das statische Vorstellen des aktuellen Modells beschränken, sondern die Schülerinnen und Schüler sollten auch eine dynamische gestalterische Rolle einnehmen können: Ohne das Wissen um die Veränderbarkeit entsprechender Modelle lohnen sich kein Engagement und keine Argumentation. Wo es Entscheidungs- und Handlungsspielraum sowie Alternativen bei der Modellierung gibt, kann man sich als Staatsbürger:in einbringen. Überspitzt – dabei wird etwa ausgelassen, dass auch bei deskriptiven Modellierungen Annahmen, Vereinfachungen und Schwerpunktsetzungen getroffen werden – ist der Unterschied zwischen deskriptiver und normativer Modellierung: Man kann physikalische Zusammenhänge wie den Treibhauseffekt nicht ändern, aber man kann die mathematische Verteilung des restlichen CO_2-Budgets auf die Staaten anfechten.

Literatur

Balinski, M.L., Young, H.P.: Fair Representation. Meeting the ideal of one man, one vote. Brookings Institution Press, Washington (2001)

Behnke, J.: Das neue Wahlgesetz im Test der Bundestagswahl 2013. Z. Parlamentsfrag. **45**(1), 17–37 (2014)

Bildungsministerium Mecklenburg-Vorpommern (Hrsg.): Rahmenplan für die Qualifikationsphase der gymnasialen Oberstufe. Mathematik. https://www.bildung-mv.de/export/sites/bildungsserver/downloads/unterricht/rahmenplaene_allgemeinbildende_schulen/Mathematik/RP_MA_SEK2.pdf (2019). Zugegriffen am 21.09.2021

Blum, W.: Anwendungsorientierter Mathematikunterricht in der didaktischen Diskussion. Math. Semesterber. **32**(2), 195–232 (1985)

Der Bundeswahlleiter (Hrsg.): Das Wahlsystem. https://www.bundeswahlleiter.de/bundestagswahlen/2017/informationen-waehler/wahlsystem.html#680f0e76-2c9c-4b26-a5a6-b8a5d4e36969 (2021a). Zugegriffen am 29.10.2021

Der Bundeswahlleiter (Hrsg.): Wahl zum 20. Deutschen Bundestag am 26. September 2021. Heft 3. Endgültige Ergebnisse nach Wahlkreisen. https://www.bundeswahlleiter.de/dam/jcr/cbceef6c-19ec-437b-a894-3611be8ae886/btw21_heft3.pdf (2021b). Zugegriffen am 24.10.2021

Freudenthal, H.: Vorrede zu einer Wissenschaft vom Mathematikunterricht. Oldenbourg, München (1978)

Gauglhofer, M.: Analyse der Sitzverteilungsverfahren bei Proportionalwahlen. Rüegger, Grüsch (1988)

Jahnke, T.: Was man zum Thema Wahlen wissen sollte. mathematik lehren 88, 6–19 (1998)

Korte, K.-R.: Wahlen in Deutschland. Grundsätze, Verfahren und Analysen, 9., überarb. u. akt. Aufl. Bundeszentrale für politische Bildung, Bonn (2017)

Lengnink, K., Pohlkamp, S.: Mathematical algorithms in civic contexts: Mathematics education and algorithmic literacy. In: Hodgen, J., et al. (Hrsg.) Twelfth Congress of the European Society for Research in Mathematics Education (CERME12), S. 1951–1951 (2022). https://hal.science/CERME12/hal-03748479v1 (2022). Zugegriffen am 11.07.2023

Marxer, M., Wittmann, G.: Normative Modellierungen. Mit Mathematik Realität(en) gestalten. mathematik lehren 153, 10–15 (2009)

Maaß, J.: Realitätsbezogen Mathematik unterrichten. Ein Leitfaden für Lehrende. Springer, Wiesbaden (2020)

Maaß, J., Strobl, L.: Politische Bildung im Mathematikunterricht: Wie werden aus Stimmen Sitze im Parlament?. In: Maaß, J. (Hrsg.) Attraktiver Mathematikunterricht. Motivierende Beispiele aus der Praxis, S. 35–53. Springer, Berlin (2019)

Niss, M., Blum, W.: The Learning and Teaching of Mathematical Modelling. Routledge, London (2020)

Pohlkamp, S.: Daten zum Arktis-Eis auswerten. Digitale Visualisierungen erkunden und bewerten. mathematik lehren 227, 34–37 (2021a)

Pohlkamp, S.: Normative Modellierung im Mathematikunterricht. Bildungspotenzial, exemplarische Sachkontexte und Lernumgebungen. Dissertation, RWTH Aachen University (2021b) https://doi.org/10.18154/RWTH-2021-08443

Pohlkamp, S., Heitzer, J.: Sitzverteilungsverfahren als Beispiel normativer Modellierung par excellence. MNU Journal. 73(3), 217–221 (2020)

Schick, K.: Wahlberechnungsverfahren. Teil 1. Prax. Math. 28(2), 81–88 + 105–108 (1986)

Sjuts, J.: Mit Mathematik Wirklichkeit schaffen. In: Leuders, T. Hefendehl-Hebeker, L., Weigand, H.-G. (Hrsg.), Mathemagische Momente, S. 190–197. Cornelsen, Berlin (2009)

Szpiro, G.G.: Die verflixte Mathematik der Demokratie. Springer, Berlin (2011)

Springer

Reihen-Hrsg.: W. Blum, R. Borromeo Ferri,
G. Greefrath, G. Kaiser, H.-S. Siller,
K. Vorhölter
Realitätsbezüge im Mathematikunterricht
ISSN: 2625-3550

Realitätsbezüge im Mathematikunterricht

Mathematisches Modellieren ist ein zentrales Thema des Mathematikunterrichts und ein Forschungsfeld, das in der nationalen und internationalen mathematikdidaktischen Diskussion besondere Beachtung findet. Anliegen der Reihe ist es, die Möglichkeiten und Besonderheiten, aber auch die Schwierigkeiten eines Mathematikunterrichts, in dem Realitätsbezüge und Modellieren eine wesentliche Rolle spielen, zu beleuchten. Die einzelnen Bände der Reihe behandeln ausgewählte fachdidaktische Aspekte dieses Themas. Dazu zählen theoretische Fragen ebenso wie empirische Ergebnisse und die Praxis des Modellierens in der Schule. Die Reihe bietet Studierenden, Lehrenden an Schulen und Hochschulen wie auch Referendarinnen und Referendaren mit dem Fach Mathematik einen Überblick über wichtige Ergebnisse zu diesem Themenfeld aus der Sicht von Expertinnen und Experten aus Hochschulen und Schulen. Die Reihe enthält somit Sammelbände und Lehrbücher zum Lehren und Lernen von Realitätsbezügen und Modellieren.

Die Schriftenreihe der ISTRON-Gruppe ist nun Teil der Reihe „Realitätsbezüge im Mathematikunterricht". Die Bände der neuen Serie haben den Titel „Neue Materialien für einen realitätsbezogenen Mathematikunterricht".

Erratum zu: Das Festlegen von Regeln als Facette mathematischer Modellierung – Ein Unterrichtsvorhaben zu Sitzverteilungen im Allgemeinen und im Bundestag

Stefan Pohlkamp, Julia Kujat und Johanna Heitzer

Erratum zu:
Kapitel 10 in: M. Besser et al. (Hrsg.),
Neue Materialien für einen realitätsbezogenen
Mathematikunterricht 10, **Realitätsbezüge im**
Mathematikunterricht,
https://doi.org/10.1007/978-3-662-69989-8_10

In dem Kapitel Pohlkamp et al., „Das Festlegen von Regeln als Facette mathematischer Modellierung – Ein Unterrichtsvorhaben zu Sitzverteilungen im Allgemeinen und im Bundestag" waren in den Tabellen 5 und 7 die Eventualphasen nicht gekennzeichnet. Sie wurden nun durch kursiv gesetzte Schrift hervorgehoben.

Die aktualisierte Version des Kapitels finden Sie unter
https://doi.org/10.1007/978-3-662-69989-8_10

Printed in the United States
by Baker & Taylor Publisher Services